高等职业教育技能型人才培养规划教材

电梯安装与调试技术

（高职高专机电一体化专业和建筑设备类专业适用）

主编 余 宁
主审 张广明

东南大学出版社
·南京·

内 容 提 要

本书主要介绍电梯安装工程的基本工艺流程与施工方案的制定与选择，电梯安装前的准备工作，电梯机械设备与电气设备安装的方法与安装的技术要求，电梯安装的运行调试与运行检测，电梯安装过程中的安全技术与安全注意事项和电梯安装工程竣工验收、工程回访与服务。

本教材作为高职院校自动化类机电一体化专业，电梯安装与维修方向的主干课程的教材之一，基于"工作过程"为导向的教学思路，依照电梯设备安装施工的工艺流程，课题项目化地编写教学内容，使得所写内容流畅、贴近工程实际；其次教材内容围绕电梯安装技术应用能力和基本素质培养的主线，突出电梯设备安装的基本技术和基本技能的培养，注重职业能力和技术应用与管理能力的强化。教材不仅适用于高职院校自动化类的机电一体化技术专业，建筑设备类的建筑设备工程技术专业，楼宇智能化工程技术专业学和用，也适用于电梯安装、调试、运行检测人员的上岗培训学习和指导，对从事电气自动化专业的师生及工程技术人员均有较好的参考价值。

为了便于更好地教学，本教材还配备有各课题内容的教学课件PPT。

图书在版编目(CIP)数据

电梯安装与调试技术/余宁主编. —南京：东南大学出版社，2015.1(2020.8重印)

高等职业教育技能型人才培养规划教材

ISBN 978-7-5641-2725-1

Ⅰ.①电… Ⅱ.①余… Ⅲ.①电梯－安装－高等职业教育－教材 ②电梯－调试－高等职业教育－教材 Ⅳ.①TU857

中国版本图书馆 CIP 数据核字(2011)第 067219 号

电梯安装与调试技术

主　　编	余　宁	责任编辑	陈　跃
电　　话	(025)83795627/83362442(传真)	电子邮箱	chenyue58@sohu.com
出版发行	东南大学出版社	出 版 人	江建中
地　　址	南京市四牌楼2号	邮　　编	210096
销售电话	(025)83794121/83795801		
网　　址	http://www.seupress.com	电子邮箱	press@seupress.com
经　　销	全国各地新华书店	印　　刷	常州市武进第三印刷有限公司
开　　本	787 mm×1092 mm　1/16	印　　张	14.25
字　　数	364千字		
版印次	2015年1月第1版　2020年8月第6次印刷		
书　　号	ISBN 978-7-5641-2725-1		
定　　价	50.00元		

* 本社图书若有印装质量问题，请直接与营销部联系。电话：025-83791830

前　言

"电梯安装与调试技术"是高职院校自动化类机电一体化专业和建筑类建筑设备工程技术专业,楼宇智能化工程技术专业,电梯安装与维修方向的主干课程,是电梯安装、调试、运行检测技术人员必须掌握的专业知识。其任务是通过本教材的学习,使学习者具备从事电梯施工安装、施工验收、运行调试与管理工作所必需的基本知识、技术与技能,成为专业的高素质的中、高级专门人才。

电梯产品是典型的机电一体化设备,融合了机、光、电、自动控制与检测、计算机应用技术,是人们在高层、小高层建筑(宾馆、饭店、办公楼、住宅楼)中工作、生活不可缺少的垂直运输设备。作为全球最大的电梯市场,2008年我国电梯使用量超过100万台,电梯产量达到24.5万台,同比增长了13%;2009年我国电梯产量继续保持增长,产量达到26.2万台,同比增长约5%;2010年我国电梯产量将同比增长15%,将新增电梯3.93万台。单就安装来说(按5人每年安装9台电梯计),就需新增电梯安装与调试专门人才2.2万人。

本教材是根据教育部、建设部"技能型紧缺人才培养培训指导方案"指导思想,按照"机电一体化技术专业人才培养方案"中的人才培养目标——培养适应现代机电一体化技术行业发展需要,能够从事机电一体化设备安装、调试、运行使用、维护管理等工作,具有德、智、体、美全面发展,社会主义市场经济适应能力和竞争能力,具有创新创业意识、精深专业技能和良好职业素养的高级技术应用型专门人才,以及"电梯安装与调试技术"课程指导性教学大纲来编写的。

通过本课程的学习,可使学生具备从事电梯安装工程的施工安装、运行调试与检测及验收所必需的基本知识、基本技能,成为机电一体化专业具有精深专业技能和良好职业素养的高级技术应用型专门人才。

"电梯安装与调试技术"计划教学90学时,其中课堂教学48学时左右,实践性教学环节36学时左右,留有6学时的机动时间,各学校可根据电梯技术的新发展或不同地区的实际情况,调整或加强、更新、补充教学内容。

全书共有8个课题:

课题1电梯安装概述,主要介绍电梯的基本构成与规格参数,电梯与建筑物的关系,电梯安装的基本工艺流程。

课题2电梯安装前的准备工作,主要介绍电梯安装前准备工作的内容与要求,电梯安装的施工方案,设备的清点与吊运,脚手架搭设,施工技术与安全的交底。

课题3电梯机械部分的安装,主要介绍井道的测量与放线,导轨的安装,机房设备的安装,层门的安装,轿厢、轿门的安装,对重装置、曳引绳的安装,缓冲器与补偿器的安装。

　　课题4 电梯电气部分的安装，主要介绍电梯电气系统各装置的布置，机房内电气的安装，电气布线(线槽电管和金属软管敷设、箱与盒安装、导线电缆敷设)，电气安全保护装置安装。

　　课题5 电梯的试运行和调整，主要介绍电梯试运行前的准备工作，电梯的慢车调试，电梯的快车调试，交流电梯调速系统的调整，直流电梯调速系统的调整，微机控制交流电梯调速系统调整。

　　课题6 电梯试运行和调整后的检测与试验，主要介绍分项工程安装规范化的质量检测，试运行的检测与试验。

　　课题7 电梯安装和调整中的安全技术与安全注意事项，主要介绍电梯安装和调试中安全的一般规定，电梯安装前、安装中的安全技术与安全注意事项，电梯调整和试运行的安全技术与安全注意事项。

　　课题8 电梯安装工程的竣工验收、工程回访与服务，主要介绍电梯安装工程竣工验收的规范与要求，电梯交付使用的规定及事项，电梯交付使用后的工程回访与服务。

　　在内容安排上，本书围绕电梯安装的实际，用项目课题的形式讲解电梯安装的各个工作过程，在各个工作过程的课题里展现要学习掌握的知识点与能力点，并尽量考虑知识与能力的照应关系；各课题力求较快地切入主题，考虑适当的深度，做到层次分明、重点突出，使知识易于学习掌握。

　　为了突出高等职业教育的特色，使专业基础理论知识以必需、够用为度，课程教材尽量按照电梯安装的基本实际过程编写，使教材所述内容能紧贴实际需要而直入主题。本教材在符合专业教育标准、专业培养方案和教学大纲中规定的知识点、能力点的条件下，论述力求通俗易懂，力求专业需要与实用，力求简练、准确、通畅，便于学习。教材编写内容以新近修订的国家标准《电梯工程施工质量验收规范》为依据，在电梯安装施工的基本过程、基本技术和基本规范的基础上，能更多地反映电梯安装施工的新技术、新工艺、新要求。所用名词、符号和计量单位符合现行国家和行业标准规定。

　　为了便于更好地教学，本教材还配备有各课题内容的教学课件PPT。

　　本教材由江苏城市职业学院副教授余宁主编，南京工业大学教授张广明主审。江苏城市职业学院副教授余宁编写了课题1、课题2、课题3；江苏开放大学大学高级工程师孙雷编写了课题4、课题5、课题6；江苏开放大学大学教授陈为编写了课题7、课题8。

　　限于作者水平，教材编写中难免有不妥或错误之处，恳请读者提出宝贵意见。

编者

2015年1月

目 录

课题1 电梯安装概述 ·· 1

　1.1 电梯的基本构成与规格参数 ·· 1
　　　1.1.1 电梯的基本构成 ··· 1
　　　1.1.2 电梯的主要参数 ··· 6
　　　1.1.3 我国对电梯主要参数及其规格尺寸的标准规定 ············· 7
　1.2 电梯与建筑物的关系 ·· 11
　　　1.2.1 乘客电梯和住宅电梯对井道机房的要求 ······················· 12
　　　1.2.2 病床电梯对井道机房的要求 ·· 14
　　　1.2.3 载货电梯和杂物电梯对井道机房的要求 ······················ 14
　　　1.2.4 电梯土建技术要求 ··· 15
　1.3 电梯安装的基本工艺流程 ·· 19

课题2 电梯安装前的准备工作 ·· 20

　2.1 安装现场查勘 ·· 20
　　　2.1.1 了解电梯机房、井道土建情况 ···································· 20
　　　2.1.2 落实现场的基本施工条件 ·· 23
　2.2 制定施工方案 ·· 23
　　　2.2.1 制定施工方案的原则 ··· 23
　　　2.2.2 施工方案的主要内容 ··· 23
　2.3 设备清点与吊运 ·· 27
　　　2.3.1 设备的开箱清点 ·· 27
　　　2.3.2 设备吊运、堆放 ·· 29
　2.4 脚手架搭设 ·· 29
　2.5 施工技术与安全的交底 ··· 31

课题3 电梯机械部分的安装 ·· 33

　3.1 井道测量与放线 ··· 33

        3.1.1 井道测量与放线的依据 ………………………………… 33
        3.1.2 样板架的制作与安置 …………………………………… 33
        3.1.3 井道测量及标准线确定 ………………………………… 36
    3.2 导轨安装 …………………………………………………………… 38
        3.2.1 导轨支架的安装 …………………………………………… 38
        3.2.2 导轨的安装 ………………………………………………… 42
    3.3 机房设备安装 ……………………………………………………… 45
        3.3.1 机房设备放线 ……………………………………………… 45
        3.3.2 曳引机承重梁的安装 ……………………………………… 45
        3.3.3 曳引机的安装 ……………………………………………… 48
        3.3.4 导向轮和复绕轮的安装 …………………………………… 53
        3.3.5 限速装置的安装 …………………………………………… 54
    3.4 层门安装 …………………………………………………………… 56
        3.4.1 电梯层门的形式 …………………………………………… 56
        3.4.2 层门地坎安装 ……………………………………………… 58
        3.4.3 门框、门套安装 …………………………………………… 59
        3.4.4 层门导轨的安装 …………………………………………… 60
        3.4.5 层门门扇的安装 …………………………………………… 60
        3.4.6 层门联动机构的安装 ……………………………………… 62
        3.4.7 门锁的安装 ………………………………………………… 63
    3.5 轿厢、轿门安装 …………………………………………………… 64
        3.5.1 轿厢架组装 ………………………………………………… 65
        3.5.2 安全钳安装 ………………………………………………… 68
        3.5.3 导靴安装 …………………………………………………… 69
        3.5.4 反绳轮的安装 ……………………………………………… 70
        3.5.5 轿厢底安装 ………………………………………………… 71
        3.5.6 轿厢称重(超载)装置的安装 …………………………… 71
        3.5.7 轿厢壁、轿厢顶装配 ……………………………………… 74
        3.5.8 轿门安装 …………………………………………………… 76
        3.5.9 自动门机构安装 …………………………………………… 76
        3.5.10 轿门安全装置的安装 …………………………………… 78
    3.6 对重装置、曳引绳安装 …………………………………………… 80
        3.6.1 对重装置的安装 …………………………………………… 80
        3.6.2 曳引绳的安装 ……………………………………………… 83
    3.7 缓冲器、补偿装置安装 …………………………………………… 87
        3.7.1 缓冲器安装 ………………………………………………… 87

  3.7.2 补偿装置安装 ………………………………………………………… 90
 3.8 电梯机械部分的安装检验记录表 ……………………………………………… 92
  3.8.1 电梯曳引系统安装检验记录表 ……………………………………… 92
  3.8.2 电梯导向系统安装检验记录表 ……………………………………… 93
  3.8.3 电梯轿厢系统安装检验记录表 ……………………………………… 94
  3.8.4 电梯门系统安装检验记录表 ………………………………………… 95
  3.8.5 电梯重量平衡系统安装检验记录表 ………………………………… 96

课题 4 电梯电气部分的安装 ……………………………………………………… 98

 4.1 电气系统各装置的布置 ………………………………………………………… 98
  4.1.1 电气系统装置的机房布置及要求 …………………………………… 98
  4.1.2 电气系统装置的井道布置及要求 …………………………………… 99
  4.1.3 轿厢电气系统装置的布置及要求 …………………………………… 100
 4.2 机房内电气的安装 ……………………………………………………………… 101
  4.2.1 机房电气安装的要求 ………………………………………………… 101
  4.2.2 机房电源总开关的安装 ……………………………………………… 101
  4.2.3 控制柜的安装 ………………………………………………………… 102
 4.3 电气布线 ………………………………………………………………………… 102
  4.3.1 机房电气布线的要求与方法 ………………………………………… 102
  4.3.2 机房导线敷设的安全技术要求 ……………………………………… 103
  4.3.3 井道电气布线的要求与方法 ………………………………………… 103
 4.4 电气安全保护装置安装 ………………………………………………………… 104
  4.4.1 强迫减速开关、终端限位开关、终端极限开关的
     安装方法与安装要求 ………………………………………………… 104
  4.4.2 平层装置的安装方法与安装要求 …………………………………… 106
  4.4.3 电气系统保护接地的方式、接地要求及接地线布置 ……………… 107
 4.5 电气安全实例:三洋电梯电气安装 …………………………………………… 108
  4.5.1 控制柜和机房电源箱的安装 ………………………………………… 108
  4.5.2 井道内电气装置及换速装置的安装 ………………………………… 109
  4.5.3 井道控制电缆和照明的安装 ………………………………………… 111
  4.5.4 接地线作业 …………………………………………………………… 112

课题 5 电梯的试运行和调整 …………………………………………………… 113

 5.1 电梯调试的原则 ………………………………………………………………… 113
 5.2 电梯调试前的准备 ……………………………………………………………… 114
  5.2.1 电梯调试工具的准备 ………………………………………………… 114

  5.2.2　电梯调试资料的准备 ……………………………………………………… 114
  5.2.3　电梯调试工作现场的准备 …………………………………………………… 114
  5.2.4　电梯调试前的基本检查 ……………………………………………………… 115
 5.3　电梯慢车调试 ……………………………………………………………………… 115
  5.3.1　电梯慢车调试前的准备 ……………………………………………………… 115
  5.3.2　电梯慢车试运行的步骤、方法和内容 ……………………………………… 115
  5.3.3　上海三菱 GPS-Ⅱ、GPS-CR 电梯慢车调试实例 ………………………… 117
  5.3.4　电梯制动电路的调整 ………………………………………………………… 122
  5.3.5　电梯门电路的调整 …………………………………………………………… 123
  5.3.6　电梯安全系统的试验和调整 ………………………………………………… 126
 5.4　电梯快车调试 ……………………………………………………………………… 126
  5.4.1　电梯快车试运行前电梯检查和确认的内容 ………………………………… 126
  5.4.2　电梯快车试运行电梯调整的内容与方法 …………………………………… 127
  5.4.3　上海三菱 GPS-Ⅱ、GPS-CR 快车调试实例 ……………………………… 128
  5.4.4　电梯启动、减速与制动的调整 ……………………………………………… 130
  5.4.5　电梯平层的调整 ……………………………………………………………… 131
  5.4.6　电梯载荷试验 ………………………………………………………………… 132
 5.5　交流电梯调速系统的调整 ………………………………………………………… 133
  5.5.1　交流电梯调速系统的结构与原理 …………………………………………… 133
  5.5.2　交流电梯调速系统调整的步骤与方法 ……………………………………… 136
 5.6　直流电梯调速系统的调整 ………………………………………………………… 139
  5.6.1　直流电梯励磁调速系统的结构与原理 ……………………………………… 139
  5.6.2　直流电梯励磁系统调速的步骤与方法 ……………………………………… 140
 5.7　微机控制交流电梯调速系统的调整 ……………………………………………… 141
  5.7.1　微机控制交流调压电梯调速系统调整 ……………………………………… 141
  5.7.2　PC 控制交流电梯调速系统调整 …………………………………………… 148
  5.7.3　微机控制交流变频调压电梯调速系统调整 ………………………………… 150
  5.7.4　微机控制交流电梯调试案例 ………………………………………………… 153

课题 6　电梯试运行和调整后的检测与试验 ……………………………………………… 154

 6.1　分项工程安装规范化的质量检测 ………………………………………………… 154
  6.1.1　电梯安装分项、分部工程的划分 …………………………………………… 154
  6.1.2　电梯分项安装工程的质量检验评定标准 …………………………………… 154
  6.1.3　电梯安装验收的有关规范 …………………………………………………… 160
  6.1.4　电梯各分项工程的主要检测规范要求 ……………………………………… 166
  6.1.5　电梯各分项工程的检测项目及基本检测的方法与注意事项 ……………… 168

  6.2 电梯试运行的检测与试验 ·· 177
    6.2.1 电梯整机调整及试运行的检测、试验内容与方法 ···························· 177
    6.2.2 电梯检测、试验的内容、方法、要求及注意点 ································ 181

课题 7　电梯安装和调整中的安全技术与安全注意事项 ································ 186
  7.1 一般规定 ·· 186
    7.1.1 电梯安装中安全的一般规定 ·· 186
    7.1.2 电梯调试中安全的一般规定 ·· 186
  7.2 电梯安装的安全技术与安全注意事项 ·· 187
    7.2.1 电梯安装的安全技术 ·· 188
    7.2.2 电梯安装的安全注意事项 ·· 188
    7.2.3 电梯安装常用工具设备的使用 ·· 189
    7.2.4 电梯安装电工安全技术 ·· 189
    7.2.5 电梯安装钳工安全技术 ·· 190
    7.2.6 电梯安装气焊(气割)安全技术 ·· 190
    7.2.7 电梯轿厢安装的安全技术 ·· 191
    7.2.8 电梯曳引机安装安全技术 ·· 191
    7.2.9 电梯安装搬运安全技术 ·· 192
  7.3 电梯调整和试运行的安全技术与安全注意事项 ······································ 193
    7.3.1 电梯调整和试运行的安全技术 ·· 193
    7.3.2 电梯调整和试运行中的安全注意事项 ································ 193

课题 8　电梯安装工程的竣工验收、工程回访与服务 ································ 194
  8.1 电梯安装工程的竣工验收 ·· 194
    8.1.1 电梯安装竣工交付使用前的检验及试验 ···························· 194
    8.1.2 电梯安装验收规范 ·· 196
    8.1.3 电梯安装竣工验收的项目内容及顺序 ································ 204
  8.2 电梯的交付使用 ·· 214
  8.3 电梯交付使用后的工程回访与服务 ·· 215
    8.3.1 回访内容 ·· 215
    8.3.2 回访方式 ·· 215
    8.3.3 回访时的要求 ·· 215
    8.3.4 用户投诉的处理 ·· 216
    8.3.5 电梯的保修 ·· 216

参考文献 ·· 218

课题1 电梯安装概述

电梯是融合了机、光、电、自动控制与检测、计算机应用技术等现代科技的大型机电一体化产品,它在建筑物中,特别是在高层、小高层建筑中有着不可缺少而又重要的作用。要使电梯产品发挥出其应有的作用,我们需把出厂的散件电梯设备与建筑物有机地结合组装起来。为了能正确地安装好电梯,保证电梯机电一体的完整性和电梯安装的质量,有必要先介绍一下电梯的基本构成与规格参数,电梯与建筑物的关系,以及电梯安装的基本工艺流程。

1.1 电梯的基本构成与规格参数

1.1.1 电梯的基本构成

电梯的整体构成如图1.1所示。

按照电梯系统的功能,电梯设备由电梯曳引系统、导向系统、轿厢系统、门系统、重量平衡系统、电力拖动系统、电力控制系统和安全保护系统八部分构成。它们的功能及其主要组成构件、装置见表1.1所示。

表1.1 电梯八个系统的功能及其主要组成构件、装置

八个系统	功能	主要组成构件、装置
曳引系统	输出、传递动力,驱动电梯运行	曳引机、曳引钢丝绳、导向轮、反绳轮等
导向系统	限制、引导轿厢和对重运动,使轿厢和对重只能沿着导轨作上、下运动	轿厢导轨、对重导轨及其导轨架、导靴等
轿厢系统	用来运送乘客和(或)货物的组件,是电梯的工作装置	轿厢架、轿厢体
门系统	乘客或货物的进、出口,电梯运行时轿门、厅门必须关闭,到站时才能打开	轿厢门、层门、开门机、联动机构、门锁及门锁电气开关等
重量平衡系统	相对平衡轿厢、乘客和(或)货物重量,并补偿高层电梯中曳引绳及随行电缆等自重的影响	对重和重量补偿装置等
电力拖动系统	提供动力,对电梯实行速度控制	曳引电动机、供电系统、速度反馈检测装置、电动机高速控制装置等
电力控制系统	对电梯的运行实行操纵和控制	操纵装置、位置显示装置、控制柜(屏)、平层装置等
安全保护系统	保证电梯安全运行,防止一切危及人身安全事故的发生	限速器、安全钳、缓冲器、端站保护装置、超速保护装置,超载称量装置,供电系统断相、错相保护装置,超越上、下极限工作位置的保护装置,层门锁与轿门电气联锁装置等

按照电梯部件的空间位置,电梯可看成由电梯机房、井道、轿厢和层站四部分设备构成。

1. 电梯机房里的主要部件(见表1.2)

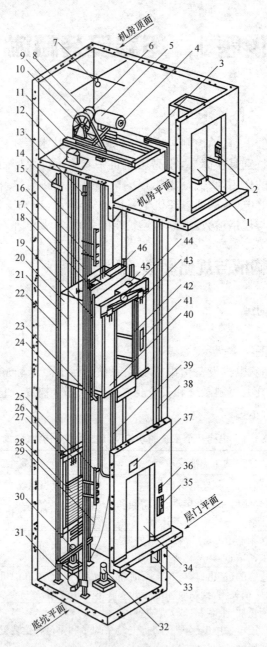

图 1.1　电梯整机示意图

1-控制柜；　2-机房配电板；　3-机房线槽；　4-旋转编码器；　5-曳引电动机；　6-制动器；　7-机房承重吊钩；
8-减速器；　9-曳引轮；　10-导向轮；　11-曳引机承重大梁；　12-限速器；　13-轿厢导轨支架；　14-对重导轨支架；
15-曳引钢丝绳；　16-顶层终端开关；　17-轿厢导轨；　18-轿厢导靴；　19-极限开关打板；　20-轿厢；　21-限速器钢丝绳；
22-对重导轨；　23-安全钳钳体；　24-轿底超载装置；　25-底层减速开关；　26-绳头组件；　27-对重导靴；
28-对重装置；　29-补偿装置；　30-对重缓冲器；　31-张紧装置；　32-轿厢缓冲器；　33-底坑检修装置；　34-层门装置；
35-厅外召唤盒；　36-消防按钮盒；　37-层门锁；　38-井道布线槽(线管)；　39-随行电缆；　40-轿厢门；　41-轿内操纵箱；
42-安全触板(光幕)；　43-开门刀；　44-开门机；　45-轿顶检修箱；　46-平层装置

表 1.2 电梯机房里的主要部件及其安装部位

序号	部件名称	主要类型	主要构成	功能	安装部位
1	曳引机	无齿轮曳引机（无减速器曳引机）	电动机、电磁制动器、曳引轮、冷却风机	为电梯提供动力源，不用中间的减速器而直接传递到曳引轮上	架设在机房承重梁上，也有设置在导轨顶端，底坑一侧，或某个层站井道旁
		有齿轮曳引机（有减速器曳引机）	蜗杆副减速器、惯性轮、曳引轮、制动器、电动机	为电梯提供动力源，通过中间减速器传递到曳引轮上	
		永磁无齿曳引机	永磁电动机、电磁制动器、制动轮、曳引轮、光电编码器	曳引轮和制动轮直接安装在电动机的轴上，执行曳引轿厢运行	
	制动器	卧式电磁制动器	铁心、碟形弹簧、偏斜套、制动弹簧	对主动转轴起制动作用，能使工作中的电梯轿厢停止运行	装在电动机的旁边，即在电动机轴与蜗杆轴相连的制动轮处
		立式电磁制动器	制动弹簧、拉杆、动铁心、制动臂、转臂闸瓦、球面头		
	减速器（齿轮箱）	蜗轮蜗杆减速器	蜗轮、蜗杆、电机、块式制动器、曳引轮	能使快速电动机与钢丝绳传动机构的旋转频率协调一致	装在曳引电动机转轴和曳引轮轴之间
		斜齿轮减速器	制动鼓、斜齿轮、电动机、曳引轮		
		行星齿轮减速器	行星斜齿轮、制动器、电动机、曳引轮		
	联轴器	刚性联轴器	电动机轴，左、右半联轴器，蜗杆轴	用以传递由一根轴延续到另一根轴上的转矩	设在曳引电动机轴端与减速器蜗杆端的会合处
		弹性联轴器			
	曳引轮	半圆形槽曳引轮	内轮筒（鼓）、外轮圈、蜗杆轴	除承受轿厢、载重和对重重量外，还利用曳引钢丝绳与轮槽的摩擦力来传递动力	装在减速器中的蜗轮轴上
		V形槽曳引轮			
		凹形槽曳引轮			
	导向轮	U形螺栓固定导向轮	固定心轴、滚动轴承、U形螺栓	与曳引轮互相配合，承受轿厢自重、载重和对重的全部重量，并能将曳引绳引向轿厢或对重	放在曳引机机架台或承重梁的下面
		双头螺栓固定导向轮	固定心轴、滚动轴承、双头螺栓		
2	限速器	刚性限速器	压绳、夹绳钳	控制轿厢（对重）的实际运行速度，当速度达到极限值时，能发出信号及产生机械动作切断控制电路或迫使安全钳动作	安装在机房或滑轮间的地面，一般在轿厢的左后角或右前角处
		弹性限速器	绳轮、拨叉、底座		
		双向限速器	超速动作开关等		

续表 1.2

序号	部件名称	主要类型	主要构成	功 能	安装部位
3	曳引钢丝绳	8×19S 钢丝绳	钢丝、绳股、绳芯	连接轿厢和对重,并靠曳引机驱动轿厢和对重运动	在机房穿绕曳引轮、导向轮,下面一端连接轿厢,另一端连接对重(曳引比为1∶1)
		6×19S 钢丝绳			
4	控制柜(屏)	控制柜	继电器、接触器、电阻器、整流器、变压器等电子元器件	各种电子元器件的载体,并对其起防护作用	在机房、井道或某个楼层
		控制屏			

2. 电梯井道里的主要部件(见表1.3)

表 1.3 电梯井道里的主要部件及其安装部位

序号	部件名称	主要类型	主要构成	功 能	安装部位
1	轿厢	客(货)梯轿厢	轿厢底、轿厢壁、轿厢顶、轿厢门	用以运送乘客和(或)货物的载体	在曳引绳的下端并通过曳引绳与对重装置的一端相接
		病床梯轿厢			
		杂物梯轿厢			
		观光梯轿厢			
2	导轨	T形导轨	冷轧钢或角钢	作为轿厢和对重在竖直方向运动的导向,限制轿厢和对重活动的自由度	架设在井道内
		L形导轨			
		槽形导轨			
		管形导轨			
3	导轨架	山形导轨架	钢板、螺栓	作为导轨的支承体	装在井道壁上
		L形导轨架			
		框形导轨架			
4	对重装置	无对重轮式(曳引比为1∶1)	对重架、对重块、导靴、碰块、压板、对重轮	使轿厢与对重间的重量差保持在某一个限额之内,保护电梯曳引传动平稳、正常	相对轿厢悬挂在曳引绳的另一端
		有对重轮式(曳引比为2∶1)			
5	复绕轮(对重轮)(反绳轮)	同导向轮	同导向轮	在2∶1绕绳法的电梯上,能改善提升动力和运行速度	一般装在轿顶架下部和对重架上梁的上部
6	缓冲器	弹簧式	缓冲橡胶垫、弹簧、缓冲座	当轿厢超过上下极限位置时,用来吸收、消耗制停轿厢或对重装置所产生的动能	安装在井道底坑
		油压式	吸振橡胶块、柱塞、弹簧、环圈、筒体		

续表 1.3

序号	部件名称	主要类型	主要构成	功能	安装部位
7	重量补偿装置	补偿绳	钢丝绳、挂绳架、卡钳、定位卡板	用以补偿电梯在升降过程中，由于曳引钢丝绳在曳引轮两边的重量变化而产生不平衡现象	一端悬挂在轿厢下面，另一端挂在对重装置的下面
		补偿链	麻绳、铁链、U形卡箍		
		补偿缆	环链、聚乙烯、氯化物		
8	端站保护装置	强迫换速开关	强迫换速开关，碰轮、碰板限位开关，极限开关，重砣	当轿厢运行超过端站时，用于切断控制电源	可装在井道上端站和下端站附近，也可设在轿厢上
		终端限位开关			
		终端极限开关			
9	平层感应器（井道传感器）	遮磁板式	换速传感器、平层隔磁板	在平层区内，使轿厢地坎与厅门地坎自动准确对位	分别装在轿顶和轿厢导轨上
		圆形永久磁铁式（双稳态磁开关式）	圆形永久磁铁、双稳态磁开关		

3. 轿厢上的主要部件（见表1.4）

表 1.4 轿厢上的主要部件及其安装部位

序号	部件名称	主要类型	主要构成	功能	安装部位
1	轿门	中分式轿门	门扇、门套、门滑轮、门导轨架、门靴（滑块）门锁装置	供司机、乘客和货物进出，并防止人员和物品坠入井道或与井道相撞	设在轿厢入口处，并靠近层门的一侧
		旁开式轿门			
2	导靴	固定式（刚性）导靴	带凹形槽的靴头、靴体、靴座	与导轨凸形工作面配合，供轿厢和对重装置沿着导轨上下运动，防止轿厢和对重装置在运动过程中偏离导轨	轿厢导靴安装在轿厢上梁和轿厢底部安全钳座下面，对重导靴安装在对重架的上部和底部
		浮动式（弹性）导靴			
		滚动导靴			
		单体式导靴			
		复合式导靴			
3	安全钳	瞬时块式安全钳	连杆机构、钳块、钳块拉杆及钳座	当轿厢（对重）超速运行或出现突然情况时，接受限速器操纵，以机械动作将轿厢强行制停在导轨上	安全钳座在轿厢架的底架上，处于导靴之上；钳块和垂直拉杆装在轿厢外壁两侧立柱上
		渐进式安全钳			
		双向式安全钳			
4	称量装置	轿底称量式	活动轿厢底、轿底框称量机构	检测轿厢内载荷变化状态，当轿厢超过额定载荷时能发出警告信号，并使轿厢门保持在打开状态	设置在轿厢底、轿厢顶或机房等部位
		轿顶称量式	微动开关、称量元件		
		机房称量式	秤杆、摆杆、微动开关、压簧		

续表 1.4

序号	部件名称	主要类型	主要构成	功能	安装部位
5	操纵箱	手柄开关式	电子、电器元件，应急按钮，蜂鸣器	用以指令开关、按钮或手柄等操纵轿厢运行，是司机或乘用人员控制电梯上下运行的控制中心	轿厢内壁或层站门外
		按钮操作式			
6	自动门机构	中分式	开关门电动机、拨杆、弹簧、门刀、调速开关	使厢门（层门）自动开启或关闭	设置在轿门上方与轿门接合处
		中分双折式			
		旁开双折式			

4. 电梯层门口的主要部件（见表1.5）

表 1.5　电梯层门口的主要部件及其安装部位

序号	部件名称	主要类型	主要构成	功能	安装部位
1	层门	中分式	门扇、门套、门滑轮、门滑块、门导轨架、门锁	供乘客和（或）货物进出，并防止人员和物品坠入井道	设置在层站入口处
		旁分式			
		直分式			
2	层门门锁	手动层门门锁	门锁	门关闭后，将门锁紧，同时接通控制回路，轿厢方可运动	分别装在层门内侧的门扇，开门架上
		门刀式自动门锁	门刀、撑杆、滚轮、锁沟		
		压板式自动门锁	活动门刀、门锁		
3	指层灯箱	层门指层灯箱	电子、电器元件	给司机以及轿厢内、外乘用人员提供运行方向和所在位置	设置障碍在轿厢壁和厅门外侧
		轿厢内指层灯箱			
4	厅外呼梯按钮盒	下行呼梯按钮	电子、电器元件	提供厅外乘用人员呼唤电梯	设在厅门门框附近
		上行呼梯按钮			
5	近门保护装置	安全触板式	微动开关、门触板、光电发生器、接收器、电容量检测设备	当轿厢出入口有乘客或障碍物时，通过电子元件或其他元件发出信号，停止关闭轿门或关门过程中立即还回开启位置	轿门两侧
		光电式			
		组合式			

5. 装在其他处的部件

对于群控电梯，在消防中心或大厅值班室需设置梯群监控屏。该监控屏能集中反映各轿厢运行状态，可供管理人员监视和控制。

1.1.2　电梯的主要参数

（1）额定载重量（kg）：制造和设计规定的电梯载重量。

(2) 轿厢尺寸(mm):宽×深×高。

(3) 轿厢形式:有单面或双面开门及其他特殊要求等,以及对轿顶、轿底、轿壁的处理、颜色的选择,对电风扇、电话机的要求等等。

(4) 轿门形式:有栅栏门、封闭式中分门、封闭式双折门、封闭式双折中分门等。

(5) 开门宽度(mm):轿厢门和厅门完全开启时的净宽度。

(6) 开门方向:人在厅外面对厅门,门向左方向开启的为左开门;门向右方向开启的为右开门;两扇门分别向左右两边开启者为中开门,也称中分门。

(7) 曳引方式:常用的有半绕1∶1吊索法,轿厢的运行速度等于钢丝绳的运行速度。半绕2∶1吊索法,轿厢的运行速度等于钢丝绳运行速度的一半。全绕1∶1吊索法,轿厢的运行速度等于钢丝绳的运行速度。这几种吊索法常用图1.2来表示。

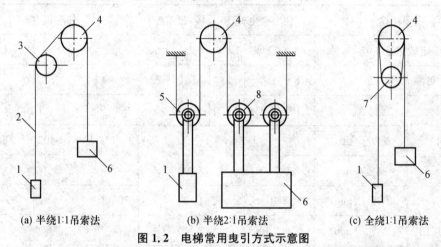

(a) 半绕1∶1吊索法　　(b) 半绕2∶1吊索法　　(c) 全绕1∶1吊索法

图1.2　电梯常用曳引方式示意图

1-对重装置；　2-曳引绳；　3-导向轮；　4-曳引轮；　5-对重轮；　6-轿厢；　7-复绕轮；　8-轿顶轮

(8) 额定速度(m/s):制造和设计所规定的电梯运行速度。

(9) 电气控制系统:包括控制方式、拖动系统形式等。如交流电机拖动或直流电机拖动,轿内按钮控制或集选控制等。

(10) 停层站数(站):凡在建筑物内各层楼用于出入轿厢的地点均称为站。

(11) 提升高度(m):由底层端站楼面至顶层端站楼面之间的垂直距离。

(12) 顶层高度(m):由顶层端站楼面至机房楼板或隔音层楼板下最突出构件之间的垂直距离。电梯的运行速度越快,顶层高度一般越高。

(13) 底坑深度(mm):由底层端站楼面至井道底面之间的垂直距离。电梯的运行速度越快,底坑一般越深。

(14) 井道高度(mm):由井道底面至机房楼板或隔音层楼板下最突出构件之间的垂直距离。

(15) 井道尺寸(mm):宽×深。

1.1.3　我国对电梯主要参数及其规格尺寸的标准规定

为了加强对电梯产品的生产、安装与管理,提高电梯产品的使用效果,国家曾于1974年颁布了JB1435—1974、JB816—1974、JB/Z110—1974等一批电梯产品的部颁标准；1986年颁布了国家级电梯专业技术标准GB7025—1986，取代了部级电梯专业技术标准JB1435—1974；1997年我国颁布了具有国际水平的新国家标准GB/T7025.1～7025.3—1997；2008年我国又颁布了GB/T7025.1—2008和GB/T7025.2—2008最新国家标准。新颁布的电梯标准经实践验证并结合我国具体情况，对国内已批量生产的乘客电梯、住宅电梯（Ⅰ、Ⅱ类），病床电梯（Ⅲ类），载货电梯（Ⅳ类），杂物电梯（Ⅴ类）等类别电梯的主要参数及轿厢、井道、机房的形式与尺寸作了具体规定，见表1.6～表1.9（Ⅰ类：为运送乘客而设计的电梯；Ⅱ类：主要为运送乘客，同时亦可运送货物而设计的电梯；Ⅲ类：为运送病床而设计的电梯；Ⅳ类：为运送通常有人伴随的货物而设计的电梯；Ⅴ类：杂物电梯）。

表1.6 乘客电梯、住宅电梯（Ⅰ、Ⅱ类电梯）的参数、尺寸

主要用途		非住宅楼电梯（办公楼、旅馆等）					住宅楼电梯			
额定载重量(kg)		630	800	1 000	1 250	1 600	320①	400①	630	1 000
可乘人数(人)		8	10	13	16	21	4	5	8	13
轿厢	宽度 A(mm)	1 100	1 350	1 600	1 950		900		1 100	
	深度 B(mm)		1 400		1 750		1 000		1 400	2 100
	高度(mm)	2 200(2 300)			2 300			2 200		
轿门和层门	宽度 E(mm)	800		1 100			700	800		800(900)
	高度 F(mm)	2 000(2 100)		2 100			2 000			
	形式		中分门				旁开门		中分门、旁开门	
井道	宽度 C(mm) 中分门	1 800	1 900	2 400	2 600		②		1 800	1 800(2 000)
	旁开门		②				1 400	1 600		1 600(1 700)
	深度 D(mm)	2 100		2 300		2 600	1 600		1 900	2 600
底坑深度④ P(mm)	$v=0.63$ m/s		1 400		1 600			1 400		
	$v=1.00$ m/s									
	$v=1.60$ m/s		1 600				②		1 600	
	$v=2.50$ m/s	②		2 200			②		2 200	
顶层高度④ Q(mm)	$v=0.63$ m/s							3 600		
	$v=1.00$ m/s		3 800	4 200	4 400			3 700		
	$v=1.60$ m/s		4 000	4 200	4 400			3 800		
	$v=2.50$ m/s	②	5 000	5 200	5 400		②		5 000	

续表 1.6

主要用途			非住宅楼电梯(办公楼、旅馆等)				住宅楼电梯			
机房	$v=0.63$ m/s	面积 S③(m^2)	15	20	22	25	6	7.5	10	12
		宽度 R③(mm)	2 500	3 200			1 600	2 200		2 400
		深度 T③(mm)	3 700	4 900	5 500		3 000	3 200	3 700	4 200
		高度 H(mm)	2 200	2 400		2 800	2 000			
	$v=1.00$ m/s	面积 S③(m^2)	15	20	22	25	6	7.5	10	12
		宽度 R③(mm)	2 500	3 200			1 600	2 200		2 400
		深度 T③(mm)	3 700	4 900	5 500		3 000	3 200	3 700	4 200
		高度 H(mm)	2 200	2 400		2 800	2 000			
	$v=1.60$ m/s	面积 S③(m^2)	15	20	22	25	②	10	12	14
		宽度 R③(mm)	2 500	3 200			②	2 200		2 400
		深度 T③(mm)	3 700	4 900	5 500		②	3 200	3 700	4 200
		高度 H(mm)	2 200	2 400		2 800	②	2 200		
	$v=2.50$ m/s	面积 S③(m^2)	②	18	20	22	25	②	14	16
		宽度 R③(mm)	②	2 800	3 200			②	2 800	
		深度 T③(mm)	②	4 900		5 500		②	3 700	4 200
		高度 H(mm)	②	2 800				②	2 600	

注：① 额定载重量为 320 kg 和 400 kg 的电梯轿厢不允许残疾人乘轮椅进出；
② 非标电梯；
③ R 和 T 为最小尺寸值，实际尺寸应确保机房地面面积至少等于 S；
④ 底坑深度和顶层高度的实际尺寸必须符合 GB7588—2003 中 5.7 的规定。

表 1.7 病床电梯（Ⅲ类电梯）的参数、尺寸

	额定载重量(kg)	1 600	2 000	2 500
	可乘人数(人)	21	26	33
轿厢	宽度 A(mm)	1 400	1 500	1 800
	深度 B(mm)	2 400	2 700	
	高度(mm)	2 300		
轿门和层门	宽度 E(mm)	1 300		1 300①
	高度 F(mm)	2 100		
	形式	旁开门		旁开门①
井道	宽度 C(mm)	2 400		2 700
	深度 Dmm	3 000		3 300

续表 1.7

底坑深度② P(mm)	$v=0.63$ m/s	1 600	1 800
	$v=1.00$ m/s	1 700	1 900
	$v=1.60$ m/s	1 900	2 100
	$v=2.50$ m/s	2 500	
顶层高度② Q(mm)	$v=0.63$ m/s	4 400	4 600
	$v=1.00$ m/s		
	$v=1.60$ m/s		
	$v=2.50$ m/s	5 400	5 600
机房	$v=0.63$ m/s	面积 S③(m²)	25	27	29

机房				
	$v=0.63$ m/s	面积 S③(m²)	25	27	29
		宽度 R③(mm)	3 200	3 500
		深度 T③(mm)	5 500	5 800
		高度 H(mm)	2 800	
	$v=1.00$ m/s	面积 S③(m²)	25	27	29
		宽度 R③(mm)	3 200	3 500
		深度 T③(mm)	5 500	5 800
		高度 H(mm)	2 800	
	$v=1.60$ m/s	面积 S③(m²)	25	27	29
		宽度 R③(mm)	3 200	3 500
		深度 T③(mm)	5 500	5 800
		高度 H(mm)	2 800	
	$v=2.50$ m/s	面积 S③(m²)	25	27	29
		宽度 R③(mm)	3 200	3 500
		深度 T③(mm)	5 500	5 800
		高度 H(mm)	2 800	

注：① 可采用入口净宽 1 400 mm 的中分门；
② 底坑深度和顶层高度的实际尺寸必须符合 GB7588—2003 中 5.7 的规定；
③ R 和 T 为最小尺寸值，实际尺寸应确保机房地面面积至少等于 S。

表 1.8 杂物电梯（Ⅳ类电梯）的参数、尺寸

额定载重量(kg)		630	1 000	1 600	2 000	3 000	5 000
轿厢	宽度 A(mm)	1 100	1 300	1 500	1 500	2 200	2 400
	深度 B(mm)	1 400	1 750	2 250	2 700	2 700	3 600
	高度(mm)	2 200	2 200	2 200	2 200	2 500	2 500

续表1.8

轿门和层门	宽度 E(mm)	1 100	1 300	1 500	1 500	2 200	2 400
	高度 F(mm)	2 100	2 100	2 100	2 100	2 500	2 500
井道	宽度 C(mm)	2 100	2 400	2 700	2 700	3 600	4 000
	深度 D(mm)	1 900	2 300	2 800	3 200	3 400	4 300
底坑深度① P(mm)	v=0.63 m/s	—	—	—	—	1 400	1 400
	v=1.00 m/s	1 500	1 500	1 700	1 700		
顶层高度① Q(mm)	v=0.63 m/s					4 300	4 500
	v=1.00 m/s	4 100	4 100	4 300	4 300	—	—
机房	面积 S②(m²) v=0.63 m/s					22	26
	v=1.00 m/s	12	14	18	20		
	宽度 R②(mm)	2 800	3 100	3 400	3 400		
	深度 T②(mm)	3 500	3 800	4 500	4 900		
	高度 H(mm)	2 200	2 200	2 400	2 400		

注：① 底坑深度和顶层高度实际尺寸应符合 GB7588—2003 中 5.7 的规定；
② R 和 T 为最小尺寸值，实际尺寸应确保机房地面面积至少等于 S。

表1.9 杂物电梯（Ⅴ类电梯）的参数、尺寸

额定载重量(kg)		40	100	250
轿厢	宽度 A(mm)	600	800	1 000
	深度 B(mm)	600	800	1 000
	高度(mm)	800	800	1 200
井道	宽度 C(mm)	900	1 100	1 500
	深度 D(mm)	800	1 000	1 200

电梯的主要参数及其规格尺寸是电梯制造厂设计和制造电梯的依据。用户选用电梯时，必须根据电梯的安装使用地点、载运对象等，按规定的标准，正确选择电梯的类别和有关参数与尺寸，并根据这些参数与规格尺寸，设计和建造安装电梯的建筑物，否则会影响电梯的使用效果。电梯安装时也应按照 GB/T7025.1～7025.3—1997 的标准规定，测量机房、井道是否符合要求；对于一些新型电梯还应根据厂家的要求测量。

1.2 电梯与建筑物的关系

电梯与建筑物的关系，与一般机电设备相比要紧密得多。电梯的零部件分散安装在电梯的机房、井道四周的墙壁、各层站的厅门洞周围、井道底坑等各个角落。因此，不同规格参数的电梯产品，对安装电梯的机房、井道、各层站门洞、底坑等都有比较具体的结构尺寸要求。由于电梯产品是庞大、零碎、复杂的，且总装工作通常远离制造厂的使用现场进行，所以电梯产品的质量在很大程度上还取决于安装质量。又由于除制造质量外，电梯的安装质量又直接与建筑物的质量密切相关，因此要使一部电梯具有比较满意的使用效果，还需使所建

的机房、井道等结构形式、尺寸等与所安装电梯的类别、主要参数及规格尺寸相吻合。

1.2.1 乘客电梯和住宅电梯对井道机房的要求

乘客电梯和住宅电梯的主要参数及轿厢、井道、机房形式与尺寸应符合表1.6、图1.3～图1.5的规定。

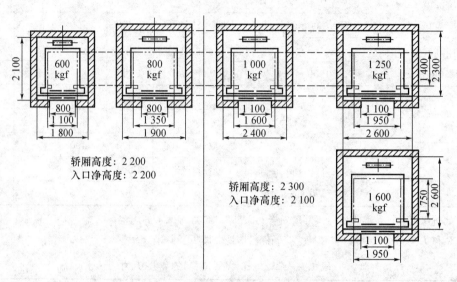

图1.3 乘客电梯轿厢井道平面图

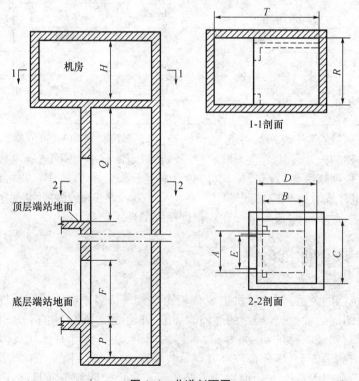

图1.4 井道剖面图

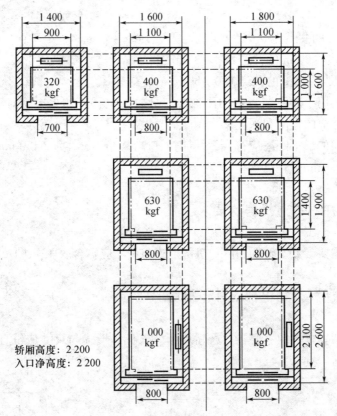

(a) 厅门、轿门为双折式 (b) 厅门、轿门为中分式

图 1.5 住宅电梯轿厢井道平面图

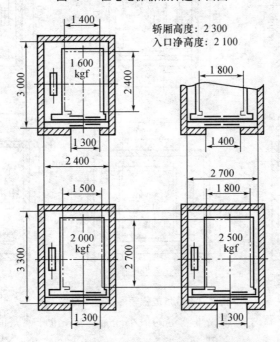

图 1.6 病床电梯轿厢井道平面图

乘客电梯、住宅电梯和病床电梯井道水平尺寸是用铅垂测定的最小净空尺寸,允许偏差

值为:

对高度≤30 m 的井道为 0～25 mm;

对 30 m<高度≤60 m 的井道为 0～35 mm;

对 60 m<高度≤90 m 的井道为 0～50 mm。

以上偏差仅适用于对重装置使用刚性金属导轨的电梯。如果电梯对重装置有安全钳时,则根据需要,井道的宽度和深度尺寸允许适当增加。

相邻两层站间的最小距离应符合:对层门入口高 2 000 mm,为 2 450 mm;对层门入口高 2 100 mm,为 2 550 mm。

1.2.2 病床电梯对井道机房的要求

病床电梯的主要参数及轿厢、井道、机房形式与尺寸应符合表 1.7、图 1.6 的规定。

1.2.3 载货电梯和杂物电梯对井道机房的要求

载货电梯和杂物电梯的主要参数及轿厢、井道、机房形式与尺寸应符合表 1.8、表 1.9、图 1.7 的规定。

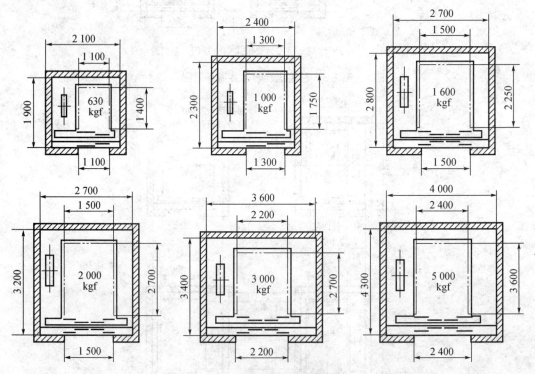

图 1.7 载货电梯轿厢井道平面图

载货电梯井道水平尺寸是用铅垂测定的最小净空尺寸,允许偏差值为:

对高度≤30 m 的井道为 0～25 mm;

对 30 m<高度≤60 m 的井道为 0～35 mm;

对 60 m<高度≤90 m 的井道为 0～50 mm。

以上偏差仅适用于对重装置使用刚性金属导轨的电梯。如果电梯对重装置有安全钳时，则根据需要，井道的宽度和深度尺寸允许适当增加。

相邻两层站间的距离应符合：

对层门入口高度为 2 100 mm，不小于 2 550 mm；

对层门入口高度大于 2 100 mm，不小于门高加上 450 mm。

对杂物电梯，为使人员不能进入轿厢，轿厢的尺寸应符合：

① 底面积不得超过 1.0 m²。

② 深度不得超过 1.0 m。

③ 高度不得超过 1.2 m。

如果轿厢由几个固定间隔组成，而每一间隔都应满足上述要求，则轿厢总高度允许超过 1.2 m，井道水平尺寸是用铅垂测定的最小净空尺寸。允许偏差值为：对高度≤30 m 的井道为 0~25 mm。

1.2.4 电梯土建技术要求

1. 土建应构筑满足电梯工作的环境要求

(1) 机房的空气温度应保持在 5~40 ℃ 之间。

(2) 运行地点的最湿月月平均最高相对湿度（在该月平均最低温度不高于 25 ℃）不超过 90%。

(3) 介质中无爆炸危险，无足以腐蚀金属和破坏绝缘的气体及导电尘埃。

(4) 供电电压波动应在 ±7% 范围内。

2. 机房

(1) 通向机房的道路应畅通，通道和楼梯应设有适当照度的永久性电气照明装置，入口楼梯或爬梯应设扶手；当需要使用楼梯运送曳引主机等部件时，楼梯应能承受曳引主机等部件的重量，宽度不应小于 1.2 m，坡度不应小于 45°，转弯拐角应能方便通过。

(2) 机房结构应能承受预定的载荷和应力，要用经久耐用和不易产生灰尘的材料建造；当建筑物（如住宅、旅馆、医院、学校、图书馆等）的使用功能有要求时，机房的墙壁、地板和房顶应使用或装饰能大量吸收电梯运行噪声的材料。

(3) 机房门窗应能锁牢并防风雨，机房门外应设有非临时性的包括下列简短字句的须知："电梯驱动主机危险，未经许可禁止入内！"

(4) 机房应有适当的通风，从建筑物其他处抽出的陈腐空气不得排入机房内。

(5) 在机房顶板或横梁的适当位置上，应装备一个或多个适用的具有安全工作载荷标示的承重梁或金属支架或吊钩，以便搬运、起吊较重设备。

(6) 机房地板应能承受 6 865 Pa 的压力。

(7) 机房地面应平整，应采用防滑材料，如抹平混凝土、波纹钢板等。

(8) 当机房相邻工作平台高度差大于 0.5 m 时，应设置楼梯或台阶且设制高度不小于 0.9 m 的护栏。

(9) 当机房地面有任何深度大于 0.5 m，宽度小于 0.5 m 的凹坑或任何槽坑时，均应盖住。

(10) 机房应有足够的尺寸；工作区域的净高不应小于 2 m；控制柜（屏）前要有一块

0.7 m×0.5 m[或柜(屏)全宽,取两者中的大者]的水平净空面积,对运动部件进行检修以及需要人工紧急操作移动轿厢的地方要有一块0.5 m×0.6 m的水平净空面积;活动区域的净高不应小于1.8 m;通往工作区域的通道宽度不应小于0.5 m,没有运动部件的通道宽度不应小于0.4 m。

(11) 机房内曳引机承重梁如果需埋入承重墙内,则该梁伸入墙的部分(支承长度)应超过墙厚中心20 mm,且不应小于75 mm。

(12) 机房内曳引钢丝绳与楼板孔洞每边间隙应为20~40 mm,通向井道的孔洞四周应筑有≥50 mm的台阶。

(13) 动力电源和照明电源应分开送至机房内相应的电梯主电源开关与照明开关的进线端;照明电源也可通过与对应的主电源开关供电侧相连而获得,或者由GB6895.21—2004规定的安全电压供给。

(14) 零线和接地线应始终分开,并同时送至机房电源箱(盒)内。

(15) 机房应设有永久性的电气照明,地面上的照度不应小于200 lx;在机房内靠近每个入口处的适当高度应设有一个控制机房照明的开关。

(16) 在机房中,每台电梯应单独装设一个能切断本梯所有供电电路的主开关,该开关应具有切断电梯正常使用情况下最大电流的能力,即开关触点容量应能承受曳引电动机正处于最大电流激励状态时突然断开而产生的电弧火灼。但是该开关不应切断:

① 轿厢照明和通风。
② 轿顶电源插座和固定式轿顶照明。
③ 机房、滑轮间照明和机房、滑轮间电源插座。
④ 底坑电源插座以及固定式底坑照明。
⑤ 电梯井道照明。
⑥ 报警装置。

(17) 正常情况下,电梯的主开关就是主电源开关。该开关应装在机房内距地面1.3~1.5 m的墙上,应能从机房入口处方便、迅速地接近该开关的操作机构。如果几台电梯共用同一个机房,则各台电梯主开关的操作机构应易于识别。

(18) 机房内应设置一个或多个2P+PE型250 V电源插座,其电源或来自220 V交流照明电路,或来自36 V安全供电电路。

3. 井道

(1) 每一台电梯的井道,除了不要求火灾时防止火焰蔓延及必要和允许的开口外,应由无孔的墙、底板和顶板完全封闭起来。必要和允许有下述开口:

① 层门开口。
② 通往井道的检修门、井道安全门以及检修活板门的开口。
③ 火灾情况下,气体和烟雾的排气孔。
④ 通风孔。
⑤ 井道与机房或与滑轮间之间的功能性开口。
⑥ 电梯之间设置防护性隔板上的开孔。

(2) 井道结构应符合国家建筑规范的要求,并应至少能承受下述载荷:主机系统施加的;轿厢偏载情况下安全钳动作瞬间经导轨施加的;缓冲器动作产生的;由防跳装置作用的;

装卸载经轿厢、层门所产生的载荷等。

(3) 井道的壁、底面和顶板应具有足够的机械强度,应用坚固、非易燃、不助长灰尘产生的材料制造。

① 井道壁的强度:用一个 300 N 的力,均匀分布在 5 cm² 的圆形或方形面积上,垂直作用在井道壁的任一点上,应无永久变形,弹性变形不大于 15 mm。

② 底坑底面的强度:支撑导轨的底坑底面应能承受轿厢导轨自重再加轿厢侧安全钳动作瞬间的压弯力 $k_1 g_n (P+Q)/n$(N)(式中,k_1——安全钳动作的冲击系数;g_n——标准重力加速度;P——空轿厢及附带部件的质量;Q——额定载重量;n——导轨的数量),或对重导轨自重再加对重侧安全钳动作瞬间的压弯力 $k_1 g_n (P+qQ)/n$(N)(式中,q——平衡系数);轿厢缓冲器支座下的底坑底面应能承受 $4g_n(P+Q)$(N)的作用力;对重缓冲器支座下的底坑底面应能承受 $4g_n(P+qQ)$(N)的作用力。

③ 顶板强度:如果顶板就是机房地板,则应能承受 6 865 N/m² 的压力;如果顶板无需承受机房地板的压力而必须悬挂导轨,则悬挂点应至少能承受规定的载荷和拉伸应力。

(4) 电梯井道应为电梯专用,井道内不得装设与电梯无关的设备、电缆等;井道内允许装设采暖设备,但不能用蒸汽和高压水加热,采暖设备的控制与调节装置应装在井道外面。

(5) 当相邻两层门地坎间的距离大于 11 m 时,其间应设置井道安全门。

(6) 检修门的高度不得小于 1.4 m,宽度不得小于 0.6 m;井道安全门的高度不得小于 1.8 m,宽度不得小于 0.35 m;检修活板门的高度不得大于 0.5 m,宽度不得大于 0.5 m;且它们均不应向井道内开启。

(7) 检修门、井道安全门和检修活板门均应装设用钥匙开启的锁,当它们被开启后,不用钥匙亦能将其关闭和锁住;检修门与井道安全门即使在锁住的情况下,也应能不用钥匙就从井道内部将门打开。

(8) 检修门、井道安全门和检修活板门均应无孔,并应具有与层门一样的机械强度,且应符合相关建筑物防火规范的要求。

(9) 在井道外,检修门旁,应设有"须知",并指出:"电梯井道危险,未经许可禁止入内!"

(10) 井道顶部应设置通风孔,其面积不得小于井道水平断面面积的1%,通风孔可直接通向室外,或经机房或滑轮间通向室外;除为电梯服务的房间外,井道不能用于非电梯用房的通风。

(11) 规定的电梯井道水平尺寸是用铅垂测定的最小净空尺寸,其允许铅垂偏差值为:

对高度≤30 m 的井道为 0~25 mm;

对 30 m<高度≤60 m 的井道为 0~35 mm;

对 60 m<高度≤90 m 的井道为 0~50 mm。

(12) 在井道下部,轿厢与对重之间应采用从底坑地面≤0.3 m 处向上延伸到≥2.5 m 高度的、宽度大于等于对重宽度两边各加 0.1 m 的刚性隔障(护栏);同一井道装有多台电梯时,不同电梯的运动部件之间应设置至少从轿厢与对重行程相比最低点延伸到最低层站楼面以上 2.5 m 高度的、宽度应能防止人员从此底坑通往彼底坑的护栏;如果轿厢顶部边缘和相邻电梯的运动部件(轿厢、对重)之间的水平距离小于0.5 m,则护栏应贯穿整个井道,其宽度应至少等于该运动部件或运动部件需要保护部分的宽度每边各加 0.1 m;当隔障是网孔型时,则应遵循 GB12265.1—1997 中 4.5.1 的规定。

(13)井道应设置永久性的电气照明装置,即使在所有的门关闭时,在轿顶面及底坑地面以上 1 m 处的照度均至少达到 50 lx。井道照明应这样设置:距井道最高和最低点 0.5 m 以内各装设一盏照明器件,然后在保证照度的前提下趋向井道中间每隔 7 m(最大值)装设其余照明器件。井道照明电气接线参照图 1.8。

(14)当采用膨胀螺栓安装电梯导轨支架时,应满足下列要求:

① 井道混凝土墙壁应坚固结实,其耐压强度不应低于 24 MPa。

② 混凝土墙壁的厚度应在 120 mm 以上。

③ 所选用的膨胀螺栓必须符合国家标准的有关要求。

4. 底坑

(1)井道下部应设置底坑,除缓冲器座、导轨座、补偿装置座以及排水装置外,底坑的底部应光滑平整,底坑不得作为积水坑使用;在导轨、缓冲器、补偿装置、护栏等安装竣工后,底坑不得漏水或渗水。

(2)电梯井道尽量不要设置在人们能够到达的空间上面,如果轿厢、对重之下确有人能够到达的空间,则井道底坑的底面至少应按 5 000 N/m² 的载荷设计,且将对重缓冲器安装在一根直接延伸支撑于坚固地面的实心桩墩上,或者为对重装设安全钳。

(3)底坑内应设有一个 2P+PE 型 250 V 电源插座,其电源或来自 220 V 交流照明电路,或来自 36 V 安全供电电路。井道照明的开关(见图 1.8),在开门去底坑时应易于接近和便于操作。

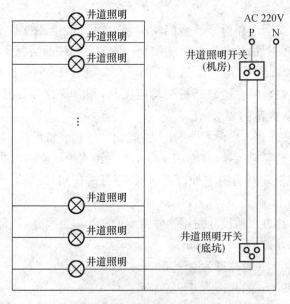

图 1.8 井道照明电气接线图

5. 层门

(1)在层门附近,层站上的自然光线或人工照明在地面上的照度不应小于 50 lx。

(2)候梯厅深度是指沿轿厢深度方向测得的候梯厅墙与对面墙之间的距离;在没有考虑不乘电梯的人员要求以层站为交通过道而穿越的情形下,电梯各层站的候梯厅深度至少应保持在整个井道宽度范围内,并符合与满足:

① 住宅楼用(客梯或住宅梯)电梯,当为单台或多台(最多为 4 台)并列成排布置时,候

梯厅深度不应小于最大的轿厢深度;服务于残疾人的电梯,候梯厅深度不应小于1.5 m。

② 乘客电梯、客货两用电梯、病床电梯,当为单台或多台并列成排布置时,候梯厅深度不应小于1.5乘以最大的轿厢深度;当为群控(最多为4台)并列成排布置时,除病床电梯外,候梯厅深度不应小于2 400 mm;当为群控多台(最多为8台)面对面排列布置时,候梯厅深度不应小于相对电梯的轿厢深度之和,且除病床电梯外,此距离不得大于4 500 mm。

③ 货梯,单台的候梯厅深度不应小于1.5乘以最大的轿厢深度;多台并列成排的候梯厅深度不应小于1.5乘以最大的轿厢深度;多台面对面排列的候梯厅深度不应小于相对轿厢的深度之和。

1.3 电梯安装的基本工艺流程

图1.9为单台电梯施工安装的基本工艺流程图。单台电梯施工顺序的安排,应考虑与土建交叉作业;电梯机械和电梯电气两部分的安装工作,可采用机和电两个施工作业组平行交叉作业施工;安排上注意安装工序的衔接,防止颠倒工序,避免重复劳动。多台电梯施工顺序的安排,应根据建设单位使用、投产的顺序和整体工程的综合平衡为原则来确定。

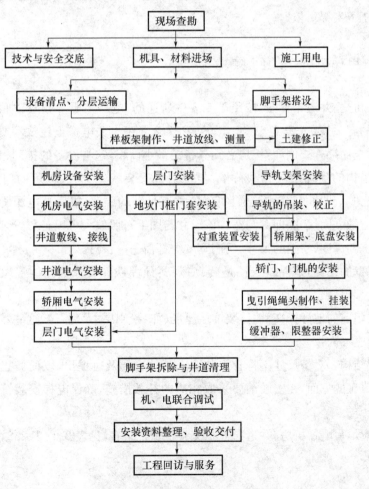

图1.9 电梯安装的基本工艺流程图

课题 2　电梯安装前的准备工作

施工前准备是电梯安装工程的一个必需而重要的工作,只有充分重视这项工作,才能保证工程安装的顺利进行。因此,在电梯安装之前做好安装现场查勘,落实现场的基本施工条件,制订合理的施工方案等工作将会为经济、有效的电梯安装打下良好的基础。

2.1　安装现场查勘

电梯安装前,安装负责人应到安装现场进行调查、了解,落实必要的施工条件,并做好记录,为编制施工方案提供依据。

2.1.1　了解电梯机房、井道土建情况

根据电梯机房、井道布置图,按照 1.1.3 中所述的"电梯主要参数及轿厢、井道、机房的形式与尺寸"的有关规定(表 1.6～表 1.9),和 1.2.4 中有关电梯土建技术要求,对机房、井道进行现场的全面勘查。例如:机房必须具备的最小面积,这与设备的排列、布置有关;机房的最低高度、吊钩的预埋位置和载荷量,与曳引机安装就位有关;机房的门宽一般不小于 1 m,便于设备进入机房;机房内应通风良好,并有足够的照明;机房总电源配板一般设在入口处;实测井道的平面尺寸(即深与宽),该尺寸与图纸对照偏大可以补救,严禁偏小;井道顶层的高度、地坑的深度、牛腿的尺寸、门洞宽度等都需一一核对。

了解井道壁的结构,是混凝土还是砖砌;观察预埋铁件或预留孔位置尺寸是否符合要求。为安装支架提供合理依据。

电梯各层门前的地坪标高,墙体装饰层厚度(如:粉刷层、大理石),这些数据都是安装地坎、门套不可缺少的。

了解土建结构。对于尺寸不符合安装要求的地方要及时提出,以便修正。如土建上已成定局,不宜修正的方面,在安装前要采取相应的补救措施,确保电梯安装符合技术要求和验收规范。

勘查后,应填写电梯机房、井道"土建"交验检验记录表,见表 2.1、表 2.2。

表2.1 电梯机房"土建"交验检验记录表

单位(子单位)或工程单位		安装位置编号		检验日期	年　月　日
"土建"布置图号			同机房电梯台数		
"土建"施工图号			同井道电梯台数		
本机房所处位置	层	本井道的最高端站位于_____层,最低端站位于_____层			

序号	检验项目	检验要求	检验结果
1	结构形式及布置	按图,其中消防电梯的机房独立间隔;液压电梯的机房尽量靠近井道	
2	内空间尺寸:长(mm)×宽(mm)×高(mm)		
3	楼地面(工作平台)上方净高	≥2m	
4	通道和搬运空间	满足设备(材料)进场	
5	人员进入(机房或滑轮间)	方便(不需要临时借助其他辅助设施)	
6	建筑材料	经久耐用,不易产生灰尘	
		耐火极限(对于消防电梯)	
7	地板材料及承重	防滑,满足"土建"布置图,承重正常载荷,液压电梯应能防止油的污染	
8	预留起重吊环	材质	
		规格尺寸	
		承载力(kN)	
		查"土建"焊接隐蔽验收记录,应符合要求	
9	承重墙(墩、梁)位置尺寸	按图	
10	楼板预留孔洞位置尺寸	按图	
11	预埋电线管、油管及其套管或砌筑管线穿过槽	按图(机房与井道无法毗邻的液压电梯应特别注意)查"土建"预埋隐蔽验收记录,应符合要求	
12	防风雨、防渗漏水	功能良好,满足电梯安装施工要求	

施工单位检验评定	专业工长(施工员)		施工班组长	
	检测试验人员			
	项目专业质量检验员:			年　月　日
监理(建设)单位验收结论	专业监理工程师(建设单位项目专业技术负责人):			年　月　日

表2.2 电梯井道"土建"交验检验记录表

单位(子单位)或工程单位		安装位置编号		检验日期	年 月 日
序号	项目	质量要求			检验结果及备注
1	结构形式及布置	按图			
2	总高度(m)	按图			
3	截面最小净空:宽(mm)×深(mm)(L——电梯行程)本井道中电梯最大行程L=　m	按图			
		允许偏差:0～25 mm(L≤30 m时)			
		0～35 mm(30 m<L≤60 m时)			
		0～50 mm(60 m<L≤90 m时)			
		按图(L>90 m时)			
4	层门洞位置和尺寸:宽(mm)×高(mm)	按图			
5	顶层(上端站楼板至井道顶板)高度(m)	按图			
6	底坑深度(m)	按图,液压梯≥2 m			
7	防渗漏水	功能良好,且底坑内不得有积水			
8	底坑下面人员防护空间(当底坑下面有人可达到的空间时)	对重缓冲器下设延伸到坚固地面的实心桩墩(在对重侧设安全钳装置的除外)			
9	水平面基准标识	每层楼面设置			
10	层门洞位置和尺寸:宽(mm)×高(mm)	按图			
11	电梯安装前预留层门洞的围封	围封高度1.2 m,且有足够强度			
12	召唤按钮预留孔洞的位置尺寸:宽(mm)×高(mm)	按图			
13	楼层显示预留孔洞的位置尺寸:宽(mm)×高(mm)	按图			
14	井壁、底坑板、顶板、隔离保护装置	强度足够,不易产生灰尘,且为非燃烧材料			
15	混凝土(钢)梁间距(m)	按图			
16	井壁预埋钢板位置	按图			
施工单位评定结论	专业工长(施工员)		施工班组长		
	检测试验人员				
	项目专业质量检验员:				年 月 日
监理(建设)单位验收结论	专业监理工程师(建设单位项目专业技术负责人):				年 月 日

2.1.2 落实现场的基本施工条件

了解设备的到货、保管情况。从设备堆放到安装现场的道路状况、距离,以便确定采取何种水平运输方式。了解土建单位有无可供利用的垂直提升设备(要求提升高度到机房,提升重量为单台曳引机毛重)。确定设备大件的吊运方式。

落实现场的材料、工具用房,一般要求在井道附近的房间,面积 15 mm^2 左右,门窗齐全,底层、顶层各一间。10 层以上的电梯,在中间层宜备一间。

提供的施工临时用电必须是三相四线制,且容量应满足施工用电和电梯试运转的需要。电源应引到机房内,并设置开关。

落实建设单位、土建单位现场联系人,并熟悉现场办公室位置。现场的配电房、医疗站、保卫处、食堂、火警报告处和灭火设施等均需了解清楚。

2.2 制定施工方案

施工方案是以指导专业工程为对象的技术、经济文件,是指导现场施工的法则。制定先进、合理、切实可行的施工方案是保证高速、优质、高效完成安装工程的主要措施。

2.2.1 制定施工方案的原则

严格执行 GB7588—2003《电梯制造与安装安全规范》、GB/T10058—1997《电梯技术条件》、GB/T10059—1997《电梯试验方法》、GB10060—1993《电梯安装验收规范》、GB50310—2002《电梯工程施工质量验收规范》。

根据所安装电梯的随机技术文件,选择先进、合理的电梯安装工艺及安全操作规程,确保工程质量和施工安全。

从工程的全局利益出发,加强与土建、电梯制造厂家的协作,科学的安排施工顺序,在保证质量的基础上加快工程速度、缩短工期。

2.2.2 施工方案的主要内容

1. 电梯安装工程的概况

主要写出建设单位名称、安装地点、安装电梯台数、电梯层站与提升高度;电梯型号、曳引方式、控制方式、生产厂家;工程造价、开工日期、竣工日期、设备和材料供应方式等。

2. 电梯安装工艺流程图(参见图 1.9)

3. 施工方法及技术措施

根据工程的特点,可选择合适的施工方法来完成电梯的安装。例如:采用有脚手架或无脚手架施工方法;轿厢在顶层或底层拼装方法;高层电梯的上、下模板放线法或分段放线法等等。

对于土建上造成的既成事实的缺陷,或产品上的某些不足,或建设单位提出的特殊要求,应制定出周密、经济、合理的技术措施。如牵涉到土建结构、产品设备的重要部位,应会同土建单位、制造厂、建设单位对变更进行审签。

对于电梯安装的重要工序,要建立质量控制点。如:放线架的制作,承重梁埋墙深度,导轨整个高度的垂直偏差等,必须进行中间验收合格后方可进入下道工序,否则安装完毕就难以测量。电梯的试运转过程,也要采取严格的安全保护措施。

总之,施工方法及技术措施必须结合实际,考虑工程特点、技术、进度上的要求,尽量采用成熟和先进的工艺。

4. 施工进度计划

(1) 编制进度计划的主要依据:建设单位对总体工程的竣工日期或对电梯工程的竣工日期;土建施工的进度计划表;电梯安装的工期定额与劳动定额;已确定的施工方案。

(2) 劳动力的组合:劳动力的组合是根据施工进度要求反复平衡后确定的。单台电梯安装一般可由4～5人组成,其中机械钳工2～3人,电气电工2人。按施工进度适时配有一定数量的起重工、脚手架工、气焊工、木工、瓦工等。

(3) 进度计划的编制方法:进度计划编制的方法有日历进度表、网络图法、坐标曲线表、流水作业法等,应根据实际情况灵活选用,使进度计划简明扼要,一目了然。

表2.3是单台30层30站,集选控制快速电梯安装的施工计划进度表,供参考。

5. 材料、机具、加工件计划

(1) 电梯安装主材均由制造厂家随机提供,自备常用材料为齿轮油、机油、润滑脂、火油、放线样板架木材、膨胀螺栓、水泥、氧气、乙炔及电焊条等。

(2) 电梯常用安装机具见表2.4。

(3) 加工件是指现场查勘后,发现由土建尺寸缺陷而采用的补救技术措施,如钢牛腿制作、导轨支架制作等。也有因设备运输、吊装损坏需制作的部件。还包括安装过程中临时设施中采用的构件。

6. 施工现场平面图

施工现场平面图是根据建筑总平面图规划,标出各电梯井道的位置、编号、材料、设备堆放位置、施工现场办公室、临时用电设施、医疗站、保卫处、报警处、主要通道等位置。

表2.3 电梯安装计划进度表

安装程序	安装内容	工作日 1-34
(一)	安装前的准备工作	1-3
(二)	机械部分	
1	安装样板架	3-5
2	导轨	5-16
3	缓冲器、对重、承重梁	10-13
4	层门(厅门)	13-24
5	轿厢、轿门、轿架、开门机、导靴	14-22
6	安全钳、过载装置	22-25
7	曳引机、直流发电机	17-19
8	导向轮(复绕轮)	18-19
9	限速器	17-18
10	曳引绳、补偿装置	25-28
(三)	电气部分	
1	安装电线管或线槽	5-17
2	楼层指示灯、召唤箱、消防按钮	24-26
3	控制柜、机房布线	26-28
4	井道内各类电气装置	28-31
5	机房各类电气装置	30-32
(四)	清理井道、机房	31-33
(五)	试车调整	32-34

注:表中的横线段表示工作所占的起止天数。

表 2.4 电梯安装的工具和设备

序号	名称	规格	备注	序号	名称	规格	备注
一、常用工具				三、土、木工具			
1	钢丝钳	175 mm		1	木工锤	0.5、0.75 kg	
2	尖嘴钳	160 mm		2	手扳锯	600 mm	
3	斜口钳	160 mm		3	钻子		凿墙洞用
4	剥线钳						
5	梅花扳子	套		4	泥刀、泥板		抹水泥砂浆
6	套筒扳子	套					
7	活扳手	100、150、200、300 mm		5	吊线锤	0.5、1.0、1.5、5.0 kg	
8	开口扳手			6	棉纱		
9	螺丝刀	50、75、100、150、200、300 mm		7	铅丝	0.71 mm	
10	十字头螺丝刀	75、100、150、200 mm					
11	电工刀			8	錾子	尖、扁	
12	挡圈钳	轴、孔用全套					
二、钳工工具				四、测量、测试工器具			
1	台虎钳	2号		1	钢直尺	150、300、1 000 mm	
2	铁皮剪			2	钢卷尺	2 m	
3	钢锯架、锯条	300 mm		3	卷尺	30 m	
				4	塞尺	0.02～0.05 mm	
4	锉刀	扁、圆、半圆、方、三角		5	游标卡尺	300 mm	
				6	弯尺	200～500 mm	
5	整形锉	套		7	直尺水平仪	500 mm	
6	钳工锤	0.5、0.75、1、1.7 kg		8	校轨卡板	初、精校卡	自制
7	铜锤			9	弹簧秤	50 kg	
8	钻子			10	秒表		
9	划线规	150、250 mm		11	转速表	HT-331	
10	中心冲			12	万用表		
11	橡胶锤			13	兆欧表	500 V	
12	冲击钻			14	接地绝缘电阻表	ZC-8	
13	圆扳牙	M4、5、6、8、10、12		15	直流中心电流表		
14	丝锥扳手	180、230、280、380 mm					
15	丝锥	M3、4、5、6、8、10、12、14、16		16	钳形电流表	MC24	
16	圆扳牙扳手	200、250、300、380 mm		17	同步示波器	SBT-5型	用于交、直流梯
17	台钻	钻孔直径 12 mm		18	超低频示波	SBD-1～6型	
18	开孔刀		电线槽（自制）	19	试灯	220 V 40 W	
19	射钉枪			20	低压验电笔		
20	三爪卡盘	300 mm		21	数字式温度计	MT4	
21	手电钻	6～13 mm					
22	导轨调整弯曲工具		自制	22	数字式测距仪	BASIE	

续表2.4

序号	名称	规格	备注	序号	名称	规格	备注
五、电动工具				七、其他工具			
1	冲击钻			1	皮风箱	手拿式	
2	电锤			2	熔缸		熔巴氏合金
3	台钻			3	喷灯	2.1 kg	
4	砂轮锯			4	电烙铁	20～25 W,100 W	
六、起重工具				5	油枪	200 mm²	
1	索具套环			6	油壶	0.5～0.75 kg	
2	索具卸扣			7	行灯	36 V	带护罩
3	钢丝绳扎头	Y4-12、Y5-15		8	手电筒		
4	C字夹头	50、75、100 mm		9	钢丝刷		
5	环链手动葫芦	3 t		10	手剪		
6	双轮吊环型滑车	0.5 t		11	乙炔发生器		
7	液压千斤顶	5 t		12	气焊工具		
8	撬杠			13	小型电焊机		
				14	电焊工具		
				15	电源变压器	用于36 V电灯照明	
				16	电源三眼插座拖板		

注:以上工具和设备供参考,可根据实际情况选用或增减。

2.3 设备清点与吊运

电梯安装前,需规范地对进场的电梯设备进行清点验收与吊运堆放。

2.3.1 设备的开箱清点

电梯设备开箱时,应由工地安装负责人会同建设单位、制造厂家有关人员共同进行。开箱地点应选在电梯井道附近,开箱后就可直接吊运到机房、材料房。开箱前应查对设备型号、箱号及包装情况是否与订货合同书相符。

开箱后,应对照装箱单对电梯设备零部件和安装材料进行逐箱逐个清点及外观检查,发现缺件、损坏件、错发件应认真做好记录,落实解决措施。

电梯的技术资料是由制造厂家提供的,也称随机文件,应做好清点、核对工作,它应包括如下内容:

(1)装箱单。
(2)产品出厂合格证。
(3)电梯机房、井道布置图。
(4)电梯使用、维护说明书。
(5)电梯电气原理图及符号说明。
(6)电梯电气布置图。
(7)电梯部件安装图。

(8)安装、调试说明书。

(9)备品、备件目录。

如以上文件不够完备,由订货单位向制造厂家索取。

安装过程中需要使用的技术资料,应由安装人员向建设单位办理借用手续,安装完毕后归还。

开箱完毕后,应与监理(建设)单位、制造厂家参加开箱清点人员在"电梯设备进场开箱检验记录表"(表2.5)上共同签字。

表2.5 电梯设备进场开箱检验记录表

工程名称				
安装地点				
产品合同号/安装合同号		梯号		
电梯供应商		代表		
安装单位		项目负责人		
监理(建设)单位		监理工程师或项目负责人		
出厂日期		开箱日期		

	检验内容及要求	检验结果	
		合格	不合格
包装情况	零部件应按类别及装箱单完好地装入箱内,并应垫平、卡紧、固定,精密加工、表面装饰的部件应防止相对移动。曳引机应整体包装。包装及密封应完好,规格应符合设计要求,附件、备件齐全,外观应完好。设备、材料、零部件无损伤、锈蚀及其他异常情况		
随机文件	① 文件目录;② 装箱清单;③ 产品合格证;④ 机房、井道布置图;⑤ 使用维护说明书(含润滑汇总表及电梯功能表);⑥ 电气原理图、接线图及其符号说明;⑦ 主要部件安装图;⑧ 安装(调试)说明书;⑨ 安全部件形式试验报告结论副本;⑩ 易损件目录		
机械部件	曳引机标牌应注明:① 产品名称、型号;② 额定速度;③ 额定载重量;④ 减速比;⑤ 出厂编号;⑥ 标准编号;⑦ 质量等级标志;⑧ 厂名、商标;⑨ 出厂日期		
	限速器、缓冲器、安全钳装置、门锁的标牌应标明:① 名称、型号及主要性能、参数;② 厂名;③ 形式、试验标志及试验单位		
电气部件	电动机、控制柜等各种电气部件应装入防潮箱内,并应做防振处理,必须存放在室内。控制柜标牌应标明型号、规格、制造厂名称及其识别标志或商标		
进口设备	应有进口货物报关单、商检合格证书以及国际标准化组织认证的产品证书、产品检验标准和有关资料。产品各部件的标志、标识、须知、说明等,均应清晰、易懂、耐用,并优先使用中文汉字		
处理意见	检查验收结论		
参加验收单位	电梯供应商	安装单位	监理(建设)单位
	代表: 年 月 日	项目负责人: 年 月 日	监理工程师: (项目负责人) 年 月 日

2.3.2 设备吊运、堆放

开箱清理、核对过的零部件要合理放置和保管,以避免不必要的重复搬运,或不妥的堆放使楼板局部承受过大载荷而压坏,或造成电梯部件受不当重压而变形。

电梯曳引机、直流发电机必须整体吊运进入机房,严禁拆卸解体后吊运。对于低层建筑(4~5层以下),吊运可用汽车吊运解决。高层建筑的设备吊运,可在机房未封顶前,借助土建塔吊解决。如塔吊已拆除,可在屋顶架起人字爬杆,沿外墙将设备吊运到屋顶,再引入机房;也可用卷扬机将设备从电梯井道内吊到顶层,再从楼梯斜面将设备牵引进入机房。

可以根据电梯部件的安装位置和安装作业的要求就近堆放,尽量避免部件的二次搬运,以便安装工作的顺利进行。控制柜(屏)、选层器、限速器、曳引机工字钢均搬入机房;轿厢所有部件搬运至顶层(采用顶层拼轿厢法);层门、地坎、立柱应各层堆放;对重框架、缓冲器、导轨运到底层;对易变形弯曲部件,如导轨、门扇、轿壁等应平放垫实;易损部件、电气材料应搬入材料房并妥善保管。

图2.1为导轨堆放示意图。导轨堆放宜用高木块支垫,支点应上、下对齐,支点中心位置距离导轨端部各为导轨长度 L 的五分之一,重叠堆放的最高只能码4层,以免导轨变形。

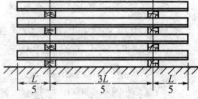

图2.1 导轨堆放示意图

电梯开箱清点,设备到位后,应和建设单位及土建单位商量,共同做好电梯设备的保护工作,防止人为的损坏和丢失而影响电梯安装的质量和进度。

2.4 脚手架搭设

电梯安装为高空作业。为了便于安装人员在井道内进行施工作业,一般需在井道内搭设脚手架。对于层站多、提升高度大的电梯,也可用卷扬机作动力,驱动轿厢架和轿厢底盘上下缓慢运行进行施工作业;也可以把曳引机先安装好,由曳引机驱动轿厢架和轿底来进行施工作业。

脚手架搭设前必须将井道清理干净,检查地坑无渗水现象。脚手架搭设要求如下:

(1)根据井道的平、立面尺寸及轿厢、对重导轨的安装位置,由施工人员提供脚手架搭设草图,明确搭设要求,交架子工施工。搭设图应包括平面图和立面图,见图2.2。

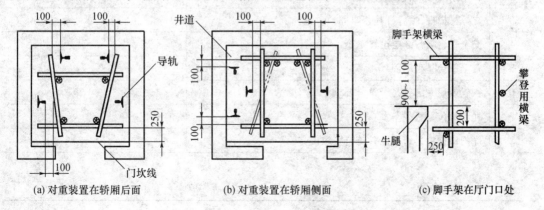

图2.2 脚手架结构形式

（2）脚手架搭设要安全稳固，每根横杆的一头要顶住井壁，保证脚手架整体在井道内不晃动。脚手架承载能力不得小于 250 kgf/m²。安装载重量在 3 000 kg 以下时，其脚手架可以采用单井字式，如图 2.2(b) 中实线部分。安装载重量在 3 000 kg 以上时，其脚手架须采用双井字式，如图 2.2(b) 中虚线部分。

（3）脚手架的搭设应便于施工，要求：

① 脚手架结构形式符合要求，有关尺寸与空间位置不应影响导轨架与导轨的安装，不影响放线和其他安装工作时的通路。

② 横杆上下间隔要适中，一般为 600～800 mm，便于施工时上、下攀登。如图 2.2(c) 中所示，在脚手架任一侧的各层两横梁间，增加一攀登用横梁。

③ 每层层门牛腿下方 200 mm 处，宜用脚手板或竹排铺设作业平台，便于安装地坎、层门立柱和层门。

④ 离井道顶 1 800 mm，也用脚手板或竹排铺设作业平台，便于安装放线样板架。

⑤ 井字架的 4 根立竿在位于顶层牛腿下 200～500 mm 应有接头（在顶层高度内架设脚手架应采用短立柱），以便在拼装轿厢时拆除。

⑥ 在脚手架上铺设脚手板或竹排时，两端与横杆要用铁丝绑扎牢靠，各层间的脚手板应交错排放，并有防火措施。

⑦ 钢管脚手架应可靠接地，接地电阻应小于 4 Ω。

（4）脚手架搭设好后，安装工地负责人必须进行质量验收确认，并将验收结果填入脚手架验收记录表(表 2.6)。

表 2.6　脚手架验收记录表

项目名称			
地　　址			
电梯型号		数　量	
脚手架施工单位		施工日期	
序号	验收内容	结　果	整改结果
1	脚手架用料是否符合工艺要求		
2	脚手架尺寸是否影响样板放线		
3	支撑杆横杆、攀登杆是否牢固		
4	安全平台需每 3 层设置 1 个		
5	安全平台是否牢固		
6	铁丝或尼龙绑扎是否符合要求		
7	扎紧部位是否扎牢		
8	厅门口护栏是否牢固并符合要求		

验收单位：

验收人：　　日期：　年 月 日

2.5 施工技术与安全的交底

技术、安全交底的目的是为了使参与施工人员明确和了解工程的特点、技术要求、安全要求,做到心中有数,以便科学地组织施工和按规程进行作业。

电梯安装应由持有有关部门核发的电梯安装许可证的单位承担,安装人员须经有关部门培训、考核、持证上岗。在工程开工之前,应由项目经理或公司工程管理部负责人对参与工程施工的所有人员进行施工项目的安全教育和技术交底。

1. 施工技术交底

(1) 施工方案的内容。

(2) 交代施工过程中的关键工序、关键问题、质量控制点等安装技术要求、图纸要求和质量要求。

(3) 做好工程现场的各类记录,交代好安装过程记录、质量自检记录的内容、要求、填写方式。

2. 安全技术交底

(1) 要求施工人员对工地现场和一切施工用的设备、装置进行一次安全检查,消除存在的不安全状况。

(2) 教育安装人员遵守安全法规和安全操作规程,严格遵守劳动纪律。

(3) 检查、落实在施工过程中必须采取的切实有效的安全技术措施,正确使用个人防护用具。

(4) 安全施工的注意事项(参考课题7中的7.2)。

交底可以书面与口头相结合,但重要事项必须进行书面交底,必要时还需用示范操作方法进行交底,它是落实技术责任制的一种重要措施。安全技术交底如表2.7所示。

表2.7 安全技术交底

项目名称		交底人:
安装地址		日期:

交底内容:

签 到 表

序号	姓名	特殊作业证号	序号	姓名	特殊作业证号

审核:

人员变更情况记录

	姓名	特殊作业证号		特殊作业证号	姓名
新增人员			离岗人员		

课题 3　电梯机械部分的安装

3.1　井道测量与放线

3.1.1　井道测量与放线的依据

在电梯安装前,确定电梯安装的标准线是关系到电梯安装内在质量和外观质量的必不可少的关键性工作。

电梯安装标准线是通过制作的放线样板架上,悬挂下放的铅垂线位置来确定的。而样板架下放铅垂线的位置是依据电梯安装平面布置图中给定的参数尺寸,并考虑井道实际尺寸(或井道较小修复量)来确定的。

3.1.2　样板架的制作与安置

电梯安装施工的全过程是严格按照样板架所放下的铅垂线进行的,因此,制作、安置样板架是一件重要而又细致的工作,是电梯安装的重要环节,不可粗心大意。

1. 样板架制作与要求

样板架必须制作得精确、结实,并符合布置图上标出的尺寸要求。为此,要求:

(1) 样板架制作要选用韧性强、不易变形并经烘干处理的木料,木料应四面刨平,互成直角。

(2) 根据电梯提升高度,样板架木料的断面尺寸可参照表 3.1。

表 3.1　木料的断面尺寸

电梯提升高度(m)	宽度 A(mm)	厚度 B(mm)
≤20	80	30
20～40	100	40
40～60	100	50
>60	用型钢	

(3) 在一般情况下,顶部和底部各设置一个样板架。但在安装基准线由于环境条件影响可能发生偏移(如井道开敞的室外观光电梯等)的情况下和建筑体有较大的日照变形(如电视发射塔等)的情况下应增加一个或一个以上的中间样板架。

(4) 样板架平面形状如图 3.1 所示。图 3.1(a)为对重在轿厢后面,图 3.1(b)为对重在轿厢侧面。

(5) 样板架应在平坦地面上制作。制作时应准确,相互间位置尺寸允差为±0.5 mm。

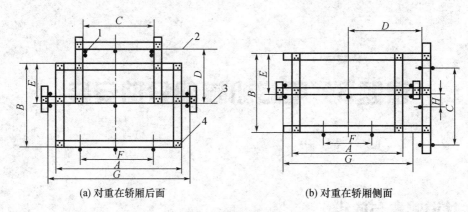

(a) 对重在轿厢后面　　　　　　　　　　(b) 对重在轿厢侧面

图 3.1　样板架平面示意图

1-铅垂线；　2-对重中心线；　3-轿厢架中心线；　4-连接铁钉
A-轿厢宽；　B-轿厢深；　C-对重导轨架距离；　D-轿厢架中心线至对重中心线的距离；
E-轿厢架中心线至轿底后缘；　F-开门净宽；　G-轿厢导轨架距离；　H-轿厢与对重偏心距离

（6）为便于安装时观测，在样板架上须用文字清晰地注明轿厢中心线、对重中心线、层门和轿门中心线、层门和轿门门口净宽、导轨中心线等名称。

（7）在样板架上确定两导轨距离时，除参照图样尺寸外，还应核对安全钳座的内表面距离以及轿厢和对重的两侧导靴内表面距离。安全钳口对导轨端面的间隙要求见 3.5.2 节安全钳安装的安装要求。

2．样板架安置和铅垂线悬挂

（1）在机房楼板下面约 600～800 mm 处，根据样板架宽度但不影响放铅垂线位置，在井道墙上，平行地凿 4 个 150 mm×150 mm、深 200 mm 的孔洞，将两根截面不小于 100 mm×100 mm 刨平的木梁，校正成相互平行和水平后，将其两端稳固在井道墙上，作为样板架托架。

（2）对于混凝土井壁，可在上述要求的部位，用膨胀螺栓固定 4 块 50 mm×50 mm×5 mm 角铁，在角铁上铺设 2 根 12# 槽钢，作为样板架托架，并校正水平后固定。

（3）将样板架安置在托架上，如图 3.2 所示。安置时应考虑沿整个井道高度垂直的最小有效的净空面积。此时样板架在托架上尚能调整。

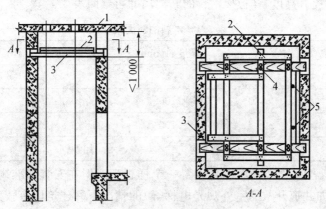

图 3.2　顶部样板架安置示意图

1-机房楼板；　2-上样板架；　3-托架；　4-固定样板架螺钉；　5-铅垂线

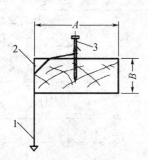
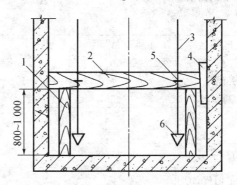

图 3.3　悬挂铅垂线示意图　　　　　图 3.4　底坑样板架示意图

1-铅垂线；2-锯口；3-铁钉　　1-撑木；2-样板木梁；3-铅垂线；4-木楔；5-U 形钉；6-线坠

（4）在样板架上需要垂下铅垂线的各处，预先用薄锯条锯一斜口，在其旁钉一铁钉，以固定铅垂线之用，其悬挂方法如图 3.3 所示。

（5）从样板架上按已确定的放线点先放下开门净宽线（即轿门坎边沿位置线），初步确定样板架的位置。

（6）往复测井道，根据各层层门、井道平面布置、机房承重梁位置等综合因素校正样板架位置，确认正确无误后将样板固定在托架上，放下所需的安装标准线（铅垂线）。

（7）铅垂线规格采用直径 0.71～0.91 mm（20～22 号）的镀锌铁丝，铅垂线至底坑端部坠以约 5 kg 重的铅锤将铅垂线拉直。对提升高度较高的建筑可根据情况使铅锥重些，铅垂线亦可使用 0.7～1.0 mm 的低碳钢丝。

（8）为防止铅垂线晃动，在底坑距地面 800～1 000 mm 高度处，固定一个与井道顶部相似的底坑样板架，待铅垂线稳定后，确定其正确的位置，用 U 形钉将铅垂线钉固在木梁上，如图 3.4 所示。并且应刻以标记，以便在施工中将铅垂线碰断时重新垂线之用。下样板架木梁一端顶在墙体上，另一端用木楔固定住，下端用立木支撑。

（9）安置样板架时的水平度不大于 5 mm，顶、底两个样板架的水平偏移不超过 1 mm。

3. 样板架检验

放线后，由质量检验员认真对完工的样板架进行检验并填写记录表（表 3.2）。

表 3.2　样板架检验记录表

用户名称：
安装地址及机号：
检查依据：
《样板（线架）的检验规程》中 1.1：样板架上轿厢中心线、门中心线、门净宽线、导轨中心线位置误差不应超过 0.3 mm，其余尺寸极限偏差为 ±0.5 mm
样板架平面示意图： （参图 3.1）
样板架检验记录表及结论：

续表 3.2

类型	电梯名称	主轨顶面间距(mm)		副轨顶面间距(mm)		主轨高度(mm)		副轨高度(mm)		
对重后置口										
对重侧置口										
项目	参数	A	B	C	D	E	F	G	H	水平误差
标准值(mm)										
上样板测量值(mm)										
下样板测量值(mm)										
极限偏差值(mm)										

结论：

专业工长(施工员)：　　　年　月　月

确认：

项目专业质量检验员：　　　年　月　月

3.1.3　井道测量及标准线确定

由于土建在对电梯井道施工时垂直误差一般较大，因此电梯安装前首先应进行井道测量，并根据测量结果，在考虑井道内安装位置的同时，还必须考虑各层门与建筑物的配合协调，从而逐步调整电梯样板架放线点，确定出电梯的安装标准线。

1.井道测量顺序与方法

(1)在井道最高层或邻近最高层的层门口地板上作出基准线(或由土建给出基准线)。图3.5是以两部并列电梯井道为例的定位示意图。

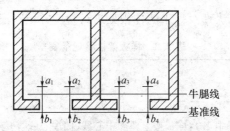

图 3.5　按基准线定位示意图

(2)按与基准线垂直的方向，向井道内引线段 a_1b_1、a_2b_2、a_3b_3、a_4b_4，使 $a_1b_1=a_2b_2=a_3b_3=a_4b_4$，把 a_1a_2 与 a_3a_4 定为初步设定的轿门坎边沿位置线(它们处于同一直线上)。可从顶样板向底样板施放通过 a_1、a_2、a_3、a_4 的铅垂线(即开门净宽线)，张紧并固定该线。

(3)在各层厅门处，对井道平面尺寸、预留孔洞或埋件位置进行测量，如图3.6所示，作出实测记录并填入"电梯井道测量记录表"内，见表3.3。

(4)两部和多部并列的电梯应作为一个整体来确定其安装位置。如对设定的轿门坎边沿位置线段需要平移或扭转时，各轿门坎边沿位置线段在新位置下的延长线仍应互相重合，

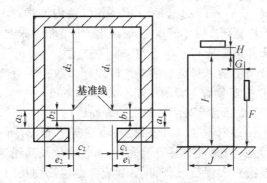

图 3.6 井道的测量示意图

a_1、a_2—设定的轿门地坎边线至正面墙体内侧的距离； b_1、b_2—设定的轿门地坎边线至牛腿的距离；
c_1、c_2、d_1、d_2、e_1、e_2—设定的轿门地坎边线至井道左、右侧及后侧的距离；
I、J—门洞中线位置、门洞宽度及高度； F、G、H—按钮盒及指层灯盒位置

其偏差应不大于 2 mm。

（5）如果测得的数值与土建交工的纵横轴线基本一致，初步定位的样板架就可作为正式定位；如果数值偏差较大，则需根据实测数据提出井道修补意见，待土建修补井道后重新定位放线和复测。

表 3.3 电梯井道测量记录表

层站 \ 测量部位	a_1	a_2	b_1	b_2	c_1	c_2	d_1	d_2	e_1	e_2	F	G	H	I	J	其他
15																
14																
13																
12																
11																
10																
9																
8																
7																
6																
5																
4																
3																
2																
1																
D																

2．确定安装标准线时应考虑的问题

（1）井道内安装的部件对轿厢运行无妨碍，如限速器钢丝绳、感应器铁板、中线盒高度等。同时，要考虑轿厢门的滑道和地坎与井道墙及结构有无相碰。

（2）轿厢导轨支架面与墙的距离要合适。导轨支架面与墙的距离＝轿厢中心至墙面的距离－（轿厢中心至安全钳内表面距离＋导轨高度＋垫片厚度＋3 mm）。

(3) 对于贯通式电梯(前后开门的电梯)井道深度(墙内侧净距)及倾斜情况能满足要求。井道深度＝2倍厅门坎宽＋2倍厅门坎与轿架间隙＋轿厢的深度。

(4) 对重最外侧距离井道壁应有不小于50 mm的空隙。

(5) 各层门地坎位置与牛腿本身宽度的误差应照顾多数。尽可能减少牛腿或墙面的修凿量。要确保任一层门立柱安装后与墙的间隙不大于30 mm。

(6) 根据开门净宽线,确定墙壁对门柱的安装无妨碍。

(7) 对两部或多部电梯并列安装时,应根据井道建筑情况,对所有电梯层门及指示灯、按钮盒的安装位置进行通盘考虑,使电梯安装完毕后,各电梯及其建筑物协调一致、美观。

(8) 对于有钢门套及镶有大理石门套的电梯,应考虑建筑物及门套土建施工尺寸;确定层门安装位置时,要注意使门套与建筑物配合协调一致;注意预制大理石门口与层门扇间隙要符合要求,不可过大或过小。

(9) 对于机房应根据实际情况考虑平面布置,各设备的布局要合理,维修要方便。

3.2 导轨安装

电梯运行的轻快、平稳及噪音大小的程度除了与导轨加工精度有关外,还与安装质量的好坏有着直接的关系。因此,在电梯安装工程中,导轨安装的质量是一个重要的环节,必须按照规范要求精心做好。

导轨安装在导轨支架上,支架则固定在井道壁上。导轨、导轨支架和导靴组成电梯的导向系统,以保证轿厢和对重在井道内沿着轨道作垂直上下运动,其安装位置如图3.7所示。

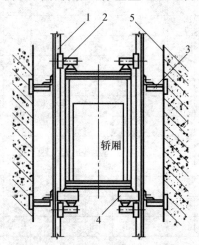

图3.7 电梯导向系统示意图
1-导轨; 2-导靴; 3-导轨架; 4-安全钳; 5-井道壁

3.2.1 导轨支架的安装

安装导轨前,先要安装导轨支架。导轨支架按电梯安装平面布置要求,固定在电梯井道内的墙壁上,以支承和固定导轨构件。

1. 导轨支架的类型(见表3.4)

表3.4 导轨支架的类型

类别	形式	图示		
按服务对象分	(1) 轿厢导轨架 (2) 对重导轨架 (3) 轿厢与对重共用导轨架	(a) 轿厢导轨架	(b) 对重导轨架	(c) 轿厢与对重共用导轨架
按结构形式分	(1) 整体式结构 (2) 组合式结构	(a) 整体式		(b) 组合式
按形状分	(1) 山形导轨架 (2) 角形导轨架 (3) 框形导轨架	(a) 山形导轨架 (轿车导轨架)	(b) 角形导轨架 (对重导轨架)	(c) 框形导轨架 (轿车、对重导轨共用架)

2. 导轨支架的固定方式

导轨架在墙壁上的固定方式有埋入式、焊接式、预埋螺栓或膨胀螺栓固定式、对穿螺栓固定式4种,分别如图3.8所示。

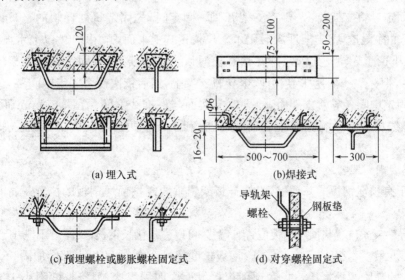

(a) 埋入式　　(b) 焊接式

(c) 预埋螺栓或膨胀螺栓固定式　　(d) 对穿螺栓固定式

图3.8 导轨架稳固示意图

(1) 埋入式:稳固导轨架比较简单,支架通过撑脚直接埋入预留孔中,其埋入深度一般不小于120 mm,都用于砖结构井道壁。

(2) 焊接式:用于有预埋铁件的钢筋混凝土井道壁,支架直接焊接在预埋铁件上。

(3) 对穿螺栓固定式:用于井道壁小于120 mm时,用螺栓穿透井道壁,以固定支架。

(4) 膨胀螺栓固定式:利用膨胀螺栓套筒的叉口被拧紧,螺栓撑开,进入墙壁中来固定导轨架。通常用于钢筋混凝土井道壁,目前被广泛采用。

3. 导轨支架的安装方法

(1) 埋入式支架安装

① 按预先计算的数值确定各支架之间的距离位置与样板架铅垂线的位置之交点,画出井道壁上各支架埋入孔洞的位置,凿剔墙洞,或对预留孔洞进行修正。墙洞尺寸要符合要求且内大外小。如图 3.9(b)所示。

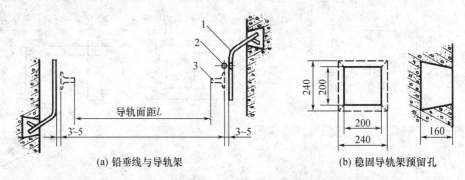

(a) 铅垂线与导轨架　　　　(b) 稳固导轨架预留孔

图 3.9　铅垂线、导轨架预留孔示意图

1-导轨架；　2-铅垂线；　3-导轨

② 在上、下样板架之间,对每列导轨放两根导轨基底线(即导轨支架位置线),使之对准导轨支架上固定 T 形导轨的压道板螺栓孔中心(便于操作,也可对准螺栓孔边沿,与孔相切,但必须在制作样板架时就确定),作为埋入支架的标准线。

③ 根据支架形式的不同或在安装时的实际情况,可将其中一根标准线在样板架上外移作为支架平面的辅助线。尽量增大两线间距离,有利于找正支架平面的平行度。

④ 在固定导轨支架前,先要将支架开脚。固定时,先固定每列导轨的上、下两个支架。用水将墙洞冲净湿透,把支架埋入后用水平尺校正其上平面,并用 400# 以上水泥砂浆灌注。

⑤ 上、下两个导轨支架固定好并认真核对认为符合要求,待固定导轨支架的水泥砂浆完全凝固后,把标准线捆扎在上、下两个导轨支架上,然后依次逐个固定中间各支架。

⑥ 在固定中间各导轨支架时,使导轨支架面与标准线之间预留 3～5mm 距离,以免支架面与标准线相碰而影响标准线正确度,且有利于调整两列导轨间的面距。如图 3.9(a)所示。

(2) 焊接式支架安装

① 对于有预埋钢板的井道壁,先按样板架铅垂线复核预埋钢板的位置是否符合导轨支架位置要求。

② 如导轨支架位置与预埋钢板位置有偏移,可以另敷接长钢板,其厚度不应小于 16 mm,接出钢板的长度最多不得大于 300 mm。钢板长度超过 200 mm 时,头部应加固一个直径不小于 φ16 mm 的膨胀螺栓。接长板和预埋板接触面要四周焊接,焊接长度不小于支架焊接长度,如图 3.10 所示。

③ 按样板架铅垂线,每列导轨先准确测量、制作和焊接上、下两个导轨支架。把标准线捆扎在这两个导轨支架上,然后按埋入式支架安装⑥的要求,逐个测量、制作和焊接其余的导轨支架。

④ 焊接导轨支架时,焊接速度要快,并分两次烧焊,避免预埋铁板过热而变形。

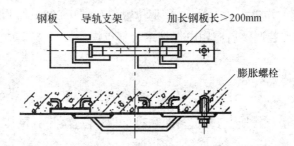

图 3.10 导轨架在加长预埋件上焊接的示意图

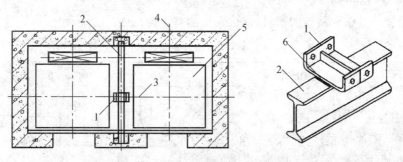

图 3.11 共用导轨示意图

1-共用导轨架; 2-工字钢梁; 3-轿厢架中心线; 4-中心线; 5-轿厢; 6-焊缝焊牢

(3) 共用导轨支架的安装

在安装电梯过程中,特别是在安装两部并列电梯时,常遇到两部电梯共用一个井道,井道中间采用工字钢作为公用导轨支架支撑。这时导轨支架可用螺栓固定或直接焊接在钢梁架上,如图 3.11 所示。

采用这种方式固定导轨支架时,固定支架的钢梁两端埋入井道壁的深度必须大于 150 mm。

4. 导轨支架的安装要求

(1) 任何类别和长度的导轨支架,其水平度偏差应小于 5 mm,如图 3.12 所示。

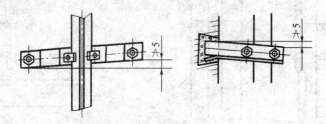

图 3.12 导轨支架水平度要求

(2) 采用埋入式固定的导轨支架埋入深度应大于 120 mm(见图 3.8(a)),灌注水泥砂浆的水泥标号必须在 400# 以上。

(3) 采用焊接支架时,其焊缝应是连续的,并应双面焊牢。

(4) 采用膨胀螺栓固定支架时,膨胀效果应有足够的强度。膨胀螺栓不小于 M16 mm,埋深不小于 100 mm,且混凝土边缘不小于 200 mm。

(5) 每根导轨至少应有两个支架固定,各支架之间的距离不大于 2 500 mm。第一个支架距离底坑地面不大于 1 000 mm,最末端支架距导轨顶端距离不大于 500 mm。当支架位置与导轨连接板位置正好碰在一起时,必须把位置相互错开 200 mm 以上。

(6)组合支架在安装调整后应用电焊把结合部点焊住。

3.2.2　导轨的安装

导轨是安装在井道导轨架上,确定轿厢和对重相对位置,并引导其运动的部件。导轨的安装质量直接影响电梯的晃动、抖动等性能指标。

1. 电梯导轨的种类

电梯导轨以其横向截面的形状区分,常见的有 4 种,见表 3.5 所示。

表 3.5　电梯导轨的种类

类形	使用特点	图　　示
T 形	具有良好的抗弯性和可加工性,使用范围广泛	T形　L形　槽形　管形
L 形	一般均不经过加工,通常用于运行平稳,要求不高的低速电梯	
槽形		
管形		

2. 导轨与导轨的连接

导轨的长度一般为 3~5 m,连接时是以导轨端部的榫头与榫槽契合定位,底部用接道板固定,见图 3.13 所示。

为使榫头与榫槽的定位准确,应使榫头完全楔入榫槽,连接时应将个别起毛的榫头、榫槽用锉刀略加修整。连接后,接头处不应存在连接缝隙。在对接处出现的台阶接头要求进行修光。

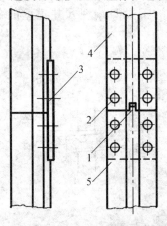

图 3.13　导轨的连接

1-榫头；2-连接螺栓；3-接道板；4-上导轨；5-下导轨

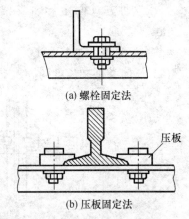

(a) 螺栓固定法

(b) 压板固定法

图 3.14　导轨的固定

3. 导轨的固定

导轨在导轨架上的固定有压板固定和螺栓固定两种方法,如图 3.14 所示。

(1)压板固定法,也称移动式紧固法,广泛用于电梯导轨的安装上。用导轨压板将导轨压紧在导轨支架上。当井道壁下沉或导轨热胀冷缩等原因,导轨受到的拉伸力超出压板的压紧力时,导轨就能作相对支架移动,从而避免导轨的弯曲变形。压板的压紧力可通过压板螺栓的拧紧程度进行调整。

(2)螺栓固定法,也称固定式紧固法。导轨固定在导轨支架上后不允许导轨对支架有相对移动。当井道壁下沉或导轨热胀冷缩时,会使导轨弯曲,因此只能使用在低升程的杂物梯或低速、载重量小的货梯的对重导轨固定上。

4. 导轨安装过程和步骤

(1) 导轨检查,应逐根检查导轨工作面的直线度,允许误差为每 5 m 不超过 0.7 mm。对导轨接头应清洗干净,修整毛刺。修整导轨接头要用人工锉削,严禁使用手提砂轮机。

(2) 对高层电梯的导轨,可采用预组装方法,先对导轨进行检验与修正。

① 在平整的场地上,每 3 根依次与接道板紧固连接后,逐根的往后找正。

② 当接头部位误差超过规定要求时,先应采用选择装配法,后采用修正法进行调整。

③ 如两导轨工作面不一致,可修正导轨顶端榫头;两导轨工作面厚度不一致时,宜将厚的一根导轨两侧面都进行修正。

④ 一般应尽可能做到地面预组装,然后将导轨编上序号。

⑤ 在各导轨的榫头端装好接道板。

(3) 在机房楼板下或顶层位置(高层建筑可增加中间层位置)设置好组装导轨的起重设施(装置),如滑轮、小型卷扬机等。

(4) 校对样板架放下的导轨支架位置线,确认导轨支架符合要求即可拆除(移开)其铅垂线,将压道板用螺栓穿拧在各支架上,且将压道板旋转 90°,准备安装导轨。

(5) 将导轨全部从底层或分层运入井道,导轨连接端的榫头向上,榫槽向下。

(6) 在井道内可将吊绳索头部用一双钩工具,将接道板螺孔处勾牢,用机械或人力按预组装编号顺序逐根将导轨起吊。到位后,用压道板将导轨固定于支架,略微压紧,不得从压道板中滑出。接道板与导轨榫槽端用螺栓连接牢固。

(7) 导轨是从下而上安装的,位于底坑第一根导轨的下端,垫以 60~80 mm 的硬木垫,如图3.15(a)所示。待全部安装竣工后,将该木垫撤除,并在导轨下端放入接油盒,如图 3.15(b)所示。

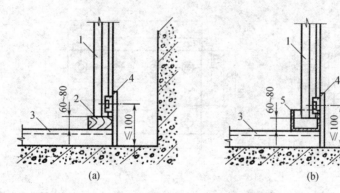

图 3.15 导轨下端垫木

1-导轨; 2-硬木垫; 3-底坑槽钢; 4-压道板; 5-接油盒

(8) 两列导轨的接头不应在同一水平面上。在导轨预组装时,应根据导轨实际情况,设法将两列导轨的接头错开一个导靴高度以上。

5. 导轨的调整

(1) 在距导轨端面中心 15 mm 处,由样板架垂吊轿厢或对重的标准垂线,并准确地紧固在底坑样板上,如图 3.16 所示。

(2) 在每挡支架处,用钢板尺或校轨卡板,分别从下至上初校导轨端面与标准线的距离,不合适的要用垫片调整。专用导轨卡板如图 3.17 所示,可用 3 mm 厚的不锈钢板制作。

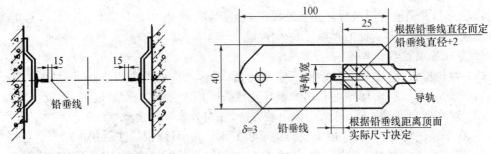

图 3.16　导轨垂线的放置　　　　图 3.17　导轨卡板示意图

(3) 垫片应为专用导轨调整垫片,导轨底面与支架面的垫片超过 3 片时,应将垫片与支架点焊牢固。如果调整精度有困难时,可加垫 0.4 mm 以下的磷铜片。

(4) 在单列导轨初校时,接道板与导轨的连接螺栓暂不拧紧,在进行两列导轨精校时,再逐个将连接螺栓暂拧紧。

(5) 经粗校和粗调后,再用导轨卡规(俗称找道尺)精调。导轨卡规是检查测量两列导轨间距及偏扭的专用工具,如图 3.18 所示。将卡规卡入导轨,观测导轨端面、铅垂线、卡规刻线是否在正确位置上,对各导轨的对称面与其基准面的偏移进行调整。导轨卡规应精心组装,保证左尺与右尺的工作面在同一平面内且使两对指针对正。

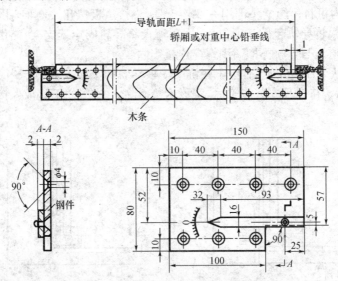

图 3.18　导轨精校卡尺(找道尺)

① 扭曲的调整:将卡规端平,并使指针尾部平面 90°角处和导轨侧工作面贴平贴严,两端指针尖端应指在同一水平线位置的卡规刻线上,说明无扭曲现象。如指针偏离相对水平线位置,应在导轨与导轨支架之间垫垫片调整,使之符合要求,并在反向 180°用同一方法复测导轨。

② 间距的调整:使导轨卡规长度等于导轨端面距离。操作时端平卡规,使其一端贴严导轨端面,以塞尺测卡规另一端面与导轨端面的间隙,调整导轨位置,使其符合要求。

6. 导轨安装调整的要求

(1) 每列导轨侧工作面对安装标准线的偏差每 5 m 不超过 0.7 mm。

(2) 导轨接头处允许台阶 a_1(和 a_2)不大于 0.05 mm,如图 3.19(a)所示。如超过 0.05 mm 则应修平,其导轨接头处的修光长度 b 大于 150 mm,如图 3.19(b)所示。

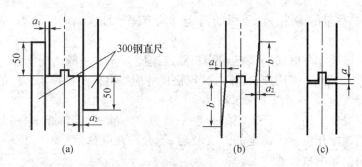

图 3.19 导轨主要部位调整示意图

(3) 导轨工作面接头处不应有连续缝隙,且局部缝隙不大于 0.5 mm,如图 3.19(c)所示。

(4) 两列导轨顶面间的距离偏差(图 3.18 中的 L 偏差),在整个长度内应符合表 3.6 的规定。

表 3.6 两列导轨间的面距偏差(mm)

电梯类别	高速梯		低速、快速梯	
导轨用途	轿厢导轨	对重导轨	轿厢导轨	对重导轨
偏差值	0.5~1.5	0~2	0~2	0~3

(5) 两列轿厢导轨接头不应在同一水平面上,至少相距约一个导靴高度。轿厢导轨的下端距坑底平面应有 60~80 mm 悬空。

(6) 各导轨顶端距井道顶板的距离应保证对重或轿厢将缓冲器完全压缩时,导靴不会越出导轨,并且导轨长度不小于 $0.1+0.035v^2$ m(v 为额定速度)的余留长度。导轨顶端至井道顶板有 50~300 mm 的距离。

3.3 机房设备安装

机房设备的安装主要有曳引机、控制柜(屏)、限速器等,大致的安装过程为:机房设备的放线→承重梁安装→曳引机安装→导向轮(或复绕轮)安装→限速装置安装等。

为方便曳引机等重设备的起吊安装,在机房顶及横梁的适当位置上,应装备一个或多个适用的金属支架吊钩。

3.3.1 机房设备放线

(1) 机房设备放线是以井道顶部样板架为基准,通过楼板预留孔洞,将样板架的纵横向中心轴线引入机房内。

(2) 在机房地坪上画出曳引机承重梁、限速器、选层器、发动机组、控制柜(屏)等设备的定位线。

(3) 检查预留孔洞的尺寸、位置是否正确,否则应给予调整。调整时应与土建人员联系,以免破坏土建结构。

3.3.2 曳引机承重梁的安装

每部电梯的曳引机一般用 3 根承重梁架设。因此,承重梁是承载曳引机、轿厢和额定载荷、对重装置等总重量的构件。承重梁的两端必须牢固地埋入墙内或稳固在对应井道墙壁的机房地板上。

承重梁的规格尺寸与电梯的额定载荷和额定速度有关。一般情况下,承重梁由制造厂提供,如制造厂提供不了,需用户自备时,其规格尺寸应按电梯随机技术文件的要求配备。

1. 曳引机承重梁的类型及其安装方法

曳引机承重梁位置是参照已确定的井道平面布置标准线,以轿厢中心到对重中心的连接线和机器底盘螺栓孔位置来确定的。安装后,不允许在电梯运行时有曳引绳碰承重梁和为防止此问题而损坏承重梁的情况。

安装承重梁时,应根据电梯的不同运行速度、曳引方式、井道顶层高度、隔音层、机房高度、机房内各部件的平面布置,确定不同的安装方法。

(1) 当有隔音层或顶层高度足够时,可把承重梁安装在机房楼板下面。采用这种安装形式时,机房比较整齐,但导向轮的安装及其维修保养较为不便,见图 3.20(a)。

安装时,需根据平面布置图中承重梁的安装位置,在土建施工时,将钢梁与楼板浇成一体。如配有导向轮时,在楼板上导向轮位置留一个长孔洞。承重梁安装好后,根据样板架悬挂下放的对重装置位置铅垂线,在承重梁上钻出安装导向轮的螺栓固定孔,最后再浇灌混凝土封顶。

(2) 若顶层高度不够高时,可把承重梁安装在机房楼板上面,并在机房楼板上安装导向轮的地方留出一个十字形安装预留孔,如图 3.20(b)所示。承重梁与楼板的间隙不小于 50 mm,以防止电梯启动时承重梁弯曲变形时振动楼板。采用这种形式安装承重梁比较方便,也不必在土建施工时预先配合,运用比较广泛。缺点是机房内布置不太整齐。

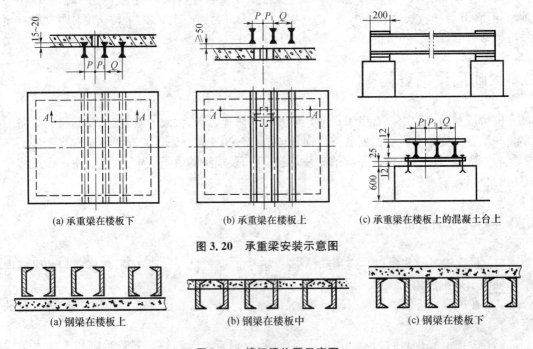

(a) 承重梁在楼板下　　(b) 承重梁在楼板上　　(c) 承重梁在楼板上的混凝土台上

图 3.20　承重梁安装示意图

(a) 钢梁在楼板上　　(b) 钢梁在楼板中　　(c) 钢梁在楼板下

图 3.21　槽钢梁位置示意图

(3) 当机房高度足够高,机房内出现机件的位置与承重梁发生冲突时,可用两个高出机房楼面 600 mm 的混凝土墩,把承重梁架起来(或一端埋入墙内,一端固定在混凝土墩上),如图 3.20(c)所示。用这种方式安装承重梁时,常在承重梁两端上下各焊两块厚 12 mm、宽约 200 mm 的钢板,在梁上钻出安装导向轮的螺栓固定孔,在混凝土台与承重梁钢板接触处垫放 25 mm 厚的防震橡皮,通过地脚螺栓把承重梁紧固在混凝土台上。

对于无减速器的曳引机,固定曳引机的承重梁,常用 6 根槽钢分成 3 组,以面对面的形式,用类似有减速器曳引机承重梁的安装方法进行安装,如图 3.21 所示。

2. 曳引机承重梁的安装要求

(1) 安装承重梁时,承重梁的规格、安装位置和相互之间的距离,必须依照电梯的安装平面图进行。

(2) 承重梁埋入墙的深度必须超过墙厚的中心线 20 mm,且不小于 75 mm,如图 3.22(a)所示。

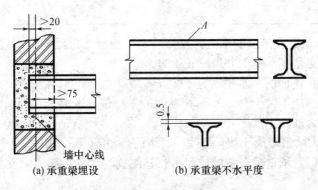

(a) 承重梁埋设　　(b) 承重梁不水平度

图 3.22　承重梁的埋设和不水平度

表 3.7　电梯承重梁工程安装检验记录表

单位(子单位)工程名称		安装位置编号		检验日期	年　月　日
承重钢梁			承重墙		
结构形式	规格	数量	结构形式	厚度(mm)	

隐蔽部位安装要求示意图

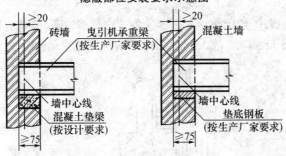

检测记录

1. 钢梁埋入墙深度_____mm,其中过墙厚中心_____mm;
2. 钢梁隐蔽部分的连接、固定、防腐质量;
3. 钢梁底的垫梁(板)的形式、规格(尺寸);
4. 入墙孔洞的封堵情况;
5. 钢梁底面至机房楼板面的垂直净距离_____mm(应符合有关技术要求,钢梁底面不与楼板面接触或隐蔽于装饰地面内,即不对楼板产生附加载荷)。

续表 3.7

施工单位检验评定结论	专业工长 （施工员）		施工班组长	
	检验人员			
	项目专业质量检查员： 年 月 日			
监理（建设）单位验收结论	专业监理工程师 （建设单位项目专业技术负责人）： 年 月 日			

（3）对于砖墙，梁下应垫以能承受其重量的钢筋混凝土过梁或金属过梁；对架设承重梁的混凝土墩的位置必须在承重的井道壁正上方。

（4）每根承重梁 A 面的不水平度应不大于 0.5/1 000 mm，如图 3.22(b)所示。相邻两根承重梁的高度允差应不大于 0.5 mm，相互间的平行偏差不大于 6 mm，总平行度以轿厢和对重的中心连接线为准。

（5）承重梁埋入承重墙属于隐蔽工程，封堵前，应按 GB50310—2002《电梯工程施工质量验收规范》的要求，对承重梁安装的质量进行检测、验收，其检验记录表如表 3.7 所示。

3.3.3 曳引机的安装

曳引机又称主机，是电梯的动力源。依靠曳引机的运转带动曳引绳，拖动轿厢和对重沿导轨向上或向下作启动、运行和制动、停止。曳引机由电动机、曳引轮、制动器等组成。

曳引机安装必须在承重梁安装、固定和检查符合要求后方可进行。

1. 曳引机的基本固定方式

曳引机的固定方式有刚性固定和弹性固定之分。

（1）刚性固定

曳引机直接与承重梁接触，用螺栓紧固。这种方法简单方便，但曳引机工作时，其振动和噪声较大，所以一般限用于低速电梯，如货梯。图 3.23 是常见的曳引机刚性固定示意图。

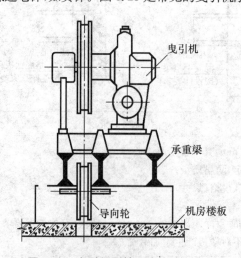

图 3.23 曳引机刚性固定形式示意图

（2）弹性固定

常见的形式是：

① 曳引机先安装在机架上（机架一般用槽钢焊成），在机架与承重梁或楼板之间设减振橡胶垫。

② 在承重梁与曳引机底盘之间垫以机组基础，机组基础由上、下两块基础板（与曳引机底盘尺寸相等，厚度为 16 mm 的钢板）组成。两块基础板中间设减振橡胶垫。下基础板与承重梁焊牢，上基础板与曳引机底盘用螺栓连接。

弹性固定形式能有效地减小曳引机的振动及其传播，同时由于弹性支承，曳引机工作时能自动调整重心位置，减少构件的弹性变形，有利于工作的平稳性。图 3.24 是采用橡胶垫轮减振布置示意图。图 3.27 是曳引机弹性固定形式示意图。

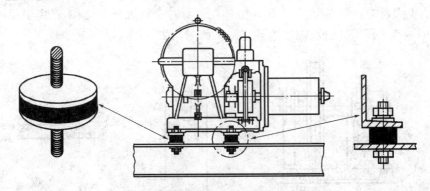

图 3.24　曳引机橡胶垫轮减振布置示意图

2. 曳引机位置的确定与调整

（1）1∶1 曳引方式的曳引机位置的确定与调整（图 3.25）

① 在曳引机上方拉一根水平线，并从该水平线悬挂下放两根铅垂线 2、4，分别对准井道上样板架标出的轿厢中心点与对重装置中心点。

② 再按曳引轮的节圆直径，在水平线上再悬挂放下另一根铅垂线 5，并根据轿厢中心铅垂线与曳引轮的节圆直径铅垂线，去调整曳引机的安装位置。

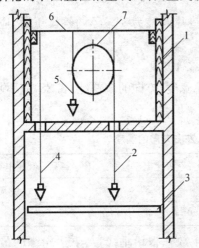

图 3.25　1∶1 曳引机的安装调整示意图

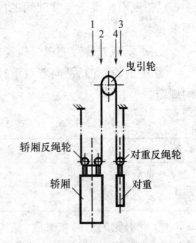

图 3.26　2∶1 曳引机的安装调整示意图

1-方木；2-轿厢中心铅垂线；3-上样板架；4-对重装置中心铅垂线；
5-曳引轮铅垂线；6-水平线；7-曳引轮

(2) 2∶1曳引方式的曳引机位置的确定与调整(图3.26)

① 在曳引机上方拉两根水平线,第一根水平线悬挂下放两根铅垂线1、2,分别对准井道上样板架标出的轿厢中心点与轿厢反绳轮靠近对重一侧的节圆直径中心位置处。

② 另一根水平线悬挂下放两根铅垂线3、4,分别对准井道上样板架标出的对重轮中心与对重轮节圆直径中心位置处。

③ 根据相距为曳引轮节圆直径的两根铅垂线2、4,调整曳引机的安装位置。

3. 曳引机的安装要求

(1) 当曳引机直接固定在承重梁上时,必须实测螺栓孔,用电钻打眼,其位置误差不大于1 mm,并不得损伤工字钢立筋。

(2) 当曳引机为弹性固定时,为防止电梯在运行时曳引机产生位移,在曳引机和机架或上基础板的两端用压板、挡板、橡皮垫等定位。如图3.27所示。

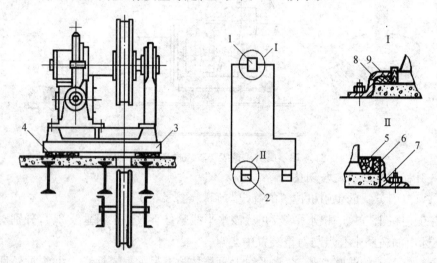

图3.27 承重梁在楼板下的曳引机安装示意图

1、8-压板; 2-挡板; 3-混凝土台座; 4、6、9-减振橡皮垫; 5-木块; 7-挡板

(3) 曳引机底座与基础间的间隙调整应以垫片调整为妥。经调整校正后,应符合以下要求:

① 不设减振装置的曳引机座水平度不大于2/1 000。

② 曳引轮在前后(向着对重)和左右(曳引轮宽度)方向的偏差(图3.28)应不超过表3.8的规定。

表3.8 曳引轮前后、左右方向的偏差

类 别	高速电梯	快速电梯	低速电梯
前后方向	±2	±3	±4
左右方向	±1	±2	±2

③ 曳引轮的轴向水平度,从曳引轮缘上边下放一根铅垂线,与下边轮缘的最大间隙应小于0.5 mm,如图3.29(a)所示。

④ 曳引轮在水平面内的扭转(扭差),在A和B之间的差值,不应超过0.5 mm,如图3.29(b)所示。

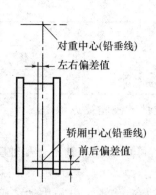
图 3.28 曳引轮前后、左右方向的偏差示意图

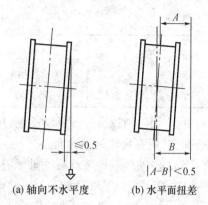
图 3.29 曳引轮调整示意图

⑤ 由于某种原因,在安装电梯过程中,需对曳引机进行拆运时,经拆运重装配后,蜗杆与蜗轮轴的轴向游隙应符合表 3.9 的规定。蜗杆与电动机轴的不同轴度允差:对于刚性连接应小于 0.02 mm,弹性连接应小于 0.1 mm;制动轮的径向跳动应不超过其直径的 1/3 000 mm。上述要求可通过调整电动机与底座之间的垫片来实现。

表 3.9 蜗杆与蜗轮轴的轴向游隙(mm)

中心距	100～200	200～300	>300
蜗杆轴向游隙	0.07～0.12	0.10～0.15	0.12～0.17
蜗轮轴向游隙	0.02～0.04	0.02～0.04	0.03～0.05

4. 曳引机的空载运转

在曳引机位置找正固定,但曳引绳未挂上前,要进行曳引机正、反转各转半小时的空载运转。

(1) 先检查曳引机。用干净的煤油清洁减速箱内腔和蜗轮蜗杆齿面,直到从减速箱放油孔内流出的煤油不含有泥沙和污物为止。清洗时应边洗边盘动,使减速箱转动起来,煤油应收集后过滤以备再用。清洗完后将箱内煤油清理干净。

(2) 在减速箱内注入指定牌号的、清洁的润滑油。对于下置式蜗杆的油量位置应在蜗杆中心线以上,啮合面以下;对于上置式蜗杆的油量位置应浸入两个蜗轮齿高为宜。润滑油可采用表 3.10 中的型号。

表 3.10 减速箱润滑油型号

名　　称	型　　号	100℃时黏度(Pa·s)
齿轮油 SYB1103—620	HL—20 冬季	0.017 9～0.221
齿轮油 SYB11103—620	HL—20 夏季	0.028 4～0.032 3
轧钢机油 SYB1224—655	HJ_3—28	0.026～0.030

(3) 减速箱体分割面、窥视盖等应紧密连接,不得渗油漏油,蜗杆轴伸出端渗漏油不应超过表 3.11 中的规定。

表 3.11　渗漏油价量等级表

项　目	等　级		
	合格品	一等品	优等品
每小时渗出油迹面积	150 cm²/h	50 cm²/h	0

(4) 用松闸扳手打开制动器闸,用手扳转电动机尾部的飞轮往返数十次,使油充分渗入蜗轮蜗杆所有齿轮的啮合面。

(5) 主轴两端均装有滚动轴承,应添钙基润滑脂。可用油枪从轴架盖和轴座体上的油杯注入,注入量以 2/3 油腔为好。

(6) 空载运转必须使曳引机无杂音、冲击和异常振动。减速机箱内油的温升不超过 60℃,温度不高于 85℃。

(7) 对制动器进行调整。

5. 制动器调整

电梯必须设有制动系统,以便在动力电源和控制电路电源失电时能自动动作,将轿厢减速,曳引机停止运转。

电梯使用的制动器有多种型式,但结构基本相同,一般由电磁铁、制动臂、制动瓦、制动弹簧等组成,如图 3.30 所示。制动器调整的主要内容有:

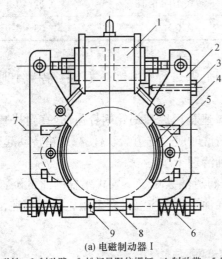

(a) 电磁制动器Ⅰ　　　　　　　　(b) 电磁制动器Ⅱ

1-电磁铁;2-制动臂;3-松闸量限位螺钉;4-制动带;5-制动瓦;　　1-磁心;2-行程限制器;3-叉;4-有眼螺栓;
6-压缩弹簧;7-顶定螺钉;8-连杆螺杆;9-松闸凸轮挡块　　　　　　5-松闸量限位螺钉;6-制动器弹簧;7-制动臂

图 3.30　电磁制动器结构示意图

(1) 制动力的调整

通过调节制动弹簧(或压缩弹簧 6)的压缩量来实现。方法是:松开制动弹簧调节螺母,把该螺母向里拧,减少弹簧长度,可增大弹力,使之制动力矩增大;反之,将螺母向外拧,可增长弹簧长度,减小弹力,使之制动力矩变小。调整完毕后将其螺母拧紧,经电梯运行,看其调整效果。

应当注意的是:在调整中应使两边制动弹簧长度相等(有的制动器仅有一只制动弹簧),制动弹簧调整要适当,既要满足轿厢停止时能提供足够的制动力,使轿厢迅速停止运行,又要满足轿厢在制动时不能过急过猛,保持制动平稳,而且不应影响平层准确性。

(2) 电磁力(或松闸力)的调整

通过调整两个电磁铁芯的间隙来实现。方法是:用扳手松开倒顺螺母,再调倒顺螺母。粗调时,两边倒顺螺母都要向里拧,使两个铁芯完全闭合,测量拉杆的外露长度,并使两边相等。然后再精调,以一边先退出 0.3 mm,将倒顺螺母拧紧不再动它,再退另一边倒顺螺母,使两边拉杆后退量总和为 0.5~1 mm,即两个电磁铁芯的间隙为 0.5~1 mm(测量拉杆后退量尺寸可用钢板尺检查,也可根据倒顺螺母的螺距通过螺母旋转的角度或圈数来确定)。

(3) 制动带与制动轮之间间隙的调整

当制动器处于制动状态时,要求制动带应紧贴在制动轮外圆面上,当制动器处在松闸状态时,制动带必须完全离开制动轮,而且间隙应均匀,其间隙在任何部位都应在 0.7 mm 以内(指在 0.7 mm 以内,各个点间隙尺寸应一样)。如果达不到这一要求,必须重新调整该制动带与制动轮之间的间隙。

调整方法:把手动松闸凸轮松开,使制动带脱开制动轮(此时两个电磁铁芯闭合在一起),把制动瓦块定位螺栓旋进或旋出,用塞尺检查该制动带和制动轮上、中、下 3 个位置间隙(两侧的制动带与制动轮之间间隙都要调整、检查),其尺寸在规定范围内,而且均匀(指两侧 3 个位置尺寸)。注意尺寸测量应以塞尺塞入间隙 2/3 处为准。调整完毕,再紧固有关螺栓及手动松闸凸轮,经电梯运行证明符合要求才行,否则要重新调整。

(4) 松闸装置的调整

制动器的手动松闸有两种方式:

① 用扳手将制动弹簧的连杆螺杆转动 90°,装在连杆上的挡块凸缘将制动臂推开而达到松闸的目的。使用完毕,应将连杆螺杆转回原状。

② 用一杠杆用手向下压,使动铁芯运动,顶杆推动运转臂转动,将两侧制动臂推开而达到松闸的目的。

调整方法:将制动器置于抱闸制动状态,然后移动连杆螺杆上的松闸凸轮靠近制动臂,并保留一定间隙(此间隙要大于由于制动瓦磨损而引起的制动臂转动,以保证制动瓦能始终压在制动轮上),紧固后使其跟随制动弹簧连杆螺杆旋转 90°时能顶开制动臂,达到制动瓦块离开制动轮而松闸即可。

一般情况下应将手动松闸工具放在机房一固定地方。

3.3.4 导向轮和复绕轮的安装

1. 导向轮的安装

导向轮是使曳引绳从曳引绳轮引向对重一侧或轿厢一侧所应用的绳轮(通常导向轮导向对重装置一侧)。导向轮通过轴和支架安装在曳引机底座或承重梁上。

(1) 导向轮安装方法

① 首先检查导向轮转动部位油路畅通情况,并清洗后加油。

② 安装放线。先在机房楼板或承重梁上放下一根铅垂线 A,使其对准井道顶样板架上的对重中心点。然后在该垂线的两侧,根据导向轮的宽度另放两根垂线 B,以校正导向轮的偏摆,如图 3.31 所示。

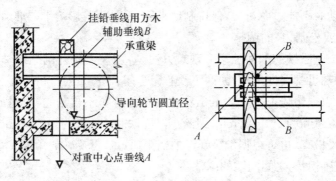

图 3.31　导向轮安装示意图

③ 校正移动导向轮,使导向轮绳中心与对重中心垂线重合,并在轴支架与曳引机底座或承重梁的固定处用垫片来调整导向轮的垂直度,同时调整与曳引轮的平行度。

④ 紧固导向轮。导向轮位置经调整确定后,用双螺母或弹簧垫圈将螺栓紧固。

（2）导向轮安装要求

① 导向轮的位置偏差,在前后（对着对重）方向不应超过±3 mm,在左右方向不应超过±1 mm。

② 导向轮与曳引轮的平行度偏差不超过±1 mm,见图 3.32(a)所示。

③ 导向轮的垂直度偏差不大于 0.5 mm,见图 3.32(b)所示。

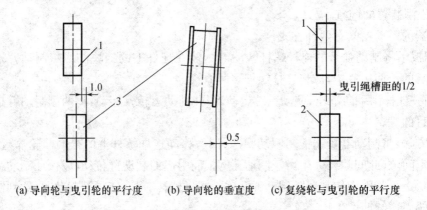

(a) 导向轮与曳引轮的平行度　　(b) 导向轮的垂直度　　(c) 复绕轮与曳引轮的平行度

图 3.32　导向轮、复绕轮安装调整示意图

2．复绕轮的安装

为增大曳引绳对曳引轮的包角,将曳引绳绕出曳引轮后经绳轮再次绕入曳引轮,这种兼有导向作用的绳轮为复绕轮。

复绕轮的安装方法和要求除了与导向轮相同外,还必须将复绕轮与曳引轮沿水平方向偏离 1/2 的曳引槽间距,见图 3.32(c)所示。

复绕轮经安装调整、校正后,挡绳装置距曳引绳间的间隙均为 3 mm。

3.3.5　限速装置的安装

限速装置由限速器、张紧装置和钢丝绳组成,如图 3.33 所示,主要用来限制电梯轿厢运行的速度。当电梯运行速度由于某种原因出现超速时,限速器第一限速动作,超速开关首先动作,切断电源,制动器制动,使轿厢停止运行,停在某一位置上;如果轿厢速度仍然增大,如钢丝绳断开,制动器失灵,加速到限速器第二限速动作,夹持限速器钢丝绳,并通过钢丝绳带动安全钳的动作,将轿厢夹持在导轨上,使轿厢停止。

1. 限速装置的安装方法

根据安装布置平面图的要求,多数限速器安装在机房楼板上或隔声层里,也有的将限速器直接安装在承重梁上。限速装置的安装应和轿厢同步进行,安装方法如下:

(1) 限速器及张紧装置位置的确定

由限速器绳轮下旋端的绳槽中心吊垂线至轿厢安全钳拉杆绳头中心,再从拉杆下绳头中心到张紧装置绳轮槽中心吊另一垂线,并使这4点垂直重合。然后由限速器另一端绳槽中心至张紧装置另一端绳槽中心再吊一垂线,且使这两点垂直重合,位置即可确定。

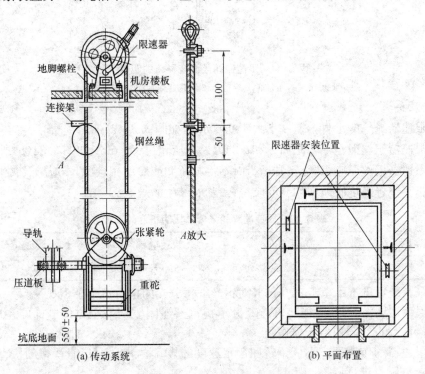

图 3.33 限速器安装示意图

如果限速器绳轮与张紧装置绳轮的直径不同,应以与轿厢相连一侧为基准并符合上述要求,另一侧以两绳轮槽中心线在同一垂直面上为准。

(2) 限速器安装

限速器安装在机房楼板上时,应使用预埋螺栓或使用膨胀螺栓稳固在混凝土基础上。混凝土基础应大于限速器底座边 $25\sim40$ mm,也可用不小于厚度 $\delta=12$ mm 的钢板作为基础与机房楼板固定。

(3) 限速器绳索的张紧装置安装

应用压道板将张紧装置的固定板紧固在位于底坑的轿厢导轨上。

(4) 缠绕钢丝绳

在限速器轮和张紧装置绳轮之间绕上钢丝绳,钢丝绳两端与安全钳绳头拉手相连,用绳卡固定牢固。限速器钢丝绳不允许上油。

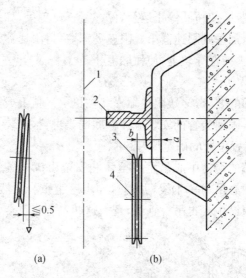

图 3.34 限速器钢丝绳至导轨的距离

1-轿厢底的外廓； 2-导轨； 3-限速器绳索； 4-张紧轮

2．安装要求

(1) 限速器绳轮的垂直偏差度不大于 0.5 mm，如图 3.34(a)所示。

(2) 限速器钢丝绳至导轨距离 a 和 b 的偏差不应超过±5 mm，如图 3.34(b)所示。

(3) 限速器钢丝绳应张紧，正常运行时不得与轿厢或对重相接触，不应触及夹绳钳。

(4) 张紧装置距坑底地坪的高度应符合表 3.12 中的规定。

表 3.12 限速器绳轮张紧装置距坑底的高度

电梯类别	高速电梯	快速电梯	低速电梯
距坑底高度(mm)	750±50	550±50	400±50

(5) 张紧装置自重不小于 30 kg，其对钢丝绳每分支的拉力不小于 150 N。

(6) 限速器动作时，其夹绳装置能充分承担钢丝绳因驱动安全钳使电梯停止运动的拉力，且钢丝绳无打滑、限速器无损伤。

(7) 限速器动作速度应不低于轿厢额定速度的 115%，出厂时应有严格的检查和试验，安装时不允许随意进行调整。

(8) 当限速器钢丝绳折断或伸长到一定程度时，断绳开关能自动切断控制电路。

3.4 层门安装

3.4.1 电梯层门的形式

电梯层门也叫厅门，它是设置在层站入口的封闭门。在电梯运行时，任一层站的层门都处于关闭状态，而当电梯轿厢运行到某一层站时，该层站的层门通过轿厢门的启动才能打开，因此层门又称为被动门。电梯的层门由门扇、门地坎、门框门套、门导轨、门锁、联运机构等组成，如图 3.35 所示。

电梯的层门按其运行方式，以轨道式滑动门最为常见。轨道式滑动门又可分为中分式门、旁开式门和直分式门等。图 3.36 是电梯层门型式示意图。

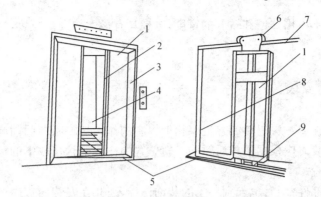

图 3.35　电梯门结构与组成示意图
1-层门门扇；2-轿厢门扇；3-门套；4-轿厢；5-门地坎；
6-门滑轮；7-层门导轨架；8-层门立柱；9-门滑块

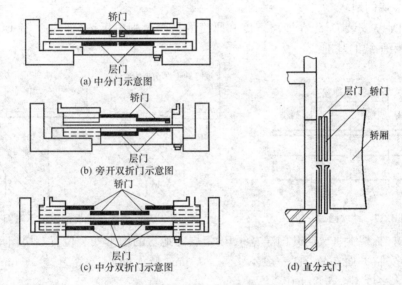

图 3.36　电梯层门型式示意图

1. 中分式门

有两扇中分式和四扇中分式。开门时，左右门扇以相同的速度向两侧滑动；关门时，则以相同的速度向中间合拢。对于四扇中分式门在开、闭时，每侧两扇门的运行方式与两扇旁开式门相同。中分式门具有出入方便、工作效率高、可靠性好的优点，多用于中分式门客梯。

2. 旁开式门

按照门扇的数量，常见的有单扇、双扇和三扇。当旁开式门为双扇时，两个门扇在开、闭时各自的行程不相同，但运行的时间却必须相同，因此两扇门的速度存在快慢之分，即快门与慢门，所以双扇旁开式门又称双速门。由于门在打开后是折叠在一起的，因此又称双折式门。同理，当旁开式门为三扇时，称为三速门或三折式门。

旁开式门具有开门宽度大、对井道安装要求小的优点，为方便货物进出装卸的货梯多采用旁开式门。

3. 闸门式门

闸门式门由下向上推开，又称为直分式门。闸门式门按门扇的数量，可分为单扇、双扇和三扇等。与旁开式门同理，双扇门或三扇门又称为双速门或三速门。

闸门式门门扇不占用井道和轿厢的宽度,电梯具有最大的开门宽度,常用于杂物梯和大吨位的货梯。

3.4.2 层门地坎安装

层门地坎安装在每一层门口的井道牛腿上。它的作用是限制层门门扇下端沿着一定的直线方向运动。安装时应根据精校后轿厢导轨位置的样板架悬挂放下的标准线经计算确定层门地坎的精确位置。

地坎是外露的部件,同时也起到一定的装饰作用,因此在安装前首先要检查是否有弯曲变形,安装时不应使其表面划伤。

1. 层门地坎的安装方法

(1) 安装层门地坎方法一

① 层门地坎安装前,先在地坎宽度和厚度的平面上画出标记,如图3.37所示,作为在定位时对准铅垂线的基准。

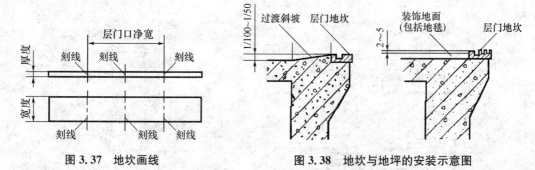

图3.37 地坎画线　　　　　图3.38 地坎与地坪的安装示意图

② 根据样板架上垂放的开门净宽线,确定层门地坎的水平安装位置。层门地坎与轿厢地坎的间距按照平面布置图,一般不大于20 mm(最大间距严禁超过35 mm),偏差为0～3 mm。水平度不大于2/1 000。

③ 根据土建地坪标高,并考虑地面的最终装修面(包括地毯)确定地坎平面的标高。地坎应高出装修地面(包括地毯)2～5 mm,对于只抹灰的地平面应做成1/100～1/50的过渡斜坡,如图3.38所示。

④ 将地脚螺栓或地脚铁上好,然后用400#以上混凝土砂浆浇埋地坎,按标准线及水平标高的位置进行校正稳固。地坎浇埋稳固后,要保养2～3天,方可安装门框等部件。

⑤ 若井道无牛腿时,可在预埋钢筋或预埋铁板上焊上一块100 mm×100 mm的角钢,用螺栓将地坎固定,如图3.39所示。

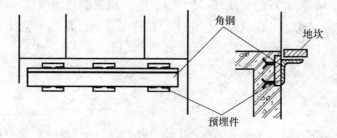

图3.39 预埋件上焊一块角钢的示意图

⑥ 当井道既无牛腿又无牛腿的预埋铁时,可先将型钢两端用不小于 $\phi 18$ mm 的膨胀螺栓固定在墙上(型钢与膨胀螺栓焊牢),然后将层门地坎固定在型钢上。

(2) 安装层门地坎方法二(这种方法应在轿厢导轨校正后进行)

① 根据轿厢导轨在层门侧的导向面至层门地坎的距离 J,确定地坎的水平位置。如图 3.40 所示,$J = I - \dfrac{K}{2} + H$。

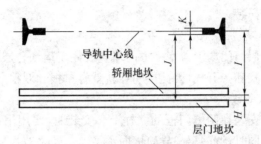

图 3.40　导轨至地坎距离的确定方法

I-导轨中心线至轿厢地坎距离;　K-导轨导向面宽度;
H-轿厢地坎至层门地坎间距;　J-导轨在层门侧的导向面至层门地坎的距离

② 按以上尺寸的长度,用不宜变形的木料制作两根专用木尺,用以测量并确定各层地坎至导轨的距离,如图 3.41 所示。

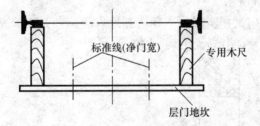

图 3.41　轿厢导轨至层门地坎距离的确定方法

③ 地坎左右位置可按门口线及中线测定。
④ 各层地坎的标高确定与"安装层门地坎方法一"中的③相同。

2. 层门地坎安装的其他要求

(1) 地坎用水平仪校正,水平度不大于 2/1 000。
(2) 对于贯通式电梯,在同一位置前后两个层门地坎上平面应处于同一水平面上。
(3) 地坎安装好应有足够的强度,并在地坎边沿的垂直平面位置任何部位不得有牛腿边或混凝土砂浆等外凸。

3.4.3　门框、门套安装

1. 门套的安装方法与要求

门套由侧板和门楣组成,它的作用是保护门口侧壁,装饰门厅。门套一般有木门套、水泥大理石门套、不锈钢门套,安装时通常由木工或抹灰工配合进行。

安装时,先将门套在层门口组成一体并校正平直;然后将门套固定螺栓与地坎连接,用方木挤紧加固,其垂直度和横梁的水平度不大于 1/1 000,下面要贴紧地坎,不应有空隙。门套外沿应突出门厅装饰层 0～5 mm;最后浇灌混凝土砂浆,通常分段浇灌,以防门套变形。

2. 门框的安装方法

安装时,将门框立柱与地坎用螺栓连接固定,地脚螺栓埋入井壁固定或地脚螺栓折弯焊接在预埋件上;将门框横梁用螺栓与左右门框连接,垂直度和水平度仍不大于 1/1 000,校正后,用水泥砂浆将门框与墙面的空隙填实抹好。

3.4.4 层门导轨的安装

导轨的作用是保证层门门扇沿着水平方向作直线往复运动。层门导轨有板状和槽状两种。因开门方式有中分式和旁开式,因此层门导轨就有单根和双根之分。

1. 层门导轨安装校正方法

层门导轨是用螺栓安装在两侧门框的立柱上。安装时,要用吊铅垂线与层门地坎找正垂直,如图 3.42 所示。同时,调整层门导轨横向水平度。若是双根层门导轨时,两层门导轨的上端面应在同一水平面上。

2. 层门导轨的安装要求

层门导轨与地坎槽相对应,即在导轨两端和中间 3 处的间距偏差 a 均不大于 ±1 mm(如图 3.42);导轨 A 面对地坎 B 面的不平行度不应超过 1 mm;导轨截面的不垂直度 b 不应超过 0.5 mm,如图 3.43 所示。

导轨固定前应用门扇试挂实测一下导轨和地坎的距离是否合适,否则应调整。导轨的表面或滑动面应光滑平整、清洁,无毛刺、尘粒、铁屑。

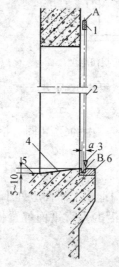

图 3.42 厅门导轨和地坎的测量

1-厅门导轨; 2-铅垂线; 3-线锤; 4-过渡斜坡;
5-楼板地平面; 6-厅门地坎

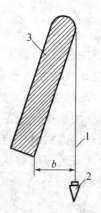

图 3.43 导轨铅垂度的测量

1-铅垂线; 2-铅锤; 3-门导轨

3.4.5 层门门扇的安装

层门门扇的上沿通过滑轮吊挂在门导轨上,下沿插入地坎的凹槽中,经联动机构开闭。因此,当地坎、门框、门导轨等安装调整完毕后,可以吊挂门扇,并装配门扇间的联运机构。

1. 层门门扇的安装准备

(1) 检查门扇滑轮转动是否灵活,并在门滑轮的轴承内注入润滑脂。

(2) 检查和清洁导轨、地坎,如有防锈保护层应清除干净。对槽形层门导轨更要仔细清扫。

(3) 如有地坎护脚板,可先行安装。

(4) 注意层门外观,检查门扇有无凹凸及不妥之处。注意不要划伤和撞击门板。

2. 层门门扇的安装方法及调整

(1) 将门滑轮放入层门导轨,同时将门扇放置在相应的地坎上,在门扇下端两侧与地坎之间分别垫上 4～6 mm 的垫脚石,以便定距,以保证门扇与地坎面的间隙 c,如图 3.44(a)所示。

(2) 用螺栓将门滑轮(座)与门扇连接,并通过加减垫片来调整门扇下沿与地坎面的间隙,垫片总厚度不得大于 5 mm,垫片面积与滑轮座面积相同。

(3) 拆除定距板,将滑块插入地坎的凹槽里试滑,合适后安装在门扇下端,其侧面与地坎槽的间隙适当。

(4) 通过门扇上吊门滚轮架与门扇间的连接固定螺栓,调整门扇与门扇、门扇与门套的间隙。

(5) 通过吊门滚轮架上的偏心挡轮,调整偏心挡轮与导轨下端间的间隙 e 不大于 0.5 mm,如图 3.44(b)所示,使门扇运行平稳、无跳动。

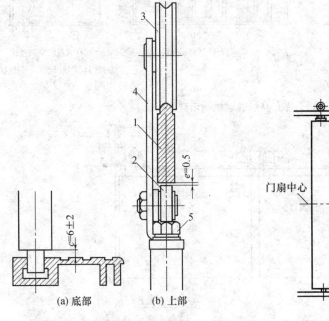

图 3.44 门扇的安装及调整

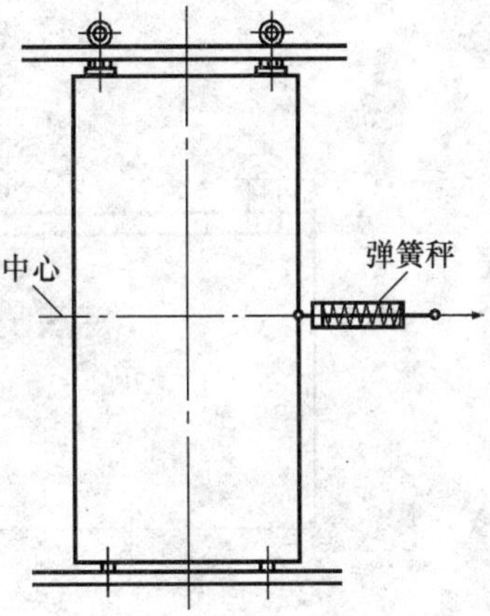

图 3.45 门扇拉力测量

1-导轨; 2-偏心挡轮; 3-吊门滚轮; 4-滚轮架; 5-螺栓

(6) 在门扇未装联动机构前,在门扇中心处沿导轨的水平方向左右拉动门扇,使其拉力不应大于 3 N,如图 3.45 所示。

3. 层门门扇的安装要求

(1) 门扇与门套、门扇下端与地坎及双折门的门扇之间的间隙:普通层门为 4～8 mm,防火层门为 4～6 mm。

(2) 水平滑动门缝隙:中分门不大于 2 mm,双折中分门不大于 3 mm,防火层门按制造厂技术要求。

3.4.6 层门联动机构的安装

层门是由轿门带动的被动门。当采用单门刀时,轿门只能通过门系合装置直接带动一个门扇,层门的门扇之间必须要有联动机构。因此,联动机构是厅门之间实现同步动作的装置。

1. 常用层门联动机构的类型

常见的旁开式层门联动机构有单撑臂式(图3.46(a))、双撑臂式(图3.46(b))、摆杆式(图3.46(c))和钢丝绳式(图3.47),中分式层门联动机构一般采用钢丝绳式(图3.48)。

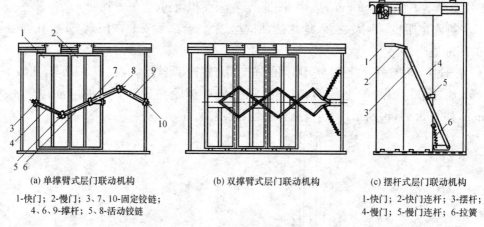

(a) 单撑臂式层门联动机构　　(b) 双撑臂式层门联动机构　　(c) 摆杆式层门联动机构

1-快门;2-慢门;3、7、10-固定铰链;
4、6、9-撑杆;5、8-活动铰链

1-快门;2-快门连杆;3-摆杆;
4-慢门;5-慢门连杆;6-拉簧

图3.46 联动机构示意图

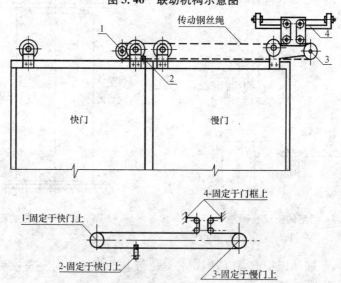

图3.47 双折式层门钢丝绳式传动结构简图

2. 层门联动机构的安装调整要求

(1) 用摆杆传动的旁开式门扇,在快慢门上装上摆杆组合;对于撑臂式联动机构要实现快慢门的速度比,必须做到:

① 各铰接点间的撑杆长度相等。

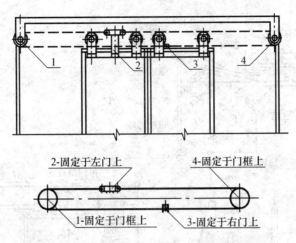

图 3.48 中分式层门联动机构结构简图

② 各固定门的铰链位于一条水平直线上。

(2) 用钢丝绳传动的旁开式门扇,在绳滑轮上装上钢丝绳,并与拉绳架相连接,调整两个绳轮间的距离,使钢丝绳实行张紧。

(3) 中分式门扇在闭合时,门中缝应与地坎中对齐。

(4) 有自闭装置的门扇,应在其装置的作用下自动关闭。

3.4.7 门锁的安装

门锁是电梯重要的安全装置。门锁除了使层门只有用钥匙才能在层站外打开外,还起电气联锁的作用。即,只有各层门都被确认在关闭状态时,电梯才能启动运行;同时,在电梯运行中,任一层门被打开,电梯便会立即停止运行。

图 3.49 为最常见的撞击式机械门锁,它与垂直安装在轿门外侧顶部的门刀配合使用。停层时,门刀能准确地插入门锁的两个滚轮中间,通过门刀的横向移动打开(或闭合)门锁,并带动层门打开(或关闭)。门刀的端面与各层门地坎间的间隙和各层机械电气联锁装置的滚轮与轿厢地坎间的间隙应为 5~8 mm。

1. 门锁安装方法

(1) 将轿厢停在顶层,从轿门的门刀顶面中心沿井道悬挂放下一根铅垂线至底坑固定,作为安装各层门锁的基准线。

(2) 在各层门上装上门锁和微动开关,并进行初步调整。

(3) 将电梯打慢车,精确调整门锁位置,使门刀插入时准确无误并无一点撞击。安装人员站在轿顶上精心调整,使每层的门锁都在同一垂线上。将各层厅门门锁装好后,应再次打慢车仔细调整门锁位置,然后再将门锁螺栓紧密固定。

2. 门锁安装要求

(1) 门锁的锁沟、锁臂及动触点动作应灵活,在电气安全装置动作之前,锁紧元件的最小啮合长度为 7 mm。

(2) 关门时无撞击声,接触良好,手动开锁装置灵活可靠。

3. 门锁的调整

电梯门锁常用的种类有很多,现以 GS75—11 型为例进行介绍。

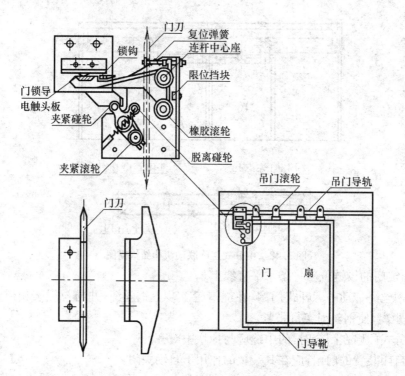

图 3.49 GS75—11 型层门门锁安装示意图

GS75—11 型门锁安装时应注意以下两点：一是拉簧的位置要合适,使滚轮在翻转后,其中心高于滚轮座的中心,同时应保证拉力不松弛；二是电气开关的触点应灵活可靠。

门锁装好后将主机和开门机接上电源打慢车,平层后立即停车,然后再启动开门机,这里要注意门刀是否准确地插入滚轮之中。开门机启动后,仔细观察(站在轿厢顶上)轿门和厅门开动的情况,发现异常立即停止。观察门锁的动作,该层调整后,轿厢慢车至下层,当轿厢行至上层层门中心以下时,将主机停车,人站在轿厢顶上用力扳动层门,安装正常时门应紧闭扳不开,门锁正常,否则应重新调整。

3.5 轿厢、轿门安装

轿厢是电梯的主要部件之一,主要由轿厢架和轿厢体构成。其中轿厢架是个承重构架,由底梁、立柱、上梁和拉条组成,在轿厢架上还安装有安全钳、导靴、反绳轮等,如图3.50所示；轿厢体由轿厢底、轿厢壁、轿厢顶、轿门组成,在轿厢上安装有自动门机构、轿门安全机构等；在轿厢架和轿厢底之间还装有称重超载装置。轿厢、轿门的安装内容比较复杂,且又麻烦,安装时一定要按照安装的程序步骤和规范要求,认真耐心地做好轿厢的组装。

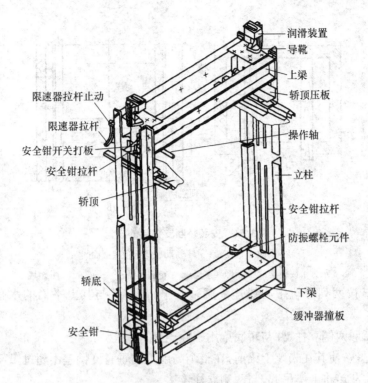

图 3.50 轿厢架结构示意图

轿厢的组装工作一般都在上端层站进行。上端层站最靠近机房,组装过程中便于起吊部件、核对尺寸、与机房联系等。由于轿厢组装位于井道的最上端,因此通过曳引绳和轿厢连接在一起的对重装置在组装时,就可以在井道底坑进行。这对于轿厢和对重装置组装后在挂曳引绳、通电试运行前对电气部分作检查和预调试、检查和调试后的试运行等都是比较方便和安全的。

3.5.1 轿厢架组装

1. 轿厢架组装前的准备工作

(1) 拆除上端层站的脚手架且低于上端层站的楼面。在上端层站门口地面对面的井道壁上平行地凿两个孔洞,两孔洞间宽度与层门口宽度相同。

(2) 在层门口与该对面井道壁孔洞之间,水平地架起两根不小于 200 mm×200 mm 的方木或钢梁,作为组装轿厢的支承架。校正其水平度后用木料顶挤牢固。如图 3.51(a) 所示。

(3) 在机房楼板承重梁位置横向固定一根不小于 ϕ50 mm 的钢管,由轿厢中心对应的楼板预留孔洞中放下钢丝绳扣,悬挂一只 2～3 t 的环链手动葫芦,以便组装轿厢时起吊轿厢底梁、上梁等较大的零件。如图 3.52 所示。

2. 轿厢架组装的方法与要求

(1) 把轿厢架下梁放在支承架上,如图 3.51(b) 所示,使两端的安全钳口与两列导轨端

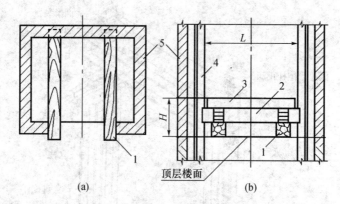

图 3.51　安装轿厢支撑架的设置

L-轿厢导轨端面间距；　H-轿厢底盘至顶层楼面间距

1-支承方木或钢梁；　2-轿厢架下梁；　3-轿厢底盘；　4-导轨；　5-井道墙

面的间隙一致。按两列导轨中心线连线调整其平行度，并与其上平面的水平度应不大于 2/1 000。

(2) 竖立轿厢两侧立柱，并与轿底梁用螺栓连接。

(3) 调整立柱，使其在未装上梁前，在整个高度上的垂直度偏差不超过 1.5 mm。

(4) 用手拉葫芦将上梁吊起，与两侧立柱连接。

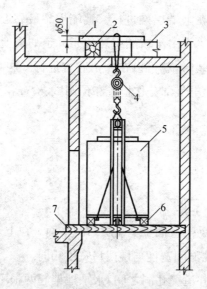

图 3.52　轿厢组装示意图

1-ϕ50 mm 钢管；　2-垫木；　3-曳引机底座；　4-2～3t 环链手动葫芦；

5-轿厢；　6-垫木；　7-200 mm×200 mm 的方木

(5) 再次校正立柱的垂直度，符合要求后紧固连接螺栓。组装好的轿厢架，其对角线尺寸允差应小于 5 mm。

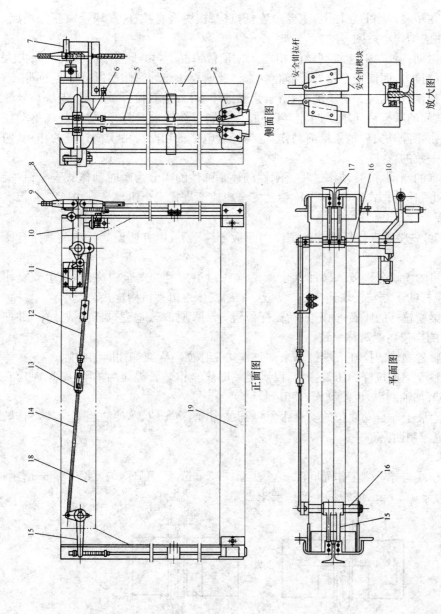

图3.53 安全钳结构示意图

1-安全钳楔块；2-安全钳座；3-轿厢架立柱；4-防晃架；5-垂直拉杆；6-压簧；7-防跳器；8-绳头；9-限速器绳；10-主动杠杆；11-安全钳急停开关；12-压簧；13-正反扣螺母；14-横拉杆；15-从动杠杆；16-转轴；17-导轨

3.5.2 安全钳安装

安全钳是以机械动作将电梯强行掣停在导轨上的机构,其操纵机构是一组连杆系统,限速器通过此连杆系统操纵安全钳起作用。安全钳装置只有在电梯轿厢或对重的下行方向时才起保护作用。

安全钳安装在轿厢两侧的立柱上,主要由连杆机构、楔块垂直拉杆、楔块及钳座等组成。图 3.53 是安全钳的结构示意图。

安全钳通过主动杠杆与限速器钢丝绳相连。在正常情况下,由于横拉杆压簧的张力大于限速器钢丝绳的拉力,而使安全钳处于静止状态。此时楔块与导轨侧面保持恒定的间隙。

当限速器动作,钢丝绳被夹持不动时,由于轿厢继续下行,垂直拉杆被拉起,楔块与导轨接触,以其与导轨间的摩擦消耗电梯动能,将轿厢强行制停在轨上。与此同时,装在主动杠杆尾部处的安全钳急停开关被稍微提前动作,电梯控制电路被切断。由于横拉杆的作用,两侧楔块的动作是一致的。

安全钳对电梯的制动,按其动作过程是刚性的还是弹性的而分为瞬时动作式安全钳(又称刚性安全钳)和滑移动作式安全钳(又称弹性安全钳或渐进式安全钳)。

1. 安装方法

(1) 安装前,可先将垂直拉杆两端的螺纹用圆扳牙铰一下,以方便安装且在调节拉杆螺母时比较轻松。

(2) 把安全钳的楔块分别放入轿厢架下梁两端或对重架上的安全钳座内,装上安全钳的垂直拉杆,使拉杆的下端与楔块连接,上端与上梁的安全钳传动机构连接。

(3) 调节上梁横拉杆的压簧,固定主动杠杆位置,使主动杠杆、垂直拉杆座成水平,并使两边楔块和拉杆的提拉高度对称一致。

(4) 通过调整各楔块的拉杆上端螺母来调整楔块工作面与导轨侧面间的间隙。

(5) 通过调整上梁横拉杆的压簧张力,以满足瞬时安全钳装置提拉力的要求,同时应在安全钳各动作环节加油润滑,反复动作,使其灵活。

(6) 在上梁上装上非自动复位的安全钳急停开关,并调整其位置,使之当安全钳动作瞬间,即能断开电气控制回路。

2. 安装要求

(1) 安全钳楔块与导轨侧工作面间隙 c 一般为 2~3 mm,且间隙均匀,如图 3.54 所示;单楔块式间隙 c_1 为 0.5 mm,或根据生产厂要求调整。

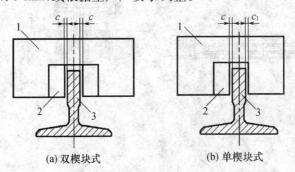

图 3.54 安全钳与导轨间隙的调整
1-安全钳座; 2-楔块; 3-导轨

(2)安全钳钳口与导轨顶面间隙应不小于 3 mm,两间隙差值不大于 0.5 mm。

(3)瞬时式安全钳装置在绳头处的动作提拉力应为 150~300 N,渐进式安全钳装置动作应灵活可靠。

(4)安全钳楔块动作应同步。当安全钳动作后,只有将轿厢(或对重)提起,才能使安全钳释放。释放后安全钳即应处于正常操纵状态。

3.5.3 导靴安装

导靴是引导轿厢和对重服从于导轨的装置。轿厢和对重的负载偏心所产生的力通过导靴传递到导轨上。

轿厢导靴安装在轿厢上梁和轿厢底部安全钳座下面,对重导靴安装在对重架上部和底部,各 4 个。

导靴按其在导轨工作面上的运动方式,分为滑动式导靴和滚动式导靴两种。滑动式导靴按其靴头的轴向是固定的还是浮动的,又可分为固定滑动导靴和弹性滑动导靴。

1. 滑动导靴的安装

固定滑动导靴主要由靴衬和靴座等组成;弹性滑动导靴由靴座、靴头、靴轴、压缩弹簧或橡胶弹簧、调节套或调节螺母等组成,如图 3.55 所示。安装时要求:

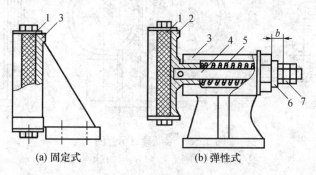

图 3.55 滑动导靴示意图

1-靴衬; 2-靴块; 3-靴座; 4-靴轴; 5-压缩弹簧; 6-调节套; 7-定位螺母

(1)4 只导靴应安装在同一垂直面上,不应有歪斜。安装时,如有位置不当,不能强行用机械外力对导靴安装,以保持间隙正确。

(2)固定滑动导靴与导轨顶面间隙应均匀,每一对导靴两侧间隙之和不大于 2.0 mm,与角型导靴顶面间隙之和为 4 mm±2 mm。

(3)弹性滑动导靴的滑块面与导轨顶面应无间隙,每个导靴的压缩弹簧伸缩范围不大于 4 mm。

(4)可调压力型的弹性滑动导靴的 b 值(见图 3.55(b))应按表 3.13 的要求整定,a 值和 c 值均为 2 mm,如图 3.56 所示。

表 3.13 弹性滑动导靴的 b 值

电梯额定吨位(t)	0.5	0.75	1.0	1.5	2~3	5.0
b(mm)	42	34	30	25	25	20

对重导轨的导靴 a 为 3 mm,c 为 2 mm,如图 3.57 所示。

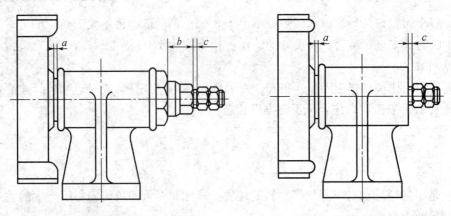

图 3.56 轿厢滑动导靴的调整　　　　　图 3.57 对重滑动导靴的调整

2. 滚动导靴

滚动导靴用 3 只滚轮代替了导靴的 3 个工作面。3 只滚轮在弹簧的作用下,贴压在导轨的 3 个工作面上,如图 3.58 所示。安装时要求：

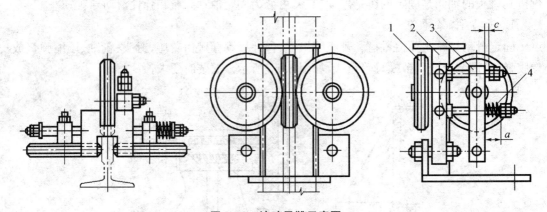

图 3.58 滚动导靴示意图

1-滚轮；2-靴座；3-摇臂；4-压缩弹簧

(1) 滚轮的安装应对导轨保证水平度和垂直度,压力均匀,整个轮的厚度和圆周应与导轨工作面均匀接触。

(2) 调整滚轮的限位螺栓,使顶面滚轮水平移动范围为 2 mm,左右水平移动范围为 1 mm。

(3) 结合轿厢架或对重架的平衡调整,调节弹簧使其压力一致,避免导靴单边受力过大。

(4) 导轨端面滚轮与端面间的间隙不应大于 1 mm。

(5) 导靴安装前应先将导轨油污锈迹清除干净,不得有油污。

3.5.4 反绳轮的安装

对于要安装轿厢反绳轮的电梯,在轿厢架组装后,即把反绳轮吊起来,然后用螺栓与轿厢架的上梁连接固定好。也可以在安装轿厢上梁前,先把反绳轮用螺栓与上梁连接,然后在安装上梁时一起吊起安装,等轿厢顶安装好后,再按技术要求调整。反绳轮的安装要求如下：

(1) 反绳轮与轿厢架上梁的间隙 a、b、c、d 应均匀,相互间的差值不应大于 1 mm,如图 3.59 所示。

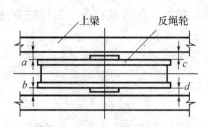

图 3.59 反绳轮与上梁的间隙调整

(2) 反绳轮的垂直度不超过 0.5 mm。
(3) 反绳轮与曳引轮平行偏差不超过 1 mm。
(4) 反绳轮轴应保证油润滑,并应有保护罩和挡绳装置。

3.5.5 轿厢底安装

轿厢底是轿厢支撑负载的组件,包括地板、框架等构件。图 3.60 是轿厢底示意图,框架一般用槽钢和角钢制成,有的用板材压制成形后制成,以减轻重量。货梯底板一般用 4～5 mm 的花纹钢板直接铺设;对于客梯,常采用多层结构:底层为薄钢板,中间是厚夹板,面层铺设塑胶板或地毯等。

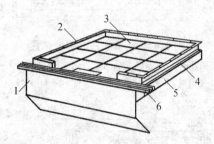

图 3.60 固定型轿底组成示意图

1-护脚板; 2-轿厢围裙(踢脚板); 3-地板塑料胶面; 4-地板薄钢板; 5-框架(槽钢); 6-轿门地坎

在轿厢底前沿设有轿门地坎,对于客梯,在轿壁安装周边上常设有轿壁围裙。围裙相对于轿壁凹入,可避免人的脚直接碰伤轿壁,并具有美化作用。围裙常用铝制型材制成,直接紧固在轿底架上。

轿厢底安装的方法与要求:

(1) 把轿厢底放置在下梁上。在下梁与轿底之间放入薄垫片来调整其水平度,然后用螺栓连接轿底和下梁。
(2) 在立柱与轿底之间装上 4 根斜拉条,并紧固。
(3) 轿厢底平面的水平度不应超过 2/1 000,并且纵向水平度应是向层门方向低,里侧高。
(4) 如在轿厢架上要装限位开关碰铁的,应在装配轿壁之前将碰铁安装好,碰铁的垂直度不应超过 1/1 000,最大偏差不大于 3 mm。

对于轿底称重(或超载)的装置应和轿底同时进行安装。

3.5.6 轿厢称重(超载)装置的安装

一般对电梯轿厢的载重由超载装置实行自动控制。电梯的超载装置具有多种形式,但都是利用称重原理,将电梯轿厢的载重量通过称重装置反映到超载控制电路。

1. 轿底式称重(超载)装置的安装

这是一种常见的型式,可分为活动轿底式和活动轿厢式。

(1) 活动轿底式

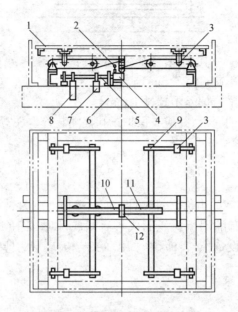

图 3.61 机械式轿底称重装置

1-轿厢底; 2-微动开关; 3-轿底支承座; 4-开关碰块; 5-秤杆; 6-轿底梁;
7-副秤砣; 8-主秤砣; 9-悬壁框; 10-悬臂Ⅰ; 11-悬臂Ⅱ; 12-连接块

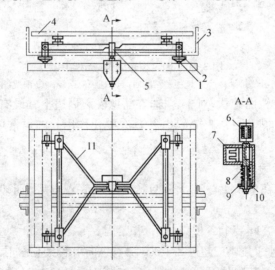

图 3.62 电磁式轿底称重装置

1-橡胶垫; 2-销轴; 3-轿底框; 4-轿底; 5-轴; 6-压缩弹簧;
7-压磁变压器; 8-定位杆; 9-连接块; 10-调节螺母; 11-悬臂框

活动轿底式,即轿底与轿厢体是分离的。轿厢壁安装在轿底框上,轿底浮支在称重装置上,这样轿底能随着载重的增减在厢体内上下浮动。图 3.61 和图 3.62 所示为机械式(杠杆式)和电磁式(压力传感器式)超载装置示意图。

机械式轿底称重装置,只要移动秤砣就可调节超载控制范围,其中副秤砣是作微量调节用的。

电磁式轿底称重装置,同样采用悬臂结构,所不同的是在悬臂连接块下面设有一个压磁变压器,利用压磁效应来测定轿厢载重量。

安装及调整要求:

① 应与轿厢底同时进行安装。

② 活动轿底四周距轿壁的间隙均匀、合适,并检查活动轿底有没有卡住。

③ 轿底与轿厢底盘间用橡胶等作称量元件时,应检查其安装间隙和进行重载、负载调整。

④ 对杠杆限位装置的开关接点应进行校正和调节。

(2) 活动轿厢式

即超载装置采用橡胶块作为称量元件,橡胶块均布在轿底框上,有6~8个,整个轿厢支承在橡胶块上,橡胶块的压缩量通过装在轿底框中间的两个微动开关,能直接反映轿厢的重量。只要调节轿厢底上的调节螺栓的高度,就可调节对超载量的控制范围。如图3.63所示。

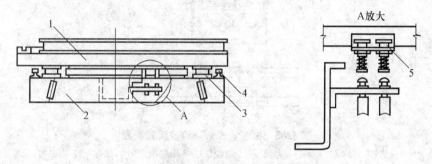

图3.63 橡皮块式活动轿厢超载装置结构图

1-轿厢底; 2-轿底框; 3-橡胶块; 4-限位螺钉; 5-微动开关

安装及调整要求:

① 应检查轿厢和轿厢底盘间的称量元件状况及轿厢和轿厢架间的间隙情况。

② 其余安装和调整要求与活动轿底式相同。

2. 轿顶称重式超载装置

轿顶称重式超载装置有机械式和橡胶块式,图3.64是一种常见结构,以压缩弹簧组作为称量元件。图3.65是橡胶块式结构的示意图。

轿顶称重式超载装置常用于货梯,因为货梯需采用刚性结构轿底板。安装调整注意点:安装时应调整曳引绳绳头处的杠杆保护装置,使其超载时杠杆可靠地转动,断开限位开关,使电梯不能启动和运行。

3. 机械式机房称重超载装置

当轿底和轿顶都不能安装超载装置时,可将其移至机房之中,此时电梯采用非1∶1曳引方式。图3.66是这种装置的结构示意图,其结构与图3.64相同,但安装位置相反。由于安装在机房之中,因此具有调节、维护、保养方便的优点。

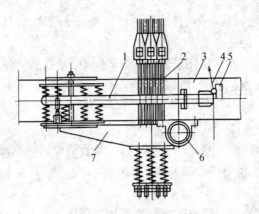

图 3.64 机械式轿顶称重超载装置

1-超载杠杆； 2-绳头组合； 3-轿厢架上梁； 4-超载杠杆动作方向； 5-超载开关； 6-秤座； 7-秤杆

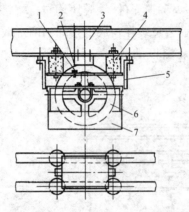

图 3.65 橡胶块式轿顶称重超载装置

1-触头螺钉； 2-微动开关； 3-上梁； 4-橡胶块； 5-限位板； 6-轿顶轮； 7-防护板

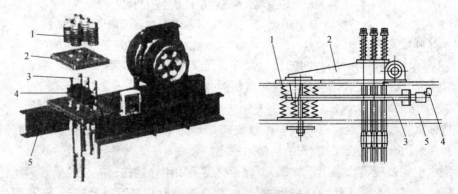

图 3.66 机械式机房称重超载装置

1-压簧； 2-秤杆； 3-摆杆； 4-微动开关； 5-承重梁

3.5.7 轿厢壁、轿厢顶装配

图 3.67 为轿厢的分解示意图，轿厢壁一般采用 1.5 mm 左右的薄钢板制成，一般为多块拼装式，相互用螺栓连接。在客梯中，每块轿壁之间都镶有镶条，除起美化作用外，还能起

到减少振动在轿壁间相互传递的作用。

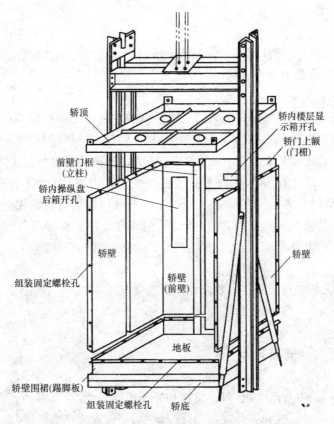

图 3.67　轿厢的分解示意图

轿壁用螺栓紧固在轿厢底板上或围裙上。轿壁在装配后,在轿厢内部无法拆卸。

轿厢顶与轿厢壁一样,用薄钢板制成,除杂物梯及层门外操纵的货梯外,均开有轿顶安全窗。

安装方法及要求:

(1)首先将组装好的轿顶(如未拼装的轿顶可待轿壁装好后进行安装)用手拉葫芦吊起悬挂在上梁下面临时固定。

(2)装配轿壁,一般按后壁、侧壁、前壁的顺序,逐一用螺栓与轿顶、轿底(或围裙)固定,轿壁之间也用螺栓固定。

(3)对于轿底与轿壁之间装有通风垫、轿壁之间装有镶条以及有门口方管、门灯方管等的应同时一起装配。

(4)对轿门处的前壁和操纵壁要用铅垂线进行校正,其垂直度应不大于1/1 000。

(5)各轿壁之间的上下间隙应一致,拼装接口应平整,镶条要垂直。

(6)轿顶与轿壁固定后,在立柱和轿顶之间安装缓冲垫。

(7)安装时应注意轿壁的保护,使其无污染和损伤。

(8)在轿顶上靠对重一侧应设防护栅栏,其高度一般不低于1 000 mm。轿顶其余侧与井道壁间距大于200 mm时也应设防护栅栏。防护栅栏安装应牢固。

(9)为了便于在应急状况下使用安全窗,目前有的吊顶上附加了开启装置。当安全窗开启时,应能切断控制电路,使电梯不能启动,以确保安全。

3.5.8 轿门安装

轿门由门滑轮悬挂在轿门导轨上,下部通过门滑块与轿门地坎配合。

轿门形式一般分为中分式、双折式、栅栏式。

1. 安装方法

(1) 中分式轿门的安装,首先把轿门上坎导轨的左右连接脚头与轿顶相连接,轿门上坎导轨用螺栓与门口方管固定,然后装上门滑轮,挂上轿门,装好轿门滑块。

(2) 旁开式轿门安装前,先在轿门地坎两端装上左、右门框立柱,再装上门导轨组合,并用左右支架与轿顶连接,然后装上门滑轮,挂上轿门。最后在快、慢门上装上杠杆组合(或钢丝绳传动部件)。

(3) 交栅式轿门安装,要先把交栅式轿门上坎导轨用螺栓与轿顶相连接,连接螺栓甩平机螺丝,固定后不能凸出导轨平面,防止与交栅门相碰。挂上交栅门,在交栅门上端尾段上用螺丝与导轨固定,防止交栅门跑出上坎导轨。上坎导轨的垂直度应小于 0.5 mm。

2. 安装要求

轿门安装要求基本与层门安装要求相同。参见 3.4.5"层门门扇的安装"之"层门门扇的安装要求"。

3.5.9 自动门机构安装

自动开门机一般由直流电机、减速机构和开门机构组成,具有多种多样的形式。按门的分类,有中分式自动开门机和旁开式自动开门机等,一般安装在轿厢顶上。

1. 中分式自动开门机的安装

中分式自动开门机构一般为曲柄摇杆和摇杆滑块机构的组合,且分为单摇杆驱动和双摇杆驱动两种。图 3.68 是中分门开门机示意图。

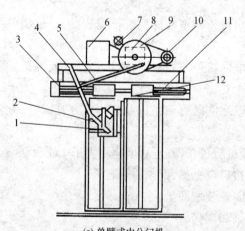
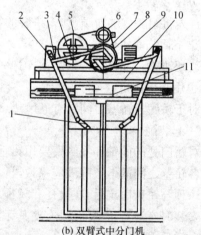

(a) 单臂式中分门机
1-门锁靠压机构;2-门连杆;3-绳轮;4-摇杆;5-连杆;
6-电阻箱;7-平衡器;8-凸轮链箱;9-曲柄链轮;
10-带齿轮减速器直流电动机;11-钢丝绳;12-门锁

(b) 双臂式中分门机
1-门连杆;2-摇杆;3-绳轮;4-摇杆座;5-连杆;
6-电动机;7-曲柄轮;8-行程开关;9-电阻箱;
10-强迫锁紧装置;11-自动门锁

图 3.68 中分式自动开门机示意图

(1) 单摇杆驱动的开门机构常见形式以带齿轮减速器的永磁直流电机为动力,一级链条传动,连杆的一端铰接在链轮(即曲柄轮)上,另一端与摇杆铰接。摇杆的上端铰接在机座框架上,下端与门连杆铰接,门连杆则与左门铰接(相当于摇杆滑块机构),右门由钢丝绳联动机构间接驱动,两个绳轮分别装在轿门导轨架的两端,左门扇与钢丝绳的下边相连接,右门扇与钢丝绳的上边相连接。左门在连杆带动下向左运动时,带动钢丝绳作顺时针回转,从而使右门在钢丝绳的带动下向右运动,与左门扇同时进入开门行程。

(2) 双摇杆驱动的开门机构常见形式同样以直流电动机为动力,但电机不带减速箱,常以二级三角皮带传动减速,以第二级的大皮带轮作为曲柄轮。当曲柄轮转过180°后,左右摇杆同时推动左右门扇,开到最大位置。当需要关门时,开门机反转,曲柄轮反转180°后,门达到关闭的位置。

门启闭时的速度变化均采用电阻降压调速,即通过曲柄链轮与凸轮箱中的凸轮相连,凸轮箱装有行程开关(常为5个,开门方向2个,关门方向3个),在链轮转动时,使凸轮依次动作行程开关,达到电机变阻调速的目的。

(3) 中分式自动门机构的安装与调整

① 根据轿厢门的驱动方式,确定开门机的中心位置。

② 把整个门机放置于轿顶,将门机架与轿厢架的立柱和导靴板相连接。

③ 开门机中线与轿门中线应一致,每组转动轮必须校准在同一平面内。

④ 装上摇杆、连杆、门连杆、三角皮带等并进行调整。

⑤ 皮带需张紧,皮带与皮带轮之间不允许有打滑现象。皮带的张紧可通过张紧轮的偏心轴和电动机底座螺栓的调节实现。

⑥ 轿门在开关过程中,曲柄轮相应转过的角度应接近180°。门闭合后,门中线应调整在净开门宽的中线位置。

⑦ 在调节开关门速度时,首先把装在曲柄轮轴上的凸轮的螺钉拧松,调整凸轮机构角度位置,最后把螺钉拧紧。

⑧ 在轿门上装上轿门开关装置,起到联锁作用。先在轿门上坎上装行程开关,在门滑轮上装打板。调整行程开关的位置,使轿门达到闭合位置时行程开关起作用。如图3.69所示。

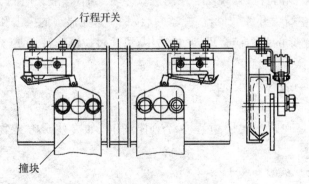

图3.69 轿门行程开关示意图

2. 旁开式自动开门机

旁开式自动开门机与单摇杆驱动的中分式自动开门机具有相同的结构,不同之处是多了一条慢门连杆。图3.70是旁开门开门机构示意图。只要慢门连杆与摇杆的铰接位置合理,就能使慢门的速度为快门的1/2。

安装与调整的方法要求基本上与中分式自动门机构相同。可参照中分式自动门机构的安装要求来安装和调整。

3. 栅栏式自动开门机

栅栏式自动开门机常见的形式以直流电机为动力,经二级(或一级)皮带减速后,由链轮带动链条,链条通过门刀架上的链条固定座与门连接,当链轮转动时,链条就带动栅栏门作往返运动,实现自动开关门。栅栏式自动开门机同样采用电阻降压对电动机的转速进行调节。图3.71是栅栏式自动门机构的示意图。

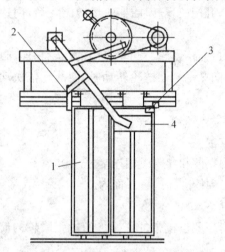

图 3.70 旁开式自动开门机示意图

1-慢门; 2-慢门连杆;
3-自动门锁; 4-快门

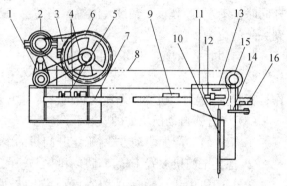

图 3.71 栅栏式开门机示意图

1-开门机主座; 2-开门直流电动机; 3-电阻箱;
4-传动带; 5-微动开关; 6-带轮; 7-开关角铁架;
8-链条; 9-微动开关; 10-刀片; 11-固定板;
12-微动开关撞块; 13-链条拉链螺钉;
14-强迫装置底板; 15-张紧链轮; 16-撞块

栅栏式自动门机构的安装与调整:

(1) 首先在轿顶上把机座固定,把链轮座与轿门门框上的导轨组合连接,然后装上三角皮带,在链轮上装上自行车链条。链条通过门刀架上的链条固定座与门连接。

(2) 用作速度控制的行程开关安装在门上坎导轨架上,一般关门侧3个,开门侧2个,由开关打板动作。调整行程开关的位置,使轿门启闭平稳,无显著的撞击和跳动。

(3) 开门机上链条的张力应合理,紧松适中,可通过拉链螺钉来调整。

3.5.10 轿门安全装置的安装

轿门安全装置是在轿门关闭过程中受到阻碍时,如夹住乘客或物品,门能立即自动打开。

1. 机械式安全触板的安装

(1) 安全触板安装在轿门的外侧,先在轿门地坎上装上安全触板的左右支座,在门扇上装上左右联板和上联板、触板、拉簧。然后调整支座、连杆、凸轮、联动板的位置,使安全触板达到要求。如图3.72所示。

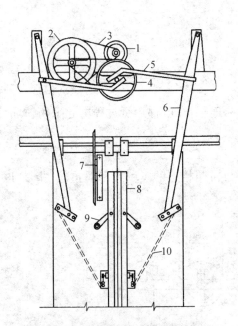 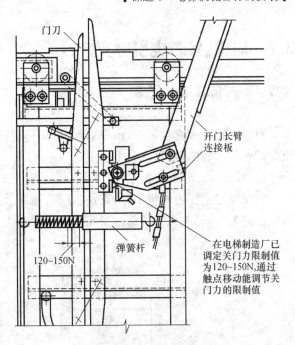

图 3.72 开门机及安全触板示意图　　　　　图 3.73 关门限制器的调节
1—开关门电动机；2—二级传动轮；3—V带；
4—驱动轮；5—连杆；6—开门杠杆；7—开门刀；
8—安全触板；9—触板活动轴；10—触板拉簧

（2）另外一种安全触板装置是将触板的左右上联板和触板直接与开门机构的摇杆铰连，调整方法同前。

（3）安装触板时，其长度方向的表面应保证和门边平行。双侧安装的两块触板之间的距离应保持上下一致；在轿门处于闭合状态时，一块触板应伸出，另一块触板应缩进，且轿门中心与触板中心的偏差为 10 mm；在轿门处于半开状态时，两块触板应伸出相同的距离；在轿门处于全开状态时，两块触板均应与轿门的边缘齐平。安全触板动作的碰撞力不大于 5 N，有乘客或障碍触及安全触板时，微动开关应立即动作，使电动机反转，门即打开。

2．光电式安全装置的安装

光电式安全装置由投光器和受光器组成，当光线受阻时，光电器动作，使轿门反向开启。光电式安全装置安装在轿门或轿壁的连接板上，调整投光器和受光器的位置，使出光口和进光口处于同一条直线上。

3．关门力限制器

关门力限制器是当安全触板、光电器不能发挥作用，而关门的阻力达到 120～150N 时，关门力限制器的开关触点动作，电动机反转，门即开启。

关门力的限制值 120～150 N 是在电梯制造厂已调定，安装时一般不需调节。通过触点的移动能调节关门力的限制值，但只是在极小的情况下才调节，如图 3.73 所示。

上述 3 种装置装好后应接通电源（或临时电源）进行试验和调整，使电动机正转关门，然后触及安全触板，遮住发出器光束或用力推门，都应使门停止关闭而变为开启，否则应检查安装的位置及方法正确与否，使之达到能反向开启的目的。此外，还要检查部件本身的完好性和准确性。

3.6 对重装置、曳引绳安装

3.6.1 对重装置的安装

对重装置设置在井道中,由曳引绳经曳引轮与轿厢连接,在电梯运行过程中起平衡轿厢重量的作用,因此对重又称为平衡重。

1. 对重装置的类型及其构成

对重装置主要由对重架、对重块、导靴、碰块以及与轿厢相连的曳引绳和对重轮(指2:1曳引比的电梯)等组成。各部位安装位置示意图如图3.74所示。

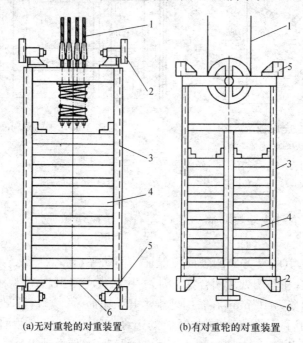

(a)无对重轮的对重装置　　(b)有对重轮的对重装置

图3.74　对重装置安装位置示意图

1-曳引绳；2、5-导靴；3-对重架；4-对重块；6-缓冲器碰块

常用对重架、对重块(砣块)规格见表3.14所示。

表3.14　常用对重架、对重块(砣块)规格

项　　目	规　格　尺　寸				
砣块长度(mm)	500	760	760	910	1 105
砣块宽度(mm)	110	200	250	300	400
砣块厚度(mm)	75	75	75	75	40
砣块重量(kg)	27	71	87	125	149
对重架槽钢型号	8	14	14	18	22

注:对重块还有以重量为规格的,一般有50 kg、75 kg、100 kg、125 kg和150 kg等几种,分别适用于额定载重500 kg、1 000 kg、2 000 kg、3 000 kg和5 000 kg等的电梯。

2. 对重装置的安装方法

(1)吊装前的准备工作

① 对重装置宜在底层进行安装。在底层脚手架上相应位置(以方便吊装对重框架和装入砣块为准)搭设操作平台,如图 3.75 所示。

② 在适当高度(以方便吊装对重为准)的两个相对的对重导轨支架上拴好钢丝绳扣,在钢丝绳扣中点悬挂一倒链,钢丝绳扣应拴在导轨支架上,不可直接拴在导轨上,以免导轨受力后移位变形。

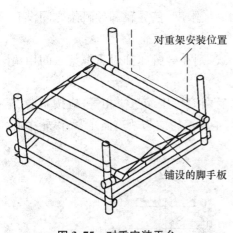

图 3.75 对重安装平台

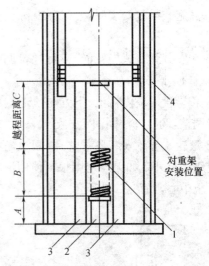

图 3.76 越程距离

1-缓冲器; 2-缓冲器座; 3-木方; 4-导轨

③ 在对重缓冲器两侧各支一根 100 mm×100 mm 的木方。木方高度 $H=A+B+$越程距离 C,如图 3.76 所示。越程距离见表 3.15 所示。

表 3.15 越程距离

电梯额定速度(m/s)	缓冲器形式	越程距离(mm)
0.5~1.0	弹簧或聚氨酯	200~350
>1.0	油压	150~400

④ 若导靴为滚轮式,要将 4 个导轮都拆下;若导靴为弹簧式或固定式的,要将同一侧的上、下两导靴拆下,待对重框架就位后再重新装上。

(2) 对重框架吊装就位

① 将对重框架运到操作平台上,用钢丝绳扣将对重绳头板和倒链钩连在一起,如图 3.77 所示。

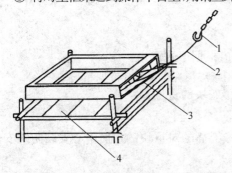

图 3.77 对重绳头与倒链钩的连接

1-倒链钩; 2-钢丝绳扣; 3-对重绳头板; 4-操作平台

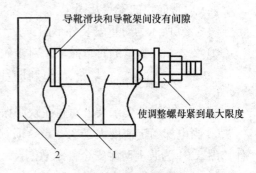

图 3.78 弹簧式导靴

1-导靴架; 2-导靴滑块

②操作倒链,缓缓地将对重框架吊起到预定高度。对于一侧装有弹簧式或固定式导靴的对重框架,移动对重框架,使其导靴与该侧导轨吻合并保持接触,然后轻轻地放松倒链,使对重架平稳牢固地安放在事先支好的木方上,未装导靴的对重框架固定在木方上时,应使框架两侧面与导轨端面的距离相等。

(3) 对重导靴的安装、调整

① 固定式导靴安装时,要保证内衬与导轨端面间隙上、下一致,若达不到要求要用垫片进行调整。

② 在安装弹簧式导靴前,应将导靴调整螺母紧到最大限度,使导靴和导靴架之间没有间隙,这样便于安装,如图 3.78 所示。

③ 若导靴滑块内衬上、下方与轨道端面间隙不一致,则在导靴座和对重框架之间用垫片进行调整,调整方法同固定式导靴。

④ 滚轮式导靴安装要平整,两侧滚轮将导轨压紧后两滚轮压缩量应相等,应按制造厂的规定压缩尺寸。如无规定则根据使用情况调整压力,正面滚轮应与轨道面压紧,滚轮中心对准导轨中心,如图 3.79 所示。

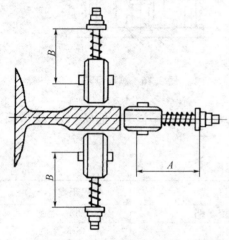

图 3.79 滚轮式导靴安装

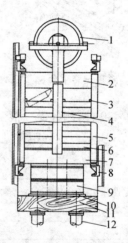

图 3.80 对重安装外形图

1-反向滑轮; 2-上横梁; 3-防跳安全件;
4-中间立柱; 5-U 形槽钢立柱; 6-充填式重块;
7-下横梁; 8-导靴; 9-缓冲器基座 H 形槽钢;
10-缓冲器撞板; 11-填木; 12-缓冲器

(4) 对重砣块的安装及固定

图 3.80 所示为对重安装外形图。

① 装入相应数量的对重砣块。对重砣块数量应根据下式求出:

$$装入的对重块数 = \frac{(轿厢自重 + 额定载重) \times 0.5 - 对重架重}{每个砣块的重量}$$

② 按厂家设计要求装上对重砣块防振装置或防跳安全件。

③ 当电梯额定速度大于 3.5 m/s 时,必须在最上面的对重块的顶面中心安装防跳安全件。图 3.81 为装上防跳安全件示意图。

3. 对重安装技术要求

(1) 当对重(平衡重)架有反绳轮,反绳轮应设置防护装置和挡绳装置。该装置是针对对重(平衡重)架设有反绳轮的情况,以防止杂物进入反绳轮的沟槽内,防止绳从反绳轮槽中脱出。

(2) 对重框架有反绳轮,应进行清洗加油,保证油路畅通,并将固定螺栓紧固、销钉劈开。反绳轮垂直度偏差不应超过 0.5 mm。

(3) 对重(平衡重)块应可靠固定,以避免电梯在启动、制动时对重(平衡重)块相互窜动,产生振动、噪声;严重时,可防止对重(平衡重)块从其框架内意外脱出而造成重大事故。

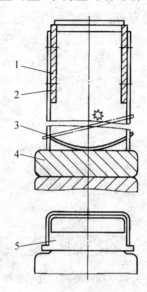

图 3.81 装上防跳安全件

1-上横梁; 2-U 形槽钢立柱; 3-防跳安全件; 4-充填式重块; 5-防跳安全件

3.6.2 曳引绳的安装

电梯的曳引绳是连接轿厢和对重装置,并靠曳引机驱动使轿厢升降的专用钢丝绳,承载着轿厢、对重装置、额定载荷等重量的总和。曳引绳通过绳头组合与轿厢架或对重架连接。

1. 曳引绳长度测量

在截断曳引绳之前需先计算曳引绳的长度。为了避免截错,一般采用实地测量的方法。

(1) 绳长的确定是以电梯挂绳后,轿厢处于顶层平层位置时,而对重位于底面与缓冲器顶面净距在规定的越程处(越程距离见表 3.14 所示)为准。考虑到电梯曳引绳受载后的变形伸长,一般越程距离应取大值。

(2) 按上述要求,在井道内采用 $\phi 2$ mm 铅丝,根据不同的曳引方式,按曳引绳的走向和位置进行实地测量。

(3) 为减少测量误差,在轿厢及对重上各装一个绳头组合,并按要求调好绳头组合的螺母位置,然后进行测量,根据测量数据、长度计算如下:

单绕式单根总长 $L = X + 2E + Q$

复绕式单根总长 $L = X + 2E + 2Q$

式中:X——由轿厢绳头组合出口至对重绳头组合出口的长度;

E——绳头在绳头组合内(包括弯折)的全长度;

Q——轿厢在顶层安装时,轿厢地坎高于平层的实际距离。

(4) 高层电梯还应考虑在实测曳引绳单根总长度 L 上扣除伸长量 ΔL 后下料。伸长量

$$\Delta L = KL$$

式中:K——伸长系数(一般可取 $K=0.004$);

L——绳的实测或计算长度。

2. 绳头制作

截绳前,应选择宽敞、清洁的地方,把成卷的曳引钢丝绳放开拉直,用棉丝浸于柴油或汽油中拧干后将绳擦洗干净,并检查有无打结扭曲、松股等现象。最好在宽敞、清洁的地面上进行预拉伸,以消除曳引绳的内应力。也可在挂绳时,一端与轿架上梁固定后,另一端顺井道放下自由悬挂,也能起到部分消除内应力的作用。

操作方法和要求:

(1) 裁截钢丝绳

裁截前,按图 3.82 所示,在裁截处用 21～22#(ϕ0.5～1 mm)的铅丝分 3 处扎紧,每处扎紧长度不应小于钢丝绳直径。第一道扎在截断处,第二道距第一道的距离约为 $2L$(L 为绳头组合锥形部分长度),第三道距第二道 40～50 mm,然后在第一道扎紧处将绳截断。

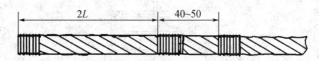

图 3.82 钢丝绳的扎紧示意图

(2) 清洗钢丝绳头

先将绳头组合锥套内部油质杂物清洗干净,把已截断的钢丝绳插入锥套中,解开第一道铅丝,把钢丝绳松开,并在接近第二道捆扎处将绳芯截去。然后用不易燃的低素溶剂(如柴油)清洗松散部分,去除油脂砂尘。如图 3.83 所示。

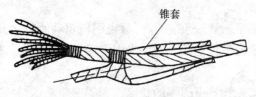

图 3.83 拉开绳股

(3) 弯折

将各股钢丝向内作四环花结或将全部钢丝向内作四环弯曲,其弯折长度应在绳径的 2.5 倍以上,但应不大于插入锥套部分的长度,然后将弯折部分拉入锥套。注意在施力时不要损伤钢丝绳。当全部拉入时,第二道捆扎处应绝大部分露出锥套小端。如图 3.84 所示。

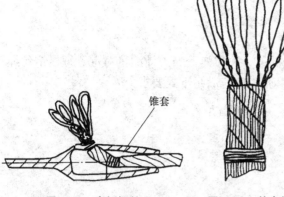
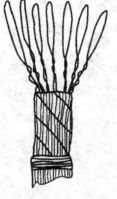
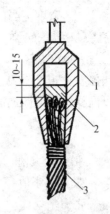

图 3.84　弯折钢丝　　　图 3.85　单弯折　　　图 3.86　曳引绳头制作示意图

1-锥套；2-巴氏合金；3-曳引钢丝绳

目前有推荐采用按单丝解散后逐根弯折的方法。该方法要求将每一单根钢丝弯折后用钳子将弯折点钳一下,使其弯折半径为 2 mm 左右,并将钢丝尾端在原丝上自缠两圈,如图 3.85 所示,然后用柴油等溶剂洗净擦干,整形后拉入锥套至极限并将钢丝摆正,然后浇注。按此方法浇注的绳头组合,对钢丝绳拉力总和强度能获得更好的效果。

(4) 熔化巴氏合金

浇注绳头组合的金属采用"巴氏合金"。将巴氏合金加热至熔化,去除渣滓。熔液的温度应适中,过高会烧伤钢丝,过低会使流动性不良,合适的温度为 270～350 ℃(可用热电偶测温计测量),颜色为橙黄色。在操作时,可用水泥纸袋放于熔液上方进行测温试验,立即燃烧为温度过高,发黄为过低,变焦为合适。

(5) 浇注巴氏合金

将锥套大端朝上垂直固定,并在小端出口处缠上布条或棉纱,防止溶化渗透外流。把锥套预热到 40～50 ℃后将溶液一次性注入锥套。浇灌要密实、饱满,表面平整一致。巴氏合金浇注面以高出绳套 10～15 mm 为宜,如图 3.86 所示。

(6) 检查

冷却后,取下小端出口的防漏物,此时可在孔口处看到有少量合金渗出,以证明合金已渗至孔底,同时应检查钢丝绳是否与锥套成一直线。当发现合金未能渗至孔底或绳出现歪斜时应重新浇注。

3. 曳引绳挂放

(1) 挂放曳引绳在电梯机房进行。当曳引方式为 1∶1 时,在机房内曳引轮上,穿过楼板孔洞逐根放下曳引绳,将曳引绳两端绳头装置分别穿入轿厢架和对重架的绳头板上,装好弹簧等进行初步紧固,销钉穿好劈开。

(2) 当曳引方式为 2∶1 时,曳引绳需从曳引轮两侧分别下放至轿顶轮和对重轮再返回机房的绳头板固定。绳头板必须稳装在承重结构上,不可直接稳装在楼板上。

(3) 曳引绳挂放完毕经检查无误后,将轿厢用手拉葫芦提起,拆除轿厢下的垫木和支承架,然后将轿厢缓慢放下,并初步调整曳引绳头组合上的螺母。在电梯运行一段时间后,再调整曳引绳的张力,使各绳张力均匀,相互间的偏差不大于 5%。

(4) 曳引绳挂放后再进行导靴和安全钳的调整。

(5) 机房内钢丝绳与楼板孔洞每边间隙均应为 20～40 mm,通向井道的孔洞四周应筑一高 50 mm 以上,宽度适当的台阶。

4. 曳引绳张力差值的测定与调整

(1) 拉力法测定

将轿厢停在井道 2/3 高度处,在轿顶用 300 N 的弹簧测力计测量对重侧每根钢丝绳沿水平方向以同样的拉开距离时的张力值,其张力值应满足下式要求:

$$\frac{F_{\max}-F_{\min}}{F_{\text{avg}}} \leqslant 0.05$$

式中:$F_{\max}$——张力最大值;
$F_{\min}$——张力最小值;
F_{avg}——张力平均值。

(2) 频率法测定

当电梯曳引钢丝绳较长时,可选用频率法测定张力差值。测定时将轿厢停在适当层站,(一般选择轿厢停靠在离曳引轮 40~50 m 的位置),使曳引绳有足够的长度,依次锤击曳引绳,使其产生振荡,用秒表测定每根曳引绳 n 个($n \geqslant 10$ 个基波)振荡周期的时间,其振荡时间差值应满足下式要求:

$$\frac{T_{\max}-T_{\min}}{T_{\min}} \leqslant 0.025$$

式中:$T_{\max}$——n 个振荡周期的最大值;
$T_{\min}$——n 个振荡周期的最小值。

(3) 曳引绳张力调整

当曳引绳各绳张力差值率大于 0.05 时(或它们的振荡周期 T 差值率大于 0.025 时),应进行曳引绳张力的调整。曳引绳的张力是通过绳头装置上张力调节螺母的调节来实现的,如图 3.87 所示。调节时,将张力小的曳引绳调节螺母旋进,使张力弹簧压缩量增加(弹簧长度减小,张力增加),当调节到弹簧长度差

值率 = $\dfrac{\text{最长弹簧长度} - \text{最小弹簧长度}}{\text{平均弹簧长度}} \leqslant 0.05$

时(即各曳引绳张力弹簧长度基本一致)时,即可满足张力差值率的要求。

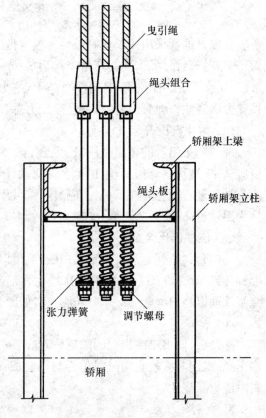

图 3.87 曳引绳绳头装置

5. 补偿块的使用

安装的曳引绳,在电梯初期运行时,对重与缓冲器的距离可能大于规范的要求,如果这时井道顶部间的距离满足曳引驱动电梯顶部间距的要求时,可不作处理;当不能满足时,可在对重架下端装上补偿块,待电梯曳引绳伸长后取消补偿块。

若生产厂提供的补偿块仍不能满足要求时,可重新制作补偿块。

3.7 缓冲器、补偿装置安装

3.7.1 缓冲器安装

缓冲器是电梯的最后一道机械安全装置。当电梯失控,撞向底坑时,设置在底坑的轿厢正下方的缓冲器可以吸收、消耗电梯的下冲能量,减缓轿厢与底坑间的冲击,使轿厢停下来。

缓冲器一般为轿厢缓冲器2个,对重缓冲器1个。缓冲器同时对电梯的冲顶起着保护作用。当轿厢冲向楼顶时,对重缓冲器对对重的缓冲,使轿厢避免了冲击楼板。

图3.88是缓冲器安装位置示意图。电梯的缓冲器一般为弹簧式和液压式。

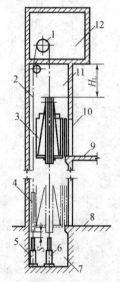

图 3.88 电梯缓冲器的安装位置
1-曳引机; 2-曳引钢丝绳; 3-轿厢; 4-对重;
5-对重缓冲器; 6-轿厢缓冲器; 7-底坑;
8-底层地面; 9-顶层地面; 10-层门; 11-井道; 12-机房

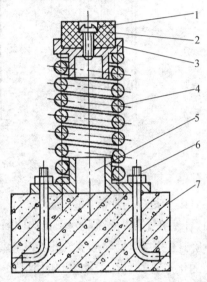

图 3.89 弹簧缓冲器的结构
1-螺钉; 2-缓冲橡胶垫; 3-上盖; 4-缓冲弹簧;
5-底座; 6-地脚螺钉; 7-水泥墩

1. 弹簧缓冲器

图3.89是弹簧缓冲器的结构示意图。弹簧缓冲器在受到冲击后,以自身的变形,将电梯的动能转化为弹性变形能,使电梯得到缓冲。弹簧缓冲器的这种工作原理,属蓄能式缓冲型式,因此又被称为蓄能型缓冲器。

弹簧缓冲器的工作特点是缓冲结束后存在回弹现象。当弹簧被电梯压缩时,电梯能量转为弹性变形能;当缓冲结束,弹性能释放,使电梯回弹,如此数次,直至能量耗尽,电梯才完全静止。这种工作特点,存在缓冲不平稳的缺点,弹簧缓冲器的适用范围限制在额定速度不大于1 m/s的电梯。

2. 液压缓冲器

液压缓冲器又称耗能型缓冲器,是以消耗电梯的动能,起到缓冲作用。

图3.90是液压缓冲器的类型示意图。当轿厢或对重撞击缓冲器时,栓塞向下运动,压缩油缸内的油,将电梯的动能传递给油液,使油液通过环形节流孔喷向柱塞腔。在油液通过环形节流孔时,由于流动面积突然缩小,形成涡流,使液体内的质点相互撞击、摩擦,将动能

转化为热量散发掉,从而消耗了电梯的动能,使电梯以一定的减速度停止下来。当轿厢或对重离开缓冲器时,柱塞在复位弹簧的作用下向上复位,油液重新流回油缸内。

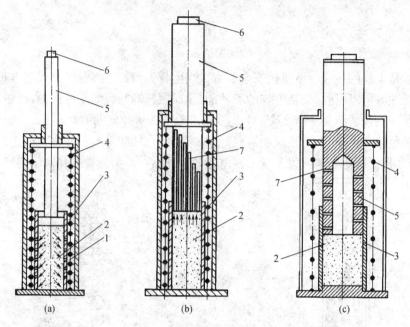

图 3.90 液压缓冲器的类型示意图

1-油孔(槽); 2-缓冲器油; 3-缸体; 4-复位弹簧; 5-柱塞; 6-缓冲垫; 7-油槽

由于是以消耗能量的方式实行缓冲,因此无回弹作用。同时,由于变量棒油孔柱的作用,柱塞在下压时,环形节流孔的截面积逐步变小,能使电梯的缓冲接近匀减速运动,当柱塞下降速度为零时,环形节流孔与变量棒贴合,见图 3.91 所示。因此,液压缓冲器具有缓冲平稳的优点。并且在条件相同的情况下,液压缓冲器所需的行程比弹簧缓冲器少一半,因此能用于快速和高速电梯。液压缓冲器的缓冲性能与油的黏度有关,所以每一种液压缓冲器在不同的电梯速度下,选用油的黏度也不相同。

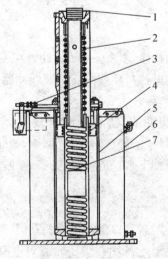

图 3.91 油压缓冲器

1-吸振橡胶块; 2-活塞; 3-限位开关; 4-环圈; 5-筒体; 6-油箱; 7-弹簧

3. 安装方法

(1) 根据电梯安装平面布置图确定缓冲器位置。

(2) 对于设有底坑槽钢的电梯,通过螺栓把缓冲器固定在底坑槽钢上。对于没有设底坑槽钢的电梯,缓冲器应安装在混凝土基础上。

(3) 根据轿厢、对重的越程要求(表3.16)确定缓冲器的安装高度。固定缓冲器的混凝土基础或底坑槽钢的高度,视底坑深度和缓冲器自身的高度而定。图3.92是缓冲器安装示意图。

表3.16 轿厢、对重的越程要求

电梯额定速度(m/s)	缓冲器型式	越程 S(mm)
0.5～1.0	弹簧式	200～350
1.5～3.0	液压式	150～400

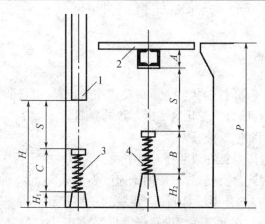

图3.92 缓冲器安装示意图

A-轿厢踏板平面至下梁缓冲器的距离(mm); B、C-缓冲器全高(mm);
S-越程(见表3.15); P-底坑深度; $H_2 = P - (A+B+S)$(mm)
1-对重装置; 2-轿架下梁; 3-对重缓冲器; 4-轿厢缓冲器

(4) 缓冲器安装在混凝土基础上时,地脚螺栓允许二次灌浆。地脚螺栓的规格必须符合图纸要求。

(5) 缓冲器底座和基础接触面必须平整,接触严实。垫平时不允许用锯条片等,应该用与底座接触面不小于1/2面积的铁垫片垫平。

(6) 液压缓冲器安装前,应检查有无锈蚀和油路畅通情况,必要时进行清洗。加油后放油孔不允许有漏油现象。

(7) 地脚螺栓应紧固,露出螺母3～5牙,加弹簧垫或双母。

4. 安装要求

(1) 采用弹簧缓冲器时,弹簧缓冲器顶面的水平度不应超过4/1 000,如图3.93所示。

(2) 在同一基础上安装的两个缓冲器顶部高差不大于2 mm。

(3) 采用液压缓冲器时,经校正校平后,活动柱塞的垂直度偏差不大于0.5 mm。

(4) 液压缓冲器应按规定注足指定牌号的油,用油标检查油缸内油面应在油标的上、下限之间。

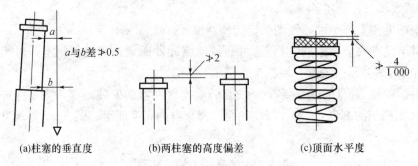

(a)柱塞的垂直度　　(b)两柱塞的高度偏差　　(c)顶面水平度

图 3.93　缓冲器安装调整示意图

(5)轿厢、对重装置的撞板中心与缓冲器中心的偏差不大于 20 m。

(6)同一井道装有多部电梯时,在井道的下部,不同的电梯运动部件(轿厢或对重装置)之间应设立护栅,高度从轿厢或对重行程最低点延伸到底坑地面以上 2 530 mm。如果运动部件间水平距离小于 300 mm,则护栅应贯穿整个井道。

3.7.2　补偿装置安装

当电梯的提升高度较高时(≥40 m 时)要安装补偿装置,用它来平衡和补偿电梯在升降过程中曳引绳和随行电缆的自重变化对平衡系数的影响。

补偿装置有补偿链和补偿绳两种。

补偿链以铁链为主体,悬挂在轿厢与对重下面。为了减少运行中铁链碰撞引起的噪声,在铁链中穿上旗绳(麻绳)。这种装置一般用于速度小于 1.75 m/s 的电梯。

目前广泛采用的是对称补偿法,即补偿装置的一端挂在轿厢底部,另一端挂在对重底部。采用钢丝绳作补偿时,在井道底坑设有张紧装置。

补偿绳的张紧装置由张紧轮等组成,如图 3.94 所示。

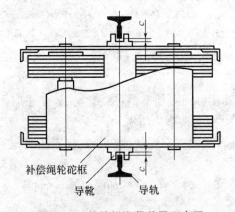

图 3.94　补偿绳张紧装置示意图

张紧装置设有导轨,在电梯运行时,必须能沿着导轨上下自由移动。因此,必须要有足够重量,以张紧补偿绳。导轨的上部装有一个行程开关。在电梯正常运行时,张紧轮处于垂直浮动状态,只作转动而不作上下移动。当电梯发生蹲底时,对重在惯性力作用下冲向楼板,张紧轮就会顺着导轨提起,导轨上部的行程开关动作,切断电梯控制电路。

1. 补偿链安装与要求

(1) 补偿链安装,一端通过活络接头与对重框架底不影响缓冲器作用的部位相连接,另一端与轿架下面的拉链板相连接,拉链板用底道板固定在下梁下。对于客梯,拉链板伸出的方向应指向对重的一侧。

(2) 补偿链在吊挂装置上紧固时,链条至少要绕两圈,把螺栓装在尽可能靠近管子的地方。如图 3.95 所示。

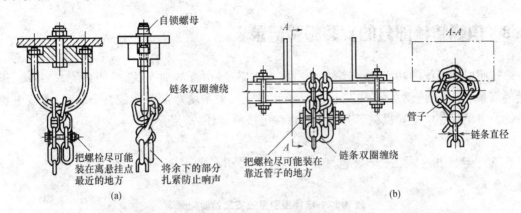

图 3.95 补偿链位置的确定

(3) 补偿链选用的总长度 L = 提升高度 + 6 500 mm。

(4) 安装补偿链时不得有扭转,链环之间应在安装前穿入麻绳。

(5) 补偿链在运行过程中不得与轿厢及其他井道设备发生擦挂。

(6) 补偿链的最低点与坑底地面的最小距离为 100 mm。

(7) 为防止在轿厢位于底层时,补偿链与轿底边相碰发出声音,可在对重导轨上装上补偿链导向装置,补偿链绕过该装置。如图 3.96 所示。

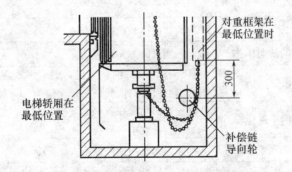

图 3.96 导轮位置、链条垂度及对重最深位置的确定

(8) 补偿链导向装置离对重装置底部最小距离为 300 mm。

(9) 补偿链应在导向装置的导向轮槽内滚动。补偿链环之间应当用润滑剂进行润滑。

2. 补偿绳安装与要求

(1) 补偿绳长度通过实测确定。如采用锥套的补偿绳头做法与曳引绳绳头做法相同。

(2) 坑底的张紧装置按图纸尺寸安装在坑底预埋槽钢上,一边绳轮的外缘对准轿底中心线,另一边的绳轮外缘对准对重框架中心线。

(3) 补偿绳绳头一端连在对重框架底部,另一端连在轿厢底部,逐步收紧,将张紧砣置于导轨的中间。

(4) 两导轨全高垂直度应小于 1/1 000,导靴与导轨端的间隙 c 为 1~2 mm,两导轨表面距离的偏差为 0~2 mm。

(5) 张紧砣框至坑底槽钢的距离不应小于 200 mm,导轨上端面突出导靴不小于 200 mm,并应有挡板防止砣框跳出。

(6) 新安装的电梯,砣框应在导轨的上端部位,但应满足上款的规定,以补偿曳引绳伸长后砣框下降。

3.8 电梯机械部分的安装检验记录表

按照电梯系统的功能,电梯设备由电梯曳引系统、电梯导向系统、轿厢系统、门系统、重量平衡系统、电力拖动系统、电力控制系统和安全保护系统八部分构成。安装时,应按电梯系统及时填好相应电梯机械部分的安装检验记录表,以便安装验收。

3.8.1 电梯曳引系统安装检验记录表(表 3.17)

表 3.17 电梯曳引系统安装检验记录表

单位(子单位) 工程名称		安装位置 编号		检验 日期	年 月 日
序号	项 目	质量要求			检验结果
1	承重梁的安装位置	符合生产厂家的技术文件规定			
2	曳引轮安装位置	位置偏差:前面(向着对重)方向不超过±2 mm;左右不超过±1 mm;且垂直度不大于 0.5 mm			
3	曳引轮与导向(复绕)轮的相对位置偏差	平行度偏差不大于±1 mm			
4	曳引轮、飞轮色标	外侧轮缘应涂黄色漆			
5	曳引轮(飞轮)的转向标志	应与轿厢升降方向对应			
6	驱动主机的润滑	油杯、油标齐全,油位适度,需润滑部位可靠润滑,除轴伸出端外,其余部位无漏油			
7	曳引(悬挂)绳的平层标志	在绳中画出轿厢在各层的平层标记,并将相关的识别图表挂在机房易观察的墙上			
8	曳引绳张力的相互差值	各绳张力与平均值差值不大于 5%			
9	曳引钢丝绳绳头制作	巴氏合金浇注密实,一次性与锥套浇平,并能观察到绳股的弯曲,弯曲度符合要求			
10	制动器	动作灵活可靠,制动时闸瓦紧贴;松闸时,闸瓦同步分离,且间隙四角处的平均值,两侧各不大于 0.7 mm;松闸板手涂红色漆,并挂在易接近的墙上,需对其施加持续的力才能保持松闸			
11	紧急救援操作装置	动作可靠。操作说明置于易见处;可拆装置须置于机房门入口附近易接近处			
12	曳引(悬挂)绳在楼板孔洞中	与孔洞周边间隙为 20~40 mm,孔洞周边台阶高度≥50 mm			

施工单位检验评定结论	专业工长(施工员)		施工班组长	
	检测试验人员:			
	项目专业质量检验员:		年 月 日	
监理(建设)单位验收结论				
	专业监理工程师(建设单位项目专业技术负责人):		年 月 日	

3.8.2 电梯导向系统安装检验记录表(表3.18)

表3.18 电梯导向系统安装检验记录表

单位(子单位)工程名称		质量要求	安装位置编号	检验日期:年 月 日
序号	项 目		施工单位检验记录	监理(建设)单位验收记录
1	两列导轨顶面间的距离偏差	轿厢导轨(mm):0～+2		
		对重导轨(mm):0～+3		
2	导轨支架安装	两支架间距(mm):≤2 500		
		不水平度(mm):≤1.5		
3	每列导轨工作面与安装基准线每 5 m 偏差值(mm)	轿厢导轨和设有安全钳的对重导轨:≤0.6		
		不设安全钳的对重导轨:≤1.0		
4	轿厢导轨和设有安全钳的对重导轨工作面接头处	不应有连续缝隙		
		接头台阶(mm):≤0.05		
5	不设安全钳对重导轨接头处	接头缝隙(mm):≤1.0		
		接头台阶(mm):0.15		
6	接头处修光长度(mm)	甲	≥500	
		乙、丙	≥200	
7	顶端导轨架距导轨顶端的距离(mm)	≤500		

续表 3.18

单位(子单位)工程名称		质量要求	安装位置编号		检验日期 年 月 日	
序号	项目		施工单位检验记录		监理(建设)单位验收记录	
8	导轨	刚性结构:轿厢导轨顶面与两导靴内表面间隙之和不大于 2.5 mm				
		弹性结构:导轨顶面与两导靴滑块无间隙,导靴弹簧的伸缩范围不大于 4 mm				
		滚轮导靴:滚轮对导轨不歪斜,整个轮缘宽度与导轨工作面均匀接触				
施工单位检验评定结果		专业工长(施工员)		施工班组长		
		项目专业质量检验员:				年 月 日
监理(建设)单位验收结论		专业监理工程师: 建设单位项目专业负责人:				年 月 日

3.8.3 电梯轿厢系统安装检验记录表(表 3.19)

表 3.19 电梯轿厢系统安装检验记录表

单位(子单位)工程名称			安装位置编号		检查(测试)日期	年 月 日
序号	项目	要 求				施工单位检验记录
1	轿顶反绳轮	设防护罩和挡绳装置				
		润滑良好				
		铅垂度≤1 mm				
2	轿顶防护	当轿顶外侧边缘至井壁距离≥0.3 m 时,须设置牢靠的防护栏及警告标志				
		站立净面积≥0.12 m²(短边≥0.25m)				
		当对重完全压缩缓冲器时,轿顶应满足的防护空间:井道顶的最低部件与固定在轿顶上的最高部件的垂直间距≥0.3+0.035 v^2(m),轿顶上方应有一个不小于 0.5 m×0.6 m×0.8 m 的矩形空间				
3	轿厢护脚板	装设于轿厢的地坎上;宽度=层站入口净宽;垂直段高度≥0.75 m;垂直段以下倾斜向下延伸(斜面与水平面夹角应大于 60°)				
4	轿厢底盘	水平度偏差≤2‰				
5	轿内扶手	当在轿厢底面起 1.1 m 高的范围内采用玻璃轿壁时,须在距轿厢底面 0.9~1.1 m 高度处装设扶手;扶手须独立可靠固定,与玻璃无关				

续表 3.19

单位(子单位)工程名称		安装位置编号		检查(测试)日期	年 月 日
6	轿厢限位(极限)开关碰铁	固定可靠,铅垂度偏差≤3 mm			
7	轿厢壁板、轿架立柱、轿门、门刀	安装位置偏差应符合生产厂家的技术文件			
8	轿厢导靴	各种形式的导靴安装应符合生产厂家的技术文件			
施工单位检验评定结论		专业工长(施工员)		施工班组长	
		检测试验人员			
		项目专业质量检验员:			年 月 日
监理(建设)单位验收结论		专业监理工程师(建设单位项目专业技术负责人):			年 月 日

3.8.4 电梯门系统安装检验记录表(表3.20)

表3.20 电梯门系统安装检验记录表

单位(子单位)工程名称			安装位置编号		检验日期	年 月 日
序号	项 目		质量要求	施工单位检验记录	监理(建设)单位验收记录	
1	层门	地坎水平度	≤2/1 000			
		高出装修地面(mm)	2～5			
		地坎到轿厢地坎间距(mm)	0～+3 且≤35			
2	层门强迫关门装置		必须动作正常			
3	水平滑动门关门开始1/3行程之后,阻止关门的力		≤150 N			
4	层门锁钩在证实锁紧的电气安全装置动作之前,锁紧元件的最小啮合长度(mm)		≥7			
5	门刀与层门地坎,门锁滚轮与轿厢地坎间隙(mm)		5～10			
6	层门指示灯、盒及各显示装置		其面板与墙面贴实,横竖端正,且操作正确,显示无误			

续表3.20

单位(子单位)工程名称			安装位置编号				检验日期	年 月 日
7	开关门时间(s)	开门宽度 B(mm)	$B\leqslant 800$	$800<B\leqslant 1\,000$	$1\,000<B\leqslant 1\,100$	$1\,100<B\leqslant 1\,300$		
		中分	$\leqslant 3.2$	$\leqslant 4.0$	$\leqslant 4.3$	$\leqslant 4.9$		
		旁开	$\leqslant 3.7$	$\leqslant 4.3$	$\leqslant 4.9$	$\leqslant 5.9$		
施工单位检验评定结果			专业工长(施工员)			施工班组长		
			项目专业质量检验员：					年 月 日
监理(建设)单位验收结论			专业监理工程师：(建设单位项目专业技术负责人)					年 月 日

3.8.5 电梯重量平衡系统安装检验记录表

1. 电梯对重(平衡重)安装检验记录表(表3.21)

表3.21 电梯对重(平衡重)安装检验记录表

单位(子单位)工程名称		安装位置编号		检验日期	
序号	项目	质量要求	施工单位检验记录	监理(建设)单位验收记录	
1	对重	当对重(平衡重)架有反绳轮,反绳轮应设置防护装置和挡绳装置			
		润滑良好			
		铅垂度$\leqslant 1$ mm			
2	对重(平衡重)块安装	对重(平衡重)块应可靠固定,不松脱			
3	对重(平衡重)装置与轿厢间距(mm)	$\geqslant 50$			
4	对重导靴	各种形式的导靴安装应符合生产厂家的技术文件			
施工单位检验评定结果		专业工长(施工员)		施工班组长	
		项目专业质量检验员：			年 月 日
监理(建设)单位验收结果		专业监理工程师：(建设单位项目专业技术负责人)			年 月 日

2. 电梯悬挂、随行电缆、补偿装置安装检验记录表(表3.22)

表3.22 悬挂装置、随行电缆、补偿装置安装检验记录表

单位(子单位)工程名称					安装位置编号				检验日期				年 月 日	
序号	项 目				质量要求				检验结果					
1	曳引(悬挂)绳、限速器绳、补偿绳的产品质量、外观质量及养护				应符合《电梯用钢丝绳》(GB8903)的规定									
					表面应擦洗干净,没有杂质,并消除内应力									
					无死弯、打结、扭曲、断丝、松股、锈蚀									
					涂钢丝绳脂防锈									
2	绳头组合				安全可靠,且每一绳头须装设防松脱装置									
3	曳引(悬挂)绳、补偿绳张力偏差(%)				每绳张力与平均张力的偏差≤5%				(详见下列)					
4	曳引(悬挂)绳、补偿绳(链)								补偿绳					
5	绳号	1	2	3	4	5	6	7	8	绳号	1	2	3	4	5	6	7	8
6	张力(N)									张力(N)								
7	均值(N)									均值(N)								
8	偏差(%)									偏差(%)								
9	补偿装置(绳、链、缆等)				端部固定可靠									
					补偿绳的张紧轮设防护装置									
					补偿链环无开焊,自然悬挂消除扭力,在井道内无碰撞或摩擦,有消音措施									
10	随行电缆				严禁打结和波浪扭曲;端部固定可靠									
					避免与其他部件交叉,运行顺畅,无卡阻、干涉									
					轿厢压缩缓冲器时,不得与底坑地面和轿厢底边接触									
					中线箱、电缆支架的安装位置应正确;轿底支架与井道支架应平行									
					电缆在井底时,与缓冲器保持一定距离									
安装单位检查评定结论					专业工长(施工员)						施工班组长			
					检查测验人员									
					项目专业质量检查员:								年 月 日	
监理(建设)单位验收结论					专业监理工程师: (建设单位项目专业技术负责人)								年 月 日	

课题3 电梯机械部分的安装

课题 4　电梯电气部分的安装

电梯电气设备主要由控制柜、电源装置、井道布线、信号系统、保护系统、平层系统、照明及排气装置组成,电梯电气部分的安装包括电气设备、装置的布置和安装步骤,安装方法以及走线方向、导线槽敷设方法与接线等内容。电梯是机电一体的设备,在电气安装上有其特点,只有按照电梯电气部分安装规律进行正确的安装施工,才能保证电梯的运行质量。

4.1　电气系统各装置的布置

根据电气接线图绘出机房、井道、轿厢等处的布线图,确定控制柜、总开关、线槽、各接线盒、按钮盒、控制板等装置的实地安装位置,如图 4.1 所示。

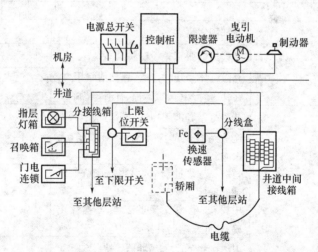

图 4.1　电梯电气设备布线示意图

4.1.1　电气系统装置的机房布置及要求

机房内电气装置有主电源开关、控制柜、线槽、电动机和制动器电源、限速器电源等。各装置应根据现场情况合理布局,若无设计规定,应符合维修方便、巡视安全的原则,如图 4.2。机房布线应符合以下要求:

(1)电梯动力与控制线应分离敷设,从进机房电源起零线和接地线应始终分开,接地线的颜色为黄绿双色绝缘电线。除

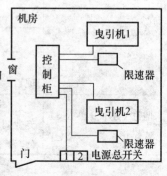

图 4.2　机房电气设备布置

36 V及其以下安全电压外,电气设备金属罩壳应设易于识别的接地端,且应有良好的接地。接地线应分别直接接至地线柱上,不得互相串联后再接地。

(2) 线管、线槽的敷设应平直、整齐、牢固,合理美观,不得交叉重叠。线槽内导线总面积不大于槽净面积的60%;线管内导线总面积不大于管内净面积的40%;软管固定间距不大于1 m。端头固定间距不大于0.1 m。

(3) 机房电气设备与走线布置如图4.2所示,电缆线可通过暗线槽,从各个方向把线引入控制柜;也可以通过明线槽,从控制柜的后面或前面的引线口把线引入控制柜。

(4) 电梯的供电电源应由专用开关单独控制供电。主电源开关的操纵机构,应在机房入口处方便操作的位置,但应避免雨水和长时间日照。每台电梯分设动力开关和单相照明开关。单相照明开关一般安装于动力开关旁。要求安装牢固,横平竖直;控制轿厢照明电源开关和控制机房、井道照明电源的开关应分别设置,各自具有独立的保护装置。同一机房中有几台电梯时,各台电梯主电源开关应易于识别。其容量应能切断所控制电梯正常使用情况下的最大电流,但该开关不应切断轿厢照明、通风、报警、机房和井道照明以及机房、轿顶和底坑电源插座的电路。

(5) 控制柜的安装位置应尽量远离门窗,与门、窗距离不小于600 mm。控制柜的维修侧距离墙不小于600 mm,距离机械设备不小于500 mm。控制柜安装后的垂直度误差应不大于3‰,并应有与机房地面固定的措施。

4.1.2 电气系统装置的井道布置及要求

井道内的主要电气装置有电线管、接线盒、接线箱、电线槽、各种限位开关、井道传感器、底坑停止开关、井道内固定照明等。井道接线盒安装位置如图4.3所示,井道随行电缆布置参考图4.4,井道电气装置安装位置如图4.5所示,图4.6为井道线位布置图。

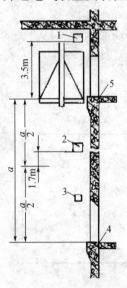

图4.3 井道接线盒安装位置示意图
a-提升高度; 1-顶部接线盒; 2-中间接线盒;
3-各层接线盒; 4-基站厅门地坎; 5-顶层厅门地坎

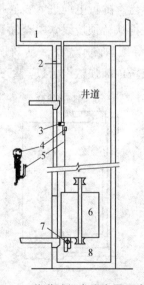

图4.4 井道随行电缆布置示意图
1-机房; 2-线槽; 3-中间接线盒; 4-电缆架;
5-随行电缆; 6-轿厢; 7-轿厢电缆架; 8-底坑

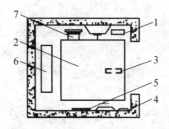

图 4.5 井道电气装置安装位置示意图

1-井道电缆支架； 2-轿厢； 3-轿底电缆支架； 4-极限限位开关； 5-限速器钢丝绳； 6-对重； 7-传感器

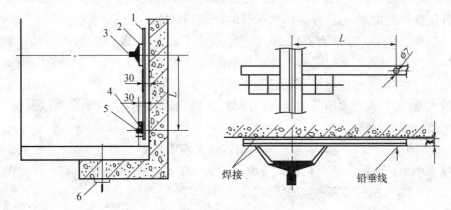

图 4.6 井道线位布置示意图

L-导轨中线至线槽中线距离； 1-角钢； 2-导轨架； 3-导轨； 4-线槽； 5-铅垂线； 6-召唤盒

4.1.3 轿厢电气系统装置的布置及要求

在布置轿厢电气装置时,因轿厢的各装置分布在轿底、轿内和轿顶,应在轿底和轿顶各设一个接线盒。随行电缆进入轿底接线盒后,分别用导线或电缆引至称重装置、操作屏和轿顶接线盒。再从轿顶接线盒引至轿顶各装置,如门电动机、照明灯、传感器、安全开关等。图4.7 为轿厢导线敷设示意图。从轿顶接线盒引出导线,必须采用线管或金属软管保护,并沿轿厢四周或轿顶加强敷设,且应整齐美观,维修操作方便。

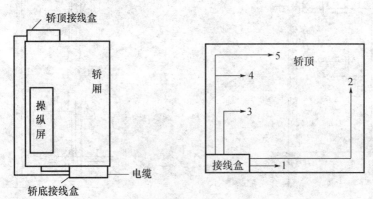

图 4.7 轿厢导线敷设示意图

1-门电机； 2-传感器； 3-照明、风扇； 4-安全钳开关； 5-安全窗开关

4.2 机房内电气的安装

4.2.1 机房电气安装的要求

（1）盘、柜与基础连接要紧密，无明显缝隙，多台排列的应保持平直，不得有凹凸现象，柜体的垂直高度误差应小于 1.5‰，水平误差应小于 1‰，柜的四周应留出大于 600 mm 的安全操作通道。

（2）小型励磁柜不允许直接安装在地面上或放在盘柜的顶上，必须安装在距地面高 1.2 m 的专制支架上。

（3）电梯应单独供电，电源总开关应安装在距地面高度 1.2～1.5 m 的墙上，以便于应急处理。

（4）机房、轿厢、井道内、底坑的照明及底坑检修插座应与电梯主电源开关分开设置和控制，不可合用一个刀开关。

（5）箱（盒）安装、楼层指示灯箱、厅外呼唤按钮箱（盒）在安装前应将内芯取出，另行妥善保管。先将箱（盒）壳体按统一的标高和至层门框的距离埋入墙内，外口与墙面齐平，用水泥砂浆填实，待导线敷设完毕后再将内芯装上，盖好面板。

4.2.2 机房电源总开关的安装

电梯的供电电源应由专用开关单独控制供电，每台电梯分设动力、照明电源开关。控制轿厢照明的开关和控制机房、井道、底坑照明电源的开关应该分别设置，各自具有独立保护功能。同一机房有几台电梯时，各台电梯主电源应易于识别，主开关应安装于机房进门处随手可操作的位置，应避免雨水和长时间日照。

为便于线路维修，单相电源开关一般安装于动力开关旁。要求安装牢固、横平竖直。注意轿厢井道机房照明电源必须与电梯驱动主机电源分开。

电源总开关安装时，先将开关板支撑角钢预埋在墙上，中心标高 1.4 m，角钢埋入部分先做成鱼尾，埋入深度大于 150 mm，如图 4.8 所示。角钢一般为 40 mm×40 mm×4 mm。

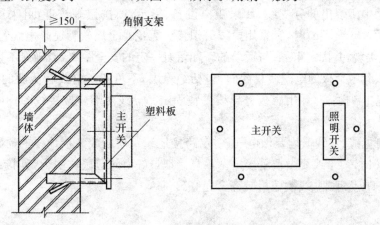

图 4.8 主开关开关板示意图

把 10 mm 厚的塑料板固定在角钢支架上,固定前要找正。

将三相开关碰头和照明开关安装在塑料板上。

4.2.3 控制柜的安装

控制柜由制造厂组装调试后送至安装工地,按照维修方便、巡视安全的原则对机房面积及形式做合理安排,或者根据图纸规定的位置在现场先做整体定位安装。控制柜的安装位置应符合以下条件:

(1) 控制柜、屏正面距门、窗不小于 600 cm。

(2) 控制柜、屏的维修侧距墙不小于 600 cm。

(3) 控制柜、屏距机械设备不小于 500 cm。

控制柜安装在槽钢底座上或混凝土基础上并用螺栓固定,柜体垂直度应小于 1.5/1 000,水平度小于 1/1 000,四周应留出大于 600 mm 的安装通道,多台排列应保证平直,不得有凹凸现象,间隙不大于 1 mm。操作应由有经验的技术较高者详细核对控制卡的接线。

4.3 电气布线

4.3.1 机房电气布线的要求与方法

机房内布线一般采用线槽、电线管和金属软管,线槽敷设应在室内电气设备安装就位后进行,线槽、电线管和金属软管敷设时的具体做法和要求如下:

(1) 在机房内安装的线槽、电线管等可沿梁或楼面敷设。应注意美观、方便行走而不碰撞,保证横平竖直。在井道内可安装于层门一侧井道壁的内侧墙上(一般敷设在随行电缆的反面)。

(2) 线槽的端头应进行封闭,以防老鼠咬坏导线,线槽间的连接不允许用电焊、气焊切割、开孔等。在拐弯处不可成直角连接,而应沿导线走向弯曲成弧形。端口应衬以橡胶板或塑料板保护。

(3) 线槽中所引出的分支线,如果距离设备、指示灯、按钮等较近,可采用金属软管连接。如果较远(大于 2 m)时,宜采用电线管引接。无论是金属软管还是电线管引接,均需排列整齐,合理美观,并固定牢靠,与运动的轿厢留有一定的安全距离,以确保不被破坏。

(4) 电线管中穿入的电源线总截面(包括绝缘层)不可超过电线管截面的 40%,导线放置在线槽内应排列整齐,并用压板将导线平整固定。导线两端应按接线图标明的线号套好号码管,以便查对。

(5) 所有电线管、线槽均要做电气连接(跨接地线),使之成为接地线的通路。采用接零保护系统保护时,零干线要做重复接地。重复接地最好由井道底坑引上,其接地电阻应小于 10 Ω。出线口应无毛刺,线槽盖板应齐全完好。

4.3.2 机房导线敷设的安全技术要求

(1) 将导线用放线架缓慢放好,穿入电线管和槽中时不可强拉硬拽,保证电线绝缘层完好无损。电线不能扭曲打结,如图 4.9 所示。预留备用线根数应保证在 10% 以上。出入电线管或线槽的导线,应有专用护口保护。导线在电线管内不允许有接头,防止漏电。

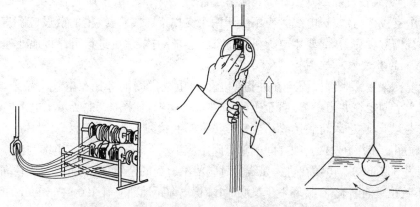

图 4.9 放线架与穿电线及电缆垂挂消除应力的方法

(2) 动力回路和控制回路的导线应分开敷设,不可敷设于同一线槽内。串行线路需独立屏蔽。交流线路和直流线路也应分开,微信号线路和电子线路应采用屏蔽线以防干扰。大于 10 mm^2 的导线与设备连接时要用接线卡或压接线端子。

(3) 导线与设备连接前,应将导线沿接线端子方向整理整齐,写上线号,并用小线分段绑扎好(图 4.10),这样既美观大方,又便于在发生故障时查找和维修。所有的导线均应编号和套上号码管。所有导线敷设完毕后,应检查绝缘性能,然后用线槽板盖严线槽,电线管端头封闭。

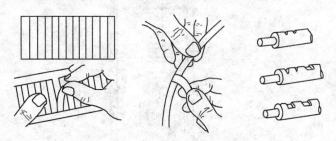

图 4.10 在电线上做标记的方法

4.3.3 井道电气布线的要求与方法

从电气角度上讲,井道是连接机房、轿厢和厅门电气设备及元件的通道,井道内有线槽、电线管和金属软管 3 种不同混合方式敷设的电气控制线路。敷设主干线时采用电线槽。井道壁敷设的主干线槽,分别由控制柜敷设至井道中间接线盒、分接线箱等。

1. 安装中间接线箱和敷设电线槽

(1) 按电线槽的计划敷设位置,在机房楼板下离墙 25 mm 处放下一根铅垂线,并在底坑内稳固,以便校正线槽的位置。

(2) 用膨胀螺栓将中间接线箱和线槽固定妥当,注意处理好线槽与分接线箱的接口处,以保护导线的绝缘层。

(3) 在线槽侧壁对应召唤箱、指示灯箱、厅门电连锁、限位开关、换速传感器等的水平位置处,根据引线的数量选择适当的开孔刀开口,以便安装金属软管。

2. 安装分接线箱和敷设电线管

安装分接线箱和敷设电线管的方法与安装中间接线箱和敷设电线槽相仿。但是敷设电线管时,对于竖线管每隔 2.0~2.5 m,横槽线管不大于 1.5 m,金属软管小于 1 m 的长度内需设有一个支撑架,且每根电线管应不少于两个支撑架。线管、线槽的敷设应平直、整齐、牢固。全部线槽敷设完后,需要用电焊机把全部槽连成一体,然后进行可靠接地处理。

3. 电缆的敷设方法与要求

将电缆支架用膨胀螺栓固定在井道壁上。将电缆牢固地绑扎在电缆支架上,支架上部的电缆用木卡固定在井道壁上,直至上端头进入中间箱,如图 4.11 所示。电缆的下部先固定在轿底支架上,再进入轿底接线箱或直接进入轿厢接线。要求做到:

(1) 轿厢底和井道壁两支架之间的垂直间距应不小于 500 mm(8 芯电缆为 500 mm,16~24 芯电缆为 800 mm)。电缆在进入接线盒时应留出适当的余量,以利维修。当轿厢出现冲顶时,电缆不致拉紧而断裂,在轿厢发生蹲底时,随行电缆距地面应有 100~200 mm 的距离。

(2) 电缆在支架上应用 1.5 mm^2 的单芯塑料铜线绑扎。排列整齐,不得扭花。

(3) 多根电缆的长度应保持一致,以免受力不均。轿厢在运行时,随行电缆不得与井道内任何物体碰撞和摩擦。

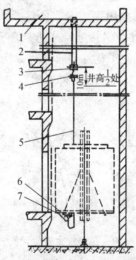

图 4.11 电缆架与电缆安装示意图

1-机房地面楼板; 2-线槽; 3-中间接线盒; 4-电缆支架;
5-电缆; 6-轿底接线盒; 7-轿厢底电缆固定杆

4.4 电气安全保护装置安装

4.4.1 强迫减速开关、终端限位开关、终端极限开关的安装方法与安装要求

在井道的顶部和底部分别装有极限开关、限位开关和强迫减速开关,安装示意图如图

4.12和图4.13所示。极限开关的作用是当电梯失控后,轿厢冲过了平层,强迫减速开关和限位开关,这时轿厢碰铁就会碰到极限开关的拉绳滚轮,切断主电源,造成曳引机停车抱闸制动。拉绳滚轮分别装在底坑和顶站末端,上下极限都能保护。上下碰轮动作后极限开关靠重砣的重力掉闸切断电源。

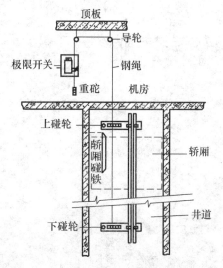

图 4.12 极限开关安装示意图

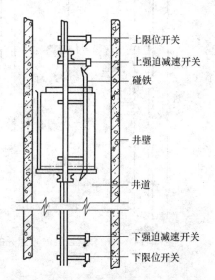

图 4.13 限位开关和强迫减速开关安装示意图

限位开关由强迫减速开关配合控制轿厢运行时不能冲过一定的位置,一旦越位,轿厢上的碰铁就先碰到强迫减速开关,强迫减速开关就将快车继电器切断,强迫轿厢减速,直至限位开关动作,切断主接触器回路,造成曳引机停车制动。

强迫减速开关、限位开关是电梯运行时的第一级、第二级安全保护装置,通常安装在轿厢地坎超越上、下端站地坎 50～100 mm 以内。

极限开关是电梯运行中的最后一级安全保护装置,因为极限开关的碰轮要安装在底坑最下端和顶层的最上端。通常安装在轿厢地坎超越上、下端站地坎 250 mm,有时为了安全可靠,在 350 mm 处再安装一个碰轮。

对于直流高速、快速电梯强迫减速开关的安装位置,应按电梯的额定速度、减速时间及停制距离选定。但其安装位置不得使电梯的停制距离小于电梯允许的最小停制距离,电梯允许的最小停制距离的平均减速度不应大于 1.5 m/s^2。

在测量好的位置上,用角钢做好支架,安装在导轨的背面,角钢伸出导轨的长度一般不大于 500 mm。将强迫减速开关、限位开关用螺栓固定在角铁的端部,并使其垂直,调整强迫减速开关和限位开关的碰轮,使之垂直对准轿厢碰铁中心,打慢车使碰铁撞击行程开关同时用万用表测试行程开关触头开闭情况,及时调整开关位置,使之在碰铁碰撞行程开关的撞轮时,其内部动断触头打开,动合触头闭合,碰铁离开后接点自动复位。碰撞时,开关不应受到额外的应力。

极限、限位、强迫减速开关及碰轮和碰铁安装时应符合下列要求(图4.14):

(1)碰铁应无扭曲变形,开关碰轮转动灵活。

(2)碰铁安装垂直,偏差不应大于长度的1/1 000,最大偏差不大于3 mm(碰铁的斜面除外)。

(3)开关、碰铁安装应牢固,开关碰轮与碰铁应可靠接触,在任何情况下碰轮边距碰铁边不应小于 5 mm。

(4) 碰轮与碰铁接触后,开关触头应可靠动作,碰轮沿碰铁全程移动时不应有阻卡;碰轮应略有余量。

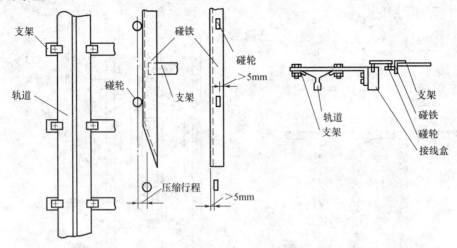

图 4.14　极限、限位、强迫减速开关及碰轮和碰铁安装时的调整示意图

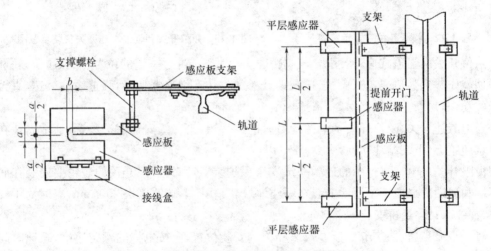

图 4.15　平层感应器安装示意图

4.4.2　平层装置的安装方法与安装要求

平层感应器由两个部分组成,统装在一个盒内,用接线盒将接线端子引出,安装时将短路板摘掉,把感应盒装在轿顶支架上,将感应盒开口侧对着导轨上的感应桥,如图 4.15。

平层感应器的安装应符合以下要求:

(1) 感应器安装前应先检查其感应性能是否良好,即将感应轿插入感应盒的凹口中,用万用表测试其接点的分断情况,然后将感应轿抽出,再测分断情况。

(2) 感应器安装时应固定牢固,防止松动,不得因电梯的正常运行产生摩擦和碰撞。感应板应能上下、左右调节,调节后螺栓应可靠锁紧。

(3) 感应器安装应垂直、平正,感应轿插入时两侧的间隙 $a/2$ 应尽量一致;感应器插口端面与感应板的间隙 b 为 10 mm,其偏差不大于 2 mm,提前开门感应器应装于感应板的中间位置,其偏差不大于 2 mm。

(4) 感应器安装后,磁钢盒盖应可靠盖好,磁钢短路板应取下。

安装时将轿厢升至轿顶,先测量好顶层安装感应轿的位置,对应轿顶已安装好的感应盒将顶层感应板装好,然后从顶层感应板向轿底放一垂线,把轿厢慢车从顶层向下运行,将感应板安装好,边安装边调整,最后将轿顶接线盒接出导线并穿软金属管引至感应盒对应于线号接好,并把金属软管沿轿顶沿固定。

4.4.3 电气系统保护接地的方式、接地要求及接地线布置

电梯系统的电源有交流和直流,控制系统中也有交流和直流,电压也不相同,三相和单相交流电贯穿于电梯机房、井道、轿厢等处,为了保护人身安全,电梯系统必须可靠接地。

1. 电梯系统接地要求

(1) 电气设备的金属外壳应有良好接地,电气设备应有易于识别的接线端子,接地线的颜色为黄绿双色绝缘线,零线和地线应始终分开。

(2) 接地电阻应小于 4 Ω,接地线应为铜线,截面积不应小于相线的 1/3,最小截面积不应小于 4 mm^2,钢管接头应焊接跨接线。

(3) 电梯轿厢可通过软电缆的芯线进行接地,但不得少于 2 根。

2. 接地系统的布置

(1) 电梯常采用 TN-C-S 系统的保护方式,如图 4.16。

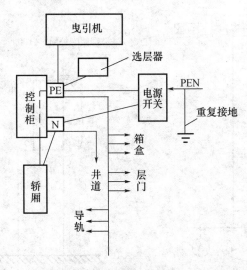

图 4.16 零线和地线分开设置的保护接地方式(TN-C-S)

(2) 电梯接地的设备有曳引机组、电源总开关、控制柜、操作盘、线槽、轿厢、导轨、箱盒等所有金属部件或构件。

3. 接地安装接线的方法

接地干线的敷设一般和电源电缆一同进行,先将电缆沿井道中的电源总开关放下的垂线敷设在墙上,送入总开关,再将接地线 φ12 mm 镀锌圆钢敷设在墙上,下端做重复接地,上端与总开关接地端子可靠接地,然后将开关的零线端子与电源的工作零线连接,开关接地端

子再与柜内接地端子电气连接。这样就从进开关处将工作零线与接地线严格分开了。首先把机房内的曳引机、电动机、选层器及电阻箱外壳的接地端子与柜内接地端子电气连接,然后从柜内接地端子接一根 10 mm² 的铜线送入井道接线箱的接地端子上,作为井道接地干线。随行电缆两线芯也接在柜内接地端子上送入轿厢,作为轿厢接地干线。井道电气设备外壳的接地和轿厢本体及操作盘上的接地螺栓应与接地干线可靠连接。

在底坑将导轨和接地线连接并重复接地。

4.5 电气安全实例:三洋电梯电气安装

4.5.1 控制柜和机房电源箱的安装

1. 控制柜的安装

三洋电梯控制柜安装的步骤如下:

(1) 根据机房平面布置图的要求决定控制柜的位置:

① 控制柜正面距门、窗的距离不应小于 600 mm。

② 控制柜维修侧面距墙表面的距离不应小于 600 mm。

③ 任何一个控制柜距机械设备装置不应小于 500 mm。

(2) 按照控制柜底脚的大小,用适当规格和数量的膨胀螺栓固定在机房的承重地板上,安装时用垫片调整控制柜的垂直度,其误差不应小于 3 mm,随后将膨胀螺栓全部紧固,如图 4.17。

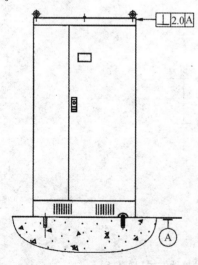

图 4.17 控制柜安装示意图

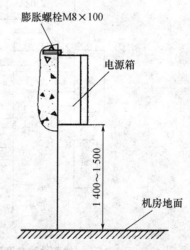

图 4.18 机房电源箱安装示意图

2. 机房电源箱的安装

机房电源箱应安装在机房入口附近,距机房地面高 1.4～1.5 m,用两个适当规格的膨胀螺栓牢靠地紧固在墙上,如图 4.18。

3. 机房线槽的安装

(1) 机房线槽的标准供货量如表 4.1 所示。

表 4.1　机房线槽的标准供货量

电梯数(台)	直线线槽	直角线槽	直角线弯槽	三角线槽
单台	6	2	2	1

(2) 机房线槽的平面布置图,如图 4.19 所示。

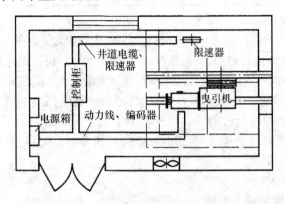

图 4.19　机房线槽的平面布置

(3) 机房线槽安装要求如下:

① 机房线槽安装后应横平竖直,其水平度及垂直度误差均应控制在 4‰以内,全长偏差不应超过 20 mm。

② 线槽接口应严格并用连接板及螺栓紧固,每个线槽至少用 2 个塑料胀管及木螺钉紧固在地面上。

③ 铺设电缆线前必须将线槽内清理干净,绝对不能遗留任何污垢和杂物,槽内不允许有积水。

④ 线槽盖应齐全,盖好后应平整、无翘角,每个直线线槽盖用 4~6 个螺钉紧固。

4.5.2　井道内电气装置及换速装置的安装

1. 井道内电气装置的安装

(1) 井道内安装的电气装置部件的种类和数量(如表 4.2 所示)

表 4.2　井道内安装的电气部件种类和数量

序号	电气部件	数量	安装要求
1	井道顶部电缆固定架	1 套	井道顶部电缆进口附近
2	随行电缆固定架 A	1 套	主导轨上部距井道顶 380~400 mm
3	随行电缆固定架 B	1 套	主导轨中部,距底坑地面为提升高度的一半再加 1.5 m 处
4	控制电缆钢丝绳固定系统	1 套	呼梯盒附近井道壁一侧
5	上、下限位开关极限开关组及固定架	2 套	分别安装在主导轨上、下部
6	上、下换速开关及固定架	2 套	主导轨
7	平层隔磁板及固定架	N 套	N 层站
8	光电开关、磁铁及固定架	1 套	轿厢架立柱上部
9	端站碰铁及固定架	1 套	轿厢架立柱上部
10	轿顶控制箱及安装架	1 套	轿厢架上横梁前面中部

续表 4.2

序号	电气部件	数量	安装要求
11	呼梯盒	N 个	层门左(或右)井道开孔处
12	消防开关	1 只	设计要求
13	底坑检修箱	1 个	底坑侧壁

(2) 随行电缆的安装

① 随行电缆通过机房进孔进入井道后,首先用井道顶端电缆固定架固定,然后经随行电缆固定架 A 二次紧固,电缆固定架 A 应设在离顶板 380～400 mm 处,再在提升高度一半以上 1.5 m 处确定电缆固定架 B 做中间固定。电缆固定架 A/B 通过导轨压板牢靠地紧固在主导轨上。

② 轿底电缆吊架设置在轿架底梁处,用开口销确定电缆吊架钢管的轴向位置。该吊架位置应保证随行电缆软线运行时的弯曲半径不小于 350 mm,最好大于 600 mm,电缆软线弯曲运行时不得影响井道内其他装置,当轿厢完全压在缓冲器上时,随行电缆的弯曲最低点距底坑地面应为 200 mm 左右。

2. 换速装置等的安装

(1) 换速装置、门区装置的安装

① 在轿厢架立柱上装设公共支架和光电开关、永磁感应器和磁豆,如图 4.20 所示。

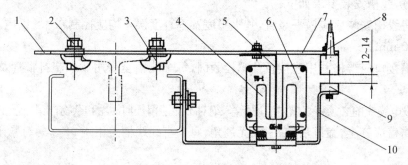

图 4.20 平层、换速装置安装示意图

1-平层隔磁板支架; 2-螺栓、螺母、平弹垫; 3-导轨压板; 4-光电开关; 5-平层隔磁板;
6-永磁感应器; 7-换速双稳态开关支架; 8-换速开关; 9-磁豆; 10-公共支架

② 在同侧主导轨处安装平层隔磁板、固定支架、换速双稳态开关及固定架,平层隔磁板长 300 mm。

③ 在轿厢平层位置调整固定架,使门区传感器(光电开关、永磁感应器)位于门区隔磁中心,磁豆与换速双稳态磁开关工作面距离永磁感应器的有效距离为 12～14 mm。

④ 微量调整隔磁板,使其位于传感器凹槽中心,左右间隙应相等,其偏差不大于 1mm 且嵌入长度不小于凹槽深度的 2/3。

(2) 上、下限位开关极限开关和端站碰铁的安装如图 4.21 所示。具体步骤如下:

① 将上、下限位极限开关组分别通过固定架将其固定在主导轨一侧,开关组距离端站门区隔磁板约 50 mm。

② 将端站碰铁装置安装于轿厢架立柱侧面,应与限位极限开关位于主导轨同侧。

③ 手动慢车使轿厢超过上端站或下端站平层位置 50 mm,此时碰铁应开始压迫限位开关使其动作。当再超过 130 mm 时,极限开关被压迫动作。

④ 固定上、下限位极限开关,应重复调整 1 次,使开关准确动作且不损坏开关时才能结束调整工作。

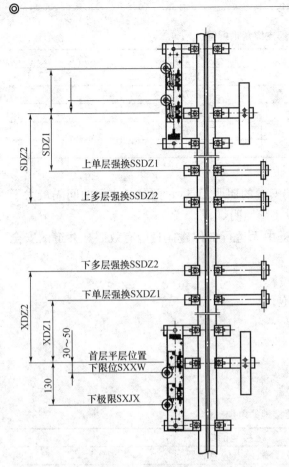
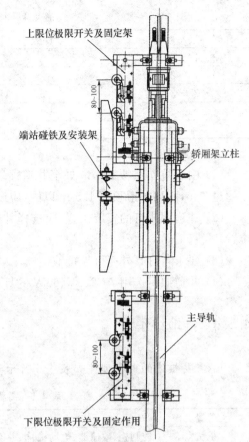

图 4.21　上、下限位开关极限开关和端站
　　　　　碰铁的安装示意图

图 4.22　上、下限位极限开关,平层隔磁板,
　　　　　以及强迫减速开关的安装示意图

(3) 上、下限位极限开关,平层隔磁板,强迫换速开关的安装位置如图 4.22 所示,安装标准如表 4.3 所示。

表 4.3　上、下限位极限开关安装位置标准距离

速度(m/s)	开关 SSDZ1 SXDZ1	SSDZ2 SXDZ2
1.0	1 300～1 400	—
1.75	2 400～2 500	—
2.0	2 400～2 500	3 000～3 200

4.5.3　井道控制电缆和照明的安装

1. 井道控制电缆的安装

井道控制电缆钢丝绳固定系统是利用上、下角钢中间拉紧的两根钢丝绳组成的,上角钢距井道顶约 1 m,下角钢距底坑 1.4～1.5 m 处。该系统位于安装呼梯盒同侧井道壁上,用来固定呼梯控制电缆。对于超过 10 层站的,加装中部支撑角钢需要 1～4 套,中部支撑角钢配置如表 4.4 所示。

表 4.4 中部支撑角钢配置

层站数	件数	质量(kg)	备注
10～14	1	1.39	
15～24	2	2.78	
25～34	3	4.17	
35～44	4	5.56	
44 以上	类推	1.39	

2. 井道照明的安装

(1) 由底坑向上从 1.5 m 处至井道顶端安置的照明工具,每两盏灯之间的间隔最大不应超过 7 m,距离井道顶部 1.5 m 以内,应设 1 盏照明灯。

(2) 井道照明灯的安装位置,应选择井道中无运行部件碰撞且能有效照亮井道的安全位置。

(3) 要求各灯具外壳可靠接地。

(4) 井道照明选用 AC220V、60W 的灯泡。

4.5.4　接地线作业

1. 需要接地的电梯部件如表 4.5 所示。

表 4.5　需要接地的电梯部件

位置	接地部件
机房	控制柜、限速器、电动机、机房各线槽、停电应急装置
轿厢	操纵盘、轿顶控制箱、安全钳、开门机
井道	厅门、呼梯盒、底坑检修箱

2. 接地线敷设的方法

(1) 所有需要接地的接地线必须统一接到控制柜接地铜牌上,由接地铜牌和甲方接地线统一接地。

(2) 接地线施工时的注意事项:① 地线颜色应为黄绿色;② 接在控制柜地线端子架的地线,接地线端子排应用大小合适的圆形线耳压接;③ 紧固螺钉时,应使用弹簧垫圈,使用前应擦掉垫圈连接部件的铁锈、油漆或涂层等。

课题 5　电梯的试运行和调整

电梯调试是电梯安装过程中的重要环节,电梯调试是对电梯产品和安装质量的全面检查,通过调试可以修正和弥补电梯安装过程的不足,使电梯能够安全、可靠的工作,达到国家规定的要求。在调试过程中,应该根据合同要求逐项进行确认、试验、调整,使得各项功能充分地发挥出来,发挥电梯应用的作用。

电梯调试工作是一项机、电结合的复杂的系统工作,应该由技术素质高、实践经验丰富的专业人员承担。电梯调试人员应具备以下条件:

(1) 掌握电子、电工、机械基础知识。
(2) 熟悉所调试电梯的结构、工作原理以及电气原理图和安装布线图。
(3) 熟悉该电梯的调试要求、调试步骤和调试方法。
(4) 掌握各种常见仪表、仪器,能够分析、判断和处理调试过程中的常规故障。

目前电梯的种类繁多,电梯的结构、控制方式也各不相同,但对电梯调试的要求都有着共同性,即:

(1) 安全可靠。电梯在运行过程中,乘客的安全性必须得到保证。因此,在调试过程中对各种安全装置、保护装置都必须反复校验,彻底消除安全隐患,保证电梯可靠运行。
(2) 乘坐舒适。电梯运行的启动、制动应该平稳舒适,电梯运行速度变换平滑,不超出人的正常的生理适应能力。
(3) 功能正确。电梯有很多功能,一般在合同中有详细的说明。在调试过程中,应根据合同要求进行调试,将电梯应用的功能发挥出来。

5.1　电梯调试的原则

电梯在调试时,应该遵循调试的基本原则,按照合理的调试步骤进行。对于实际安装的电梯,其随机文件都有调试说明书,对现场调试工作有所帮助。

电梯调试的基本原则是:

1. 要充分理解电梯的控制功能和拖动控制系统原理

只有充分理解电梯的控制功能和拖动控制系统原理,才能明确所要调试的内容,并使调试工作在相关理论指导下进行,以便缩短调试周期,获得满意的效果。

2. 调试工作必须以安全为前提

在调试过程中,必须确保人身安全与设备安全。首先要确保电梯设备接地可靠,保护装置正常,然后根据电梯的类型、控制的功能和电气系统的构成,制定以安全为前提的详细的调试步骤,明确各环节调试内容和调试方法。

3. 调试工作要按从局部到整体、由空载到负载、由静态到动态的原则进行

电梯是复杂的系统,各环节之间联系紧密。调试时,必须先保证局部工作正常,再进行整体调试,同时要先进行静态调试,后进行动态调试。

5.2 电梯调试前的准备

电梯安装完毕,首先对电梯各部件的杂物进行彻底的清理,在精心调试并经相关部门检验合格后方可交付正常使用。

5.2.1 电梯调试工具的准备

电梯调试时,调试人员应该使用在校验期的标准仪器和仪表,如果使用了不准确的仪器仪表,将可能造成电梯控制部件的不正常,不仅耽误工期,还可能造成经济损失。调试工具机械类常用的有:各种规格的扳手、螺丝刀、卡钳;电气类常用的是:万用表、钳形表、兆欧表、摇表和各种尺寸的短路线。特别需要强调的是:对微机控制的电梯,在调试时使用正确的计量、测试仪器,以免造成电脑控制板的失效。电梯调试常用工具介绍如下:

（1）线夹：一条软导线带两个微型线夹。用于测定各电路板上的模块和检测端子用,线长有 1 m、2 m 不等。

（2）数字万用表:测量交流、直流电压、电阻和电流。

（3）采用数字兆欧表,测量输入阻抗应大于 500 kΩ,严禁在电子板插入机器中使用兆欧表,要使用摇表测试回路的绝缘时,一定要将电子板拔掉。

（4）电流互感器和双踪以上示波器:测量电动机端子电压波形以及在现场调试时观察速度给定曲线、速度反馈曲线等。

（5）数字转速表:数字转速表一般量程为 50～3 000 r/min,可以测量电动机的转速。

5.2.2 电梯调试资料的准备

电梯调试资料对电梯调试有着十分重要的作用。电梯调试资料主要有:电气原理电路图、接线图、接线表、控制方框图;电梯调试说明书;电梯使用说明书等。另外,还有质量监督部门对电梯的检测报告等。

5.2.3 电梯调试工作现场的准备

（1）电梯调试前,应确保电梯井道的脚手架全部拆除,并确认井道无任何阻拦物。

（2）打扫机房,把控制柜、曳引机等机房中部件的灰尘清除干净;用"皮老虎"或吹风机吹净控制柜各电气部件和接线盒内的灰尘;清扫轿厢内、轿顶、各层站显示器和召唤按钮等部件的垃圾;清除轿门、各层门以及层门地坎的垃圾;补齐各部件的名称、说明、型号标签。

（3）检查电梯机房供电系统的线路接线是否正确,确认动力电源和照明电源是否严格分开,确认接地线是否可靠、三相电源是否稳定(波动范围≤5%)。

（4）在调试前,再一次测量总电源和控制柜各端子电压是否在规定的范围内。

5.2.4 电梯调试前的基本检查

(1) 低压绝缘试验:低压回路(光电装置、电子控制回路)使用数字万用表测试绝缘电阻,低压绝缘试验在大地与被测端子间进行,传送信号线的绝缘试验如电阻值在 0.5 MΩ 以下,属于异常情况,应检查接线情况。

(2) 高压绝缘试验:高压绝缘试验采用电池式绝缘试验计,严禁使用手摇式。由于微机控制的电子板使用了大量的电子元件,在实施高压绝缘试验时,首先拔掉电脑控制板,然后再进行测试,高压绝缘试验在控制主回路与大地之间进行。

(3) 绝缘电阻检查:控制柜应检查导体之间、导体与大地之间的绝缘电阻,其值必须大于 1 000 Ω/V,且不得小于下述规定:
① 动力电路和电气安全装置电路为 0.5 MΩ。
② 其他控制电路为 0.25 MΩ。

(4) 门回路的检查:检查门锁装置及电气回路。

(5) 安全回路检查。安全回路是保证电梯安全运行的重点,要确保各开关功能正常、动作灵活,不要随意短接。具体有以下开关的检查:
① 机房控制柜安全检查开关、限速器开关。
② 轿顶及轿内停止运行开关、安全钳开关。
③ 底坑手动安全开关、防断绳开关、补偿绳防断、防跳保护开关。
④ 上下极限开关等。

5.3 电梯慢车调试

5.3.1 电梯慢车调试前的准备

(1) 调试必须在机房、井道、底坑设备安装合格后,业主动力电源三相五进引进合格后进行。调试前物料准备工作完整,调试仪器准备完善后才能进行。

(2) 调试前,机房检验应该由安装班组配合检验工程师进行,对机房的环境进行检查,通道、通风、照明、安全门、消防设施等部件及电气管线、线槽装饰是否符合要求,机房是否整洁,救援工具是否按规定要求油漆后挂在显眼的地方。

(3) 控制柜内部检查,其主要内容是配线整理,各电器接线的准确性,各接线端子接线方式是否符合要求,各电气元件清洁检查、接地装置的检查以及线路的校对。

(4) 绝缘测试,电话线是否通畅。机械部分检查:在要求的位置加油,检查曳引轮、导向轮平行度、垂直度,调整制动器间隙。

(5) 检查限速器的电器开关,限速器垂直度的检查,慢车运行前送电,检修开关有效性确认。

5.3.2 电梯慢车试运行的步骤、方法和内容

1. 电梯慢车试运行的步骤

电梯慢车试运行分为两步:一步是不挂曳引绳的通电试验;一步是悬挂曳引绳的通电慢速运行调试。下面就这两部分进行详细的说明。

(1) 无负载模拟试运行试验

为了确保安全,在电梯负载试验前必须进行本试验工作,此实验应由调试主管在机房指挥断开电动机电源连接线外部接线和电梯松闸回路,接通电源送电后,所有人员都必须严格遵守指挥人员的统一指挥,每进行一步各处人员都必须及时给予答复后再进行下一步操作。

步骤如下:

① 从控制柜上将曳引电动机甩开。

② 将原挂好的曳引钢丝绳按顺序取下,并按顺序做好标记,使电梯轿厢和对重与曳引传动系统脱开,只有曳引机随控制程序而相应转动。

③ 安全回路检查。安全回路是电梯安全、可靠运行的重要保证,必须在绝对保证此回路完全正常的情况下方可进行电梯的调试,否则,必须彻底检查、解决问题后再进行试验。

④ 确定电动机电源连接线 U、V、N 在外部接线盒已经断开(并已经将其用胶带单独包好),把机房控制柜内、轿厢顶操作箱上、轿厢内操作盘上的上、下运行开关分别推到上行、下行方向,确认运行继电器和上、下行指示的相关发光二极管显示正常。

⑤ 接通电源,强制点动按下机房控制柜上的上行按钮 UP,观察控制柜各电气部件的工作程序是否正确。如果没有问题,轿厢应该慢车向上运行。

⑥ 同样,强制点动按下下行按钮 DN,电梯就应该向下慢车运行。

(2) 带负载慢车试运行

带负载慢车试运行的主要步骤如下:

① 关掉总电源开关。

② 将吊起的轿厢和对重重新放下,手动打开制动器,转动盘车,使电梯轿厢下行,对重上行,撤走底坑顶对重用的撑木。

③ 打开制动器,人工手动盘车,让电梯上下运行一段距离,无误后方可通电慢车试运行。

④ 试运行前,一定要注意曳引电动机重新接线以后,电动机的运行方向应该与实际要求的方向一致,否则要立即调整过来。

⑤ 负责指挥的主管人员改在轿顶指挥,其余两人一个在轿内,一个在机房。运行仍然采用检修状态速度进行。操纵由轿顶人员负责,其他人员只负责观察。

⑥ 慢车试运行,观察电梯运行状况,并进行调试。

2. 电梯慢车试运行的方法

电梯慢速运行调试要确认控制屏、轿厢内和轿顶检修开关均设定在"检修"位置上方可慢速运行调试。慢速运行调试的方法有:

(1) 分别利用控制柜、轿厢内和轿顶上的上行、下行按钮进行短距离的点动,核对轿厢实际移动的方向与按钮标注的方向是否相同,如不对应该对电动机的接线或按钮接线进行调整。

(2) 电梯慢速运行时,检查制动器的闸瓦,应均匀离开制动轮并保证有 0.7 mm 的间隙,没有明显的相互摩擦,停止运行时应能可靠地将轿厢制停。

(3) 电梯慢速运行时,分别动作各处停止开关,电梯能够急停。

(4) 慢速运行到开门区域,电梯应该能自动开门,利用关门按钮将门关闭后才能重新启动。

3. 电梯慢车试运行检查调整的内容

电梯慢车试运行调试检查调整的内容如下:

(1) 位置检测器的调整:各层站的位置检测器只有在慢速运行过程中才能准确确定平层的位置,所以慢速运行时必须逐层对位置检测器进行调整。调整的内容如下:

① 检查和调整隔磁板与感应器之间的两侧面间隙要求均匀。

② 隔磁板的安装应垂直,保证运行中不会与感应器相碰。

③ 隔磁板的垂直位置应与平层基准线符合。

(2) 轿厢门系统的调整:轿厢慢速运行达每层门时,应对轿厢门系统各项尺寸进行测量

和调整,内容如下:
①轿厢地坎与层门地坎的间隙应为 30 mm。
②层门门锁轮轿厢地坎的间隙应为 5～10 mm。
③轿厢门刀与层门地坎的间隙应为 5～10 mm。
④轿厢门刀与层门门锁轮的间隙应为 10 mm±2 mm。

(3) 慢速运行时端站超越开关的调整:轿厢慢速运行到达端站后,应继续做超越端站运行。当限位开关动作时,轿厢地坎超越端站地坎的距离应为 50～100 mm,当极限开关动作时,轿厢地坎超越端站地坎的距离应为 100～200 mm,如果与该尺寸不符,应调整开关的安装位置,使其符合标准。

(4) 层高数据的写入。

(5) 检查导轨的接触情况、润滑情况的检查与调整。

5.3.3 上海三菱 GPS-Ⅱ、GPS-CR 电梯慢车调试实例

1. 上海三菱 GPS-Ⅱ、GPS-CR 电梯调试前的准备

(1) 电梯的调试工作应在电梯的安装工作全部完毕后进行。

(2) 调试前,电梯井道中的脚手架应全部拆除,并确保井道中无任何阻拦物,以免轿厢在井道上下时引起碰撞。

(3) 检查用户提供的配电板线路的接线是否正确,确认动力电源和照明电源线严格分开,确认用户提供单独的接地线并连接可靠。

(4) 先关断配电板上所有电源开关。

(5) 清扫轿厢内、轿顶、各层站显示器和召唤按钮等部件的垃圾,彻底清除轿门和各层门地坎内的垃圾。

(6) 打扫机房,把控制柜、曳引机等机房部件表面的灰尘清除干净。

(7) 检查电源电压是否在要求范围内,如表 5.1 所示。

表 5.1 三菱电梯电源电压表

变压器	电路种类	测量点	标准电压	误差	备注
TR-01	制动器、接触器	端子 TA79-00	DC125 V	DC125 V～135 V	
	触点输入 PAD	端子 TA420-400	DC48 V	DC48 V～54 V	
	轿厢顶部 ST	端子 TAC10-C20	AC200 V	AC200 V～220 V	
	层门 ST	端子 TAH10-H20	AC105 V	AC105 V～115 V	
	多路电源	P1 板上 TP 端子+12 V-GND	DC-12V	-12 V±5%	
		P1 板上 TP 端子+12 V-GND	DC+12 V	+12 V±5%	
		P1 板上 TP 端子+5 V-GND	DC+5 V	+5 V±5%	
	充电电源	CHG1-GHG2		AC220 V～240 V	
TR-L	风扇	端子 TBL110A-L20 A	AC100 V	AC100 V～110 V	仅适用于 GPS-Ⅱ
	照明	端子 TBL10-L20	AC220 V	AC210 V～230 V	
	风扇	端子 TBL10-L20A	AC220 V	AC210 V～230 V	仅适用于 GPS-CR
	照明	端子 TBL10-L20	AC220 V	AC210 V～230 V	

2. 上海三菱 GPS-Ⅱ、GPS-CR 电梯慢车运行试验的准备工作

(1) 把控制柜、电梯轿顶 ST 和轿内操纵箱内的 AUTO/HAND 开关切换到 HAND 一侧。

(2) 把电梯轿内操纵箱 RUN/STOP 开关拨到 RUN 位置。

(3) 把曳引马达 U、V 和 W 从接线端子上拆下,并用绝缘胶带包起来。

(4) 分离从曳引机制动装置上引出的控制电缆,并用胶带包好。

3. 上海三菱 GPS-Ⅱ、GPS-CR 电梯慢车运行电源与控制电压

(1) 全电脑控制的 VVVF 电梯,对供电电源质量要求较高,尤其是给电脑提供的电源电压要求更高。供电系统提供的电源电压波动应该在额定电压的±5%以内。各相间电压在额定电压下的不平衡度要在±3%以内,否则会引起电梯运行振动和曳引电动机噪声大。

(2) 控制电压的确认设定:供给电脑板电源电压误差不大于 5%,以各检测端子测定控制回路的电压为准。

(3) 控制柜内自耦变压器电源抽头位置详见控制柜接线图 C0L1,抽头与电压对照表如表 5.2 所示。

表 5.2 三菱电梯变压器抽头电压

电源	U_P	V_P	W_P
400(V)	U_3	V_3	W_3
346,415,420,460(V)	U_2	V_2	W_2
380,440,480(V)	U_1	V_1	W_1

4. 上海三菱 GPS-Ⅱ、GPS-CR 电梯控制柜电子板各二极管的功能(见表 5.3)

表 5.3 三菱电梯发光二极管的功能

PCB	种类	符号	功能	正常状态
KCR 620x KCR 630x KCR 650x	发光二极管	DCV*1	主电路正在充电的指示器	主电路的电介电容器正在充电时,该发光二极管就亮
		*29	接收器 29	当安全回路处于良好状态时,该发光二极管就亮
		*89	接收器 89	在轿厢以自动(AUTO)方式运行和手动方式运行期间,该发光二极管亮,如果安全电路状况有问题灯不亮
		DZ	接收器 DZ	轿厢处于门区域内,该发光二极管就亮
		*41DG	接收器 41 DG	当轿门和层门联锁的触点闭合时,该发光二极管就亮
KCR-60X		*60	接收器 60	当处于自动方式(AUTO)时,该发光二极管就亮
		P.P	断相检测	ACR 保险丝电路的电压符合规定时,该发光二极管就亮
		UP	上行	轿厢向上运行期间,该发光二极管就亮
		DN	下行	轿厢向下运行期间,该发光二极管就亮
		#21		有开门指令,该发光二极管就亮
		#22		有关门指令,该发光二极管就亮
		DWDT		DR-CPU 正常工作,该发光二极管就亮
		CWDT		CC-CPU 正常工作,该发光二极管就亮
		MNT		当 R/M/WEN 处于中性位置或处于靠下面的位置,该发光二极管就亮
		指示器		指示当前的层楼 MON="8"

5. 上海三菱 GPS-Ⅱ、GPS-CR 电梯检查电梯控制显示状态

(1) 确保当电源接通时,KCD-60X 上的错相、欠相指示灯(P-P)发光二极管亮。当电梯接通电源时,PP 继电器应吸合;断开电源时,它应失电打开。如因错相、断相,PP 继电器不吸合,一定要将配电箱内的断路器二次侧的任意两接头调换,使供电系统符合电梯已经设定的相序。

(2) 要确保当电源接通时,KCD-60X 上的发光二极管 CWDT 和 DWDT 都亮。此灯是调试人员检测 CPU 的程序工作是否正常的依据。如果在调整中 CWDT 或 DWDT 发光二极管有一个变暗,就表示主控或从控 CPU 运行程序在运行时遇到重大故障,即使出现一次也必须进行认真检查。

(3) 要确保当电源接通时,KCD-60X 上的充电状态指示发光二极管 DCV 灯亮,而当断开电源时该灯熄灭。电源接通后,如发光二极管不亮,要考虑:是否整流器短路,是否三极管故障,是否充电回路断开故障等,必须查明并排除故障后再进行下一步。发生故障检查电压时,最好用万用表或数字式电压表测定。

6. 上海三菱 GPS-Ⅱ、GPS-CR 电梯慢车运行的条件

(1) 要确保发光二极管 DWDT、CWDT、*29 和 P.P 灯亮,当 UP 和 DN 按钮被按下,UP 或 DN、♯22 和 *89 发光二极管都应亮。

(2) 应确保当安全回路内下列任意一只电气开关断路时,发光二极管♯29 不亮。
- 电梯轿顶的 ST 的 RUN/STOP
- 电梯轿内操纵箱的 ST 的 RUN/STOP
- 电梯轿内安全窗开关
- 安全机构开关
- 上下终端极限开关
- 限速器开关
- 底坑停止开关

(3) 应确保当机房、轿顶 ST、轿内操纵箱内任何一只 UP/DOWN 开关被按下时,下列发光二极管就会点亮,继电器就会动作:

按下 UP/DOWN 开关→♯22(LED)→*89(LED)→5(SD 接触器)→LB(SD 接触器)

7. 上海三菱 GPS-Ⅱ、GPS-CR 电梯慢车试运行

(1) 关掉电源。

(2) 把电动机电缆 U、V、W 与接线盒内的接线重新接通,并重新接上制动器的引出线 B4 和 B5。

(3) 接通电源。

(4) 要确保当按下 UP 或 DN 按钮时,电梯轿厢向上运行或向下运行。

(5) 运行速度采用 20 m/min,当电梯轿厢低速进入门区域时,电梯机房内控制柜中发光二极管 DZ 就亮。

(6) 先把 DOOR 开关拨到 ON 位置,进行正常的慢车运行。如果轿厢停在门区位置,电梯门就应自动开启。在没有操作的情况下就保持开门状态。

(7) 按下向上或向下的开关(或按钮)后,如果此时电梯门开着,则应自动关门,门关后电梯就向上或向下以 20 m/min 速度运行(启动时有加速过程)。

(8) 松开向上或向下开关(或按钮)后,电梯马上停车,如果停在门区,还会自动开门。

(9) 电梯向上/向下低速运行几遍后,如果动作都正确,说明电梯慢车运行功能正常。

(10) 分别在轿顶和轿内进行手动慢车运行,确保轿顶和操纵箱内上下行按钮的功能正常。

(11) 确保当安全开关、门锁开关、上终端限位开关、下终端限位开关中任意一只开关断开时电梯会马上停止。

表 5.4、表 5.5、表 5.6 和表 5.7 分别为上海三菱的开关的功能、开关 MON 的功能和 7 段 LED 显示器显示内容、负载重量的指示与存入以及检查超载蜂鸣器,供参考。

表 5.4 开关的功能

印板	开关	功 能	正常状态
KCD-60X	TOP/BOT	TOP(向上):顶层呼叫 BOP(向下):底层呼叫	中间位置
	UPC/DNC	UPC(向上):电梯轿厢上升 DNC(向下):电梯轿厢下降	中间位置
	DOOR/RST	DOOR(向上):切断门机电源 RST(向下):CPU 复位	中间位置
	DCB/FMS	DCB(向上):关上门 FMS(向下):	中间位置
	R/M MNT WNT	R/M(向上):允许 R/M 警报 MNT(中间位置):禁止 R/M 警报 WNT(向下):允许 E^2PROM 写入修正	一般中间位置
	LDO/LDI	将负载存入并显示出来	中间位置
	RSW SHIFT DNSH MON	调整减速开始点	8
		确定在电梯到达时制动器的作用时间	8
		功能控制开关	安装:6 运行:8
	AUTO/HAND	AUTO(向上):自动方式 HAND(向下):手动方式	向上 (自动)

表 5.5 开关 MON 的功能和 7 段 LED 显示器显示内容

MON	功 能	发光数码指示器
0	指示猜错	
1	指示电梯轿厢(为安装用)	电梯轿厢在井道中的中间位置
2	存入负载量	见表 5.6
3		指示层站
4	手动运行速度为 4m/min	指示层站
5	存入负载量(为服务用)	见表 5.6
6	为安装而进行的手工操作	显示 H+层站
7		指示层站
8	标准设置	指示层站

续表 5.5

MON	功 能	发光数码指示器
9		指示层站
A		指示层站
B	调节制动转矩	设定制动值（用十进制）
C	检查超载蜂鸣器	见表 5.7
D	指示负载重量	见表 5.6
E	检查 TSD 余量	指示层站
F	检查 TSD 的运行	指示层站

表 5.6 负载重量的指示与存入

功 能	RSW$_3$ SWMON	SW LD0/LD1	开关功能和 7 段 LED 显示
重量指示	D	中间位置	指示目前的重量
		LD0	指示存入 E^{2}PROM 的空载重量
		LD1	指示存入 E^{2}PROM 的"BL"（50%负载）的重量
存入重量 Ⅰ （安装时）	2	中间位置	指示目前的重量
		LD0	把目前的重量作为"NL"（空载）存入 E^{2}PROM（存入时出现闪烁，存入完毕闪烁就停止）
		LD1	把目前的重量作为"BL"（平衡负载）存入 E^{2}PROM（存入时出现闪烁，存入完毕闪烁就停止）
存入重量 Ⅱ （保养时）	5	中间位置	指示目前的重量
		LD0	将目前重量作为"NL"（空载）存入 "（原 BL 重量）－（原 NL 重量）+（目前重量）"作为"BL" 写入 E^{2}PROM（存入时出现闪烁，存入完毕闪烁就停止）
		LD1	指示存入 E^{2}PROM 内的 BL 重量

表 5.7 检查超载蜂鸣器

开关 MON	开关 LD0/LD1	S/W 功能
C	中间位置	用十进制显示目前负载与额定负载的比值（%）
	LD0 或 LD1	显示"OL"（超载）

8. 上海三菱 GPS-Ⅱ、GPS-CR 电梯称量数据写入

电梯以慢速将电梯轿厢从底楼移动到顶楼的门区域（中途不停），到顶层停车后，层楼数码管停止闪烁，显示最高楼层，层楼基准数据写入结束，称量数据的写入如图 5.1 所示。

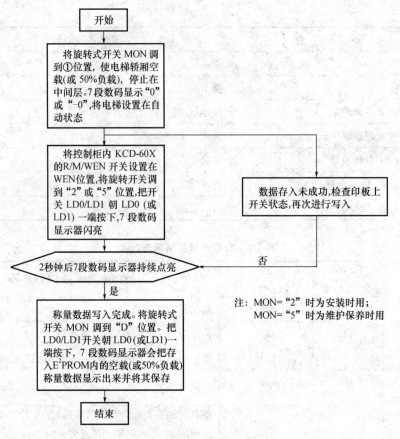

图 5.1 称量数据写入流程图

9. 上海三菱 GPS-Ⅱ、GPS-CR 电梯制动器的临时设定

(1) 将制动器弹簧调整到 200%(如无刻度,就调整到极限位置)。

(2) 确认制动器上行和下行都是开放的。

(3) 将柱塞冲程设定到 2 mm。

10. 教学案例

一部三菱电梯已经"死机",经查证,发现 CWDT 灯不亮。

调试方法如下:经分析后,拔下 P_1 板进行检查,发现电脑控制板上的 CPU 芯片 8086 损坏,致使整个控制系统瘫痪。

解决方法如下:更换 CPU 芯片,装上 P1 板以后,对电梯重新写一次楼层数据,使电梯投入运行。

5.3.4 电梯制动电路的调整

制动器调整应包含机械装置和电气控制两个部分,应在调整过程中相互配合,使制动器在制动时能迅速有力地刹住制动轮。图 5.2 是常见的制动器电气原理图,电梯启动时,继电器 KTF 得电,制动器线圈 LB 两端承受全部电压;在运行时,电磁铁的吸力必须迅速克服弹簧力使制动器松闸,保证电梯启动运行。

电梯启动时,继电器 KTF 得电,制动器线圈 LB 两端承受全部电压;在运行时 KTF 失电,LB 两端承受与 REC 的分压,维持制动器开启状态。

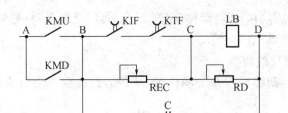

图 5.2　典型的制动器电气原理图

调整的方法是先调整 RD,使其阻值为线圈 LB 直流阻值的 3～5 倍,在线圈两端 CD 并接一只直流电压表。将 REC 的滑动触点向 C 点移动,并用导线短接 AB、BC 使 AD 为额定电压 110 V,电磁铁立即吸合。然后拆除 BC 短接线,并逐步将 REC 的触点向 B 点缓慢移动,使制动器刚好释放,此时电压表指示的电压为释放电压。当 REC 动触点由 C 向 B 移动使得电压表指示为 1.3～1.5 倍释放电压时,将动触点固定在此位置上,拆除电压表,调整结束。

5.3.5　电梯门电路的调整

门机安装在轿顶上,它在带动轿门启动关闭的同时,通过机械联动机构带动层门与轿门同步开启与关闭,开关门控制电路有直流门电动机和交流门电动机控制系统。

1. 直流电梯门机控制线路的调整

直流门机采用直流电动机作为驱动装置,开关门的速度采用串并联电阻的方法,这种方法,使开关门具有传动结构简单、调速简便等特点。

(1) 开关门过程的要求
- 关门时:快速→慢速→停止;
- 开门时:慢速→快速→停止。

(2) 开关门电路的原理

图 5.3 是一种常见的直流门机控制电路,当关门继电器 GMJ 吸合后,关门继电器 GMJ 吸合,其动合触点闭合,MD 门电动机向关门的方向旋转。在关门的过程中,门电动机的转速不断改变,门电动机的转动会依次压合关门减速的行程开关。其过程是,电动机加上电阻 RGM 分压启动,当 1 GM 被压动时,分压减少,速度降低,当 2 GM 被压动时,分压再度减少,门以较低的速度闭合,并将碰撞关门极限开关,使 GMJ 释放,电动机停止转动。

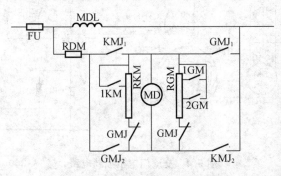

图 5.3　直流门电动机控制回路

开门过程是,开门继电器 KMJ 吸合,GMJ 释放,电动机转向与关门方向相反,电阻

RGM 和 RKM 构成分压,当门机转动使 1KM 闭合后,门速降低,到碰撞开门极限开关使开门继电器 KMJ 释放,电动机停止转动。

(3) 开关门电路速度的调整

开关门电路主要是调整行程开关的位置,从而通过改变电阻值来改变速度,调整方法如下:

① 拆下电动机上的皮带,用手盘动曲柄轮使轿厢门开启或关闭,从而初步确定开关门限位开关的位置。

② 接通电源,在操作盘上按住开门按钮,电动机正转(开门),然后再分别手动按动 1 KM 和开门限位开关电动机转速降低和停止。同样操作关门按钮,电动机反转(关门),分别手动 1 GM、2 GM 和关门限位开关,转速会由高到低直至停止。

③ 盘动曲柄轮,分别使轿门开启和关闭,观察各开关与碰铁碰撞情况,适当调整碰铁或开关的位置。

④ 装上皮带使关门电动机工作,试验开、关门速度。一般开门为 2 s,关门为 2.5 s。

⑤ 分别关上层门,从上至下慢车行驶,到每层都停止,然后按动开门钮,厢门带动厅门开启,按动关门按钮,门关闭。每层的开关速度应平稳,碰撞声音符合规定。每层调整后再固定开关位置,一般情况不得变化。

2. 交流电梯门机控制线路的调整

如图 5.4,30L1、30L2、30L3 为三相交流电源,DM 为交流电动机,电动机正反转是靠 CT-O 或 CT-S 接触器吸合来实现的,从图中可知 P31 是直流 80VA 电源。

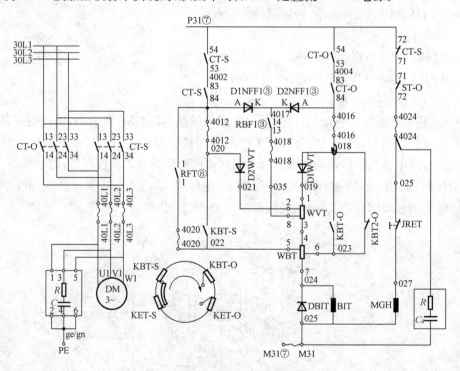

图 5.4 交流门电机控制电路

(1) 开关门电路的原理

① 开门:开门线路中当电梯轿厢开门时,开门接触器 CT-O 线圈得电,导通吸合,VCT-

O为零时(此信号是由VE22输出放大板中输出的)DM便得电旋转开门。

② 关门：首先应该分析DM的热保护开关KTHMT是否闭合好,DM的电源开关KMT-A是否断开,还有$KSKB_1$、$KSKB_2$关门力限制器开关是否闭合。当VCT-S为零时,表示有了关门信号,此时的关门接触器CT-S的线圈得电吸合,门电动机DM向关门方向旋转。关门过程中的减速是靠KBT-S关门减速开关来完成的。KMT-A为电动机转动终止开关,当电动机转动关门碰撞到此开关时便断开关门通路,终止了门电动机的转动,并将厅门、轿门关好。

(2) 开关门速度的调整

① 开关门状态分析

• 开门：开门初始过程脱钩动作应该慢一些,可减少噪音,整个开门过程为慢→快→慢,整个开门总时间约为2～2.5 s。

• 关门：关门过程具有综合保护功能,采用KTL安全触板,光电保护触点,关门力限器触点保护,任何一个常闭触点断开,关门动作中止,反向开门后再重复关门动作,由于关门初始不存在脱钩过程,因此整个关门过程为快转慢两个状态。关门总时间约为3.0～4.0 s。

② 关门速度调整

A. 关门调速分析

关门过程：P31＝80V→CT-S/54-53,83-84 常开闭合→O20

O20分成两路：

• 快速关门通路：O20→D2WVT→WVT2→WVT3→WBT4→WBT7→O24→BIT→O25,这条通路电阻大,涡流电流小,快速关门。

• 慢速关门通路：O20→KBT-S→O22→WBT5→WBT7→O24→BIT→O25,这条通路电阻小,涡流电流大,慢速关门。

B. 关门速度调节

• 关门总时间调节WVT2,上调电阻增大,关门速度转快,总时间减少,反之则大。

• 涡流慢速关门时间WBT5上调电阻减小,关门速度减慢,关门制动时间增加,反之则小。

• 快与慢关门速度转换点调节KBT-S微动开关,方法是,松动紧固螺丝,沿圆弧方向调节。

(3) 开门速度调整

① 开门调速分析

开门过程：P31＝80V→CT-O/54-53,83-84 常开接通→O18。

O18分成3条回路：

• KBT2-0常闭触点回路：电梯初始开门以O18和O23短接状态慢速开门,开门后门锁机械脱钩后KBT2-0常闭断开转入快速开门。

• DIWVT二极管回路：电梯转为快速开门时O18→DIWVT→O19→WVT1→WVT3→WBT4→WBT7→O24→BIT→O25,这条通路电阻大,开门速度快。

• KBT-O常开触点回路：KBT-O常开触点动作标志电梯开门过程即将结束,为防止终端碰撞现象,O18→KBT-2常开触点闭合→O23→WBT6→WBT7→O24→BIT→O25,则再次转为慢速开门。

② 开门速度调节

- 开门时间:调节 WBT6,上调电阻减少,开门速度慢。
- 初始满开和快开转换点的调节:通过改变 KBT2-0 常闭开关的位置来调节。
- 快开和慢开转换点的调节:通过改变 KBT-O 开门制动触点开关在圆弧位置来调节。

5.3.6 电梯安全系统的试验和调整

电梯安全系统由机械和电气两部分组成,它们之间联系紧密,系统中任何装置发生故障都会引起电梯不能启动或在运行时自动停止,保证电梯的安全运行。

机械安全保护装置有:电磁制动器、限速器、缓冲器、层门、轿门、安全触板、安全钳等。

电气安全保护装置有:限位开关、极限开关、超载装置、超速保护开关、急停开关、断相保护、错相保护等。

电梯慢车试验后,应按 GB/T10059—1997《电梯试验方法》进行安全装置的调整和试验。

(1) 限位和极限的调整:电梯以检修速度向上和向下运行,当超越上、下限位工作位置时,限位开关应动作,动作后电梯应停止,轿厢地坎越过上、下层站地坎的距离应在 50~100 mm 范围内;试验极限开关时应先将限位开关的接点短接(试验完毕后再拆除),当超越上、下极限位置时,极限开关应动作,动作后电梯应停止,轿厢超越上、下端站层地坎的距离应在 100~200 mm 范围内。

(2) 供电系统断相、错相保护装置的调整:可将总开关取掉一只熔断器或交换相序,再合闸试车,这时相序继电器应发出信号,电梯不能启动。

(3) 限速器和安全钳的调整:电梯停在底层端站的上一层,轿空载,用检修速度向下运行,然后在机房人为动作限速器,这时安全钳开关动作使电动机停转,安全钳卡住导轨。试验后将安全钳开关复位,这时再点动下行,电梯应停止不动。如果能向下运行,说明安全钳没有卡紧导轨,修复调整安全钳后再试验,直到卡住导轨为止。然后可把轿厢停在底层端站的上三层。重复以上试验,安全钳应动作准确无误。

(4) 缓冲器的试验:试验前应将限位开关和极限开关短接,轿厢以空载和额定载荷分别对对重缓冲器和轿厢缓冲器静压 5 min,然后将轿厢和对重提起,放松缓冲器,使其恢复到正常位置。液压缓冲器复位时间应小于 90 s,弹簧缓冲器复位时间应小于 5 s。

(5) 层门锁与轿厢门电气联锁装置的调整:当任一层门轿门没有关闭或锁紧时,操作按钮启动电梯,电梯应不能启动;轿厢运行时,将层门或轿门强迫打开一点,电梯应立即停止运行,否则应调整。通常由底层向上,一层一层试验,直到全部合格为止。

(6) 安全窗的试验:电梯运行时将安全窗打开,电梯应立即停止;安全窗没有关好关严,电梯不能启动。

5.4 电梯快车调试

5.4.1 电梯快车试运行前电梯检查和确认的内容

1. 电梯快车运行调试前应对电梯进行的检查内容

(1) 井道内装置和门系统的检查:井道内装设的装置包括隔磁板、端站防越位开关、随行电缆、缓冲器、限速器配重轮、补偿链(绳)等。在正式进入高速运行前,必须以检修运行方式运行,认真检查其安装的状态与运动部件的相互距离。对门系统的连锁开关、锁紧装置的动作状态进行检查和确认,防止高速运行时发生碰击而导致损坏。

(2) 层高数据写入的确认检查:尽管在慢速运行时已进行了层高数据的测试和写入,但是,如果层高数据未存入 RAM 中,电梯在高速运行时,将不会在召唤站减速停站,直到端站仍保持高速运行,导致冲顶或蹾底事故。因此,必须确认层高测试的数据是否已写入 RAM 中。

(3) 位置选择器的设定检查:电梯以建筑物的最下层位置为"1",如果位置选择器的指示值与轿厢实际所处的楼层位置不符,在高速运行时,电梯的实际停站与召唤层站将产生偏差。因此,在转入高速自动运行时,必须在层高数据写入后,以检修速度将轿厢开至底层进行位置选择器的初始设定。

(4) 制动器的调整检查:制动器在慢速运行结束后、进入高速运行试验前必须重新进行调整。

2. 电梯快车运行调试前应对电梯的各项功能进行确认

(1) 自动运行状态的检查:从轿厢内操作开关上按某楼层指令,电梯门自动关闭并启动、加速运行,到达指定楼层区域后能自动减速,停层开门。该项试验首先每层停靠,然后跳过相邻楼层停靠,最后上、下端站直驶停靠,每次均应能可靠达到,楼层显示正确。

(2) 自动/手动开关功能确认:自动运行状态检查正确后,在正常运行状态中,分别将控制柜内、轿厢内、轿顶上的自动/检修开关从自动转为检修,电梯只能以检修状态运行。只有当所有开关均设定为自动时,电梯恢复正常状态,重新启动,自动运行。

(3) 安全闭锁电路的确认:在正常运行状态下,分别把控制柜内、轿顶上、底坑内的急停开关以及限速器开关关断,电梯均应立即停止,不能再启动。只有上述开关全部恢复到工作位置后,电梯才能恢复正常状态,重新启动运行。在正常运行状态下,用应急开门钥匙打开任何一扇厅门,电梯均应立即停止。即使在检修状态下,可用手按上或下按钮进行慢速运行,但必须在所有层门关闭后方可运行。

5.4.2 电梯快车试运行电梯调整的内容与方法

电梯进入快车运行状态后,为了提高电梯的服务质量,还应对其机械系统及电气系统进行认真细致的调整,例如针对乘坐舒适感和平层准确度的有关因素进行检查和调整,排除故障。影响舒适感的因素较多,有机械系统的原因,包括制动器调整不当、导轨安装质量不好、曳引机安装不符合标准等(在有关章节里都作了介绍)。另外,电气系统调节不好也将影响乘坐舒适感。调整的内容与方法具体如下:

(1) 称重装置的调整:电梯称重装置能对启动力矩和运行力矩进行补偿,如称重装置工作不正常将引起启动冲击或运行过程速度不稳等现象。称重装置的核心部件是差动变压器。调整时,应使其空载、满载、半载的测量偏差值符合调试说明的要求。在偏差调节的基础上再进行补偿量的调整,使电梯启动时既无冲击也无堵塞现象。低速电梯(速度小于 1m/s)有的不装设差动变压器,而是用 20%、50%、80%、100% 和 110% 称量开关代替。对上述称量开关的实际动作值应逐一进行校验和调整,在补偿量调整时应兼顾负荷范围的上、下限值。

(2) 速度模式的调整:速度模式对舒适感有影响(包括从启动到停止、加减速度、振动等),但该参数制造厂在出厂时均已设定好,一般在现场不宜做大的调整,否则就难以恢复原来的设定值。

(3) 平层准确度的调整:影响平层准确度的有机械系统和电气系统两大因素。机械系统是反映 PAD 板(位置隔磁板)的安装位置是否准确,而电气系统是反映在换速时间和运行速度上。为了使调整工作有针对性,应分清其影响的后果,然后才能选取调整的方法。

① 位置隔磁板的影响:当电梯运行到某层站停靠,不管是上行或下行,不管是单层或多层,其平层偏差均在同一方向时,则认为该层的 PAD 板安装位置偏离了安装基准尺寸。调整时应根据平层偏差的方向和尺寸向反方向将 PAD 板调整相同的尺寸。但调整时必须保证安装要垂直,与感应器的侧间隙和顶间隙符合规范要求。调整后必须重复进行层高数据的测试和写入。

② 电气系统的调整:如 PAD 板安装位置经过检查确认没有问题,但各层楼上行、下行、空载、满载运行时,平层偏差值的大小和方向均有较大差别时,则认为是电气调整不良。当每次停站电梯运行均过头时应提前换速。当电梯爬行进站而且停站不到位时,应延迟换速。当制动器作用时间过早时(运行未到位),应延迟制动时间。当制动器作用时间过迟时(电梯运行过头),应减少制动时间。

5.4.3 上海三菱 GPS-Ⅱ、GPS-CR 快车调试实例

1. 上海三菱 GPS-Ⅱ、GPS-CR 电梯快车调试的准备工作

在快车调试前应对电梯做好必要的准备工作,具体如下:

(1) 在低速运行过程中,存储楼面高度,把 AUTO-HAND 开关切换到 HAND 位置。

(2) 以慢速度将电梯轿厢从底楼移动到顶楼的门区域平层位置,并把 FMS 开关按下,然后松开,印板上的楼面层次显示器全闪烁。

(3) 以慢速度将电梯轿厢从底楼移动到顶楼的门区域(中途不停),到顶层停车后,层楼数码管停止闪烁,显示最高层楼数据,层高基准数据写入结束。

(4) 称量数据写入,写入程序见流程图。

2. 上海三菱 GPS-Ⅱ、GPS-CR 电梯快车试运行调试工作

(1) 以低速在机房将电梯轿厢移到中间一层楼面处,并把 AUTO/HAND 开关调换到 AUTO 位置。

(2) 以自动方式打入指令使电梯作单层运行,这时电梯轿厢会很正常地到达这一层楼面。使电梯轿厢在每一层都停靠,检查电梯轿厢是否很正常地到达。

(3) 再进行跳过一层停靠、跳过两层停靠等操作,检查在每一种操作模式中,电梯轿厢是否很正常地到达。

3. 上海三菱 GPS-Ⅱ、GPS-CR 电梯制动器的调整

(1) 调节柱塞的行程和 BK 触点的间隙。制动器弹簧被压缩后,将左右两种调节螺栓转动到相同程度,直到柱塞的行程达到 2 ± 0.5 mm。把 BK 触点的间隙调节到 1.5 ± 0.5 mm。

(2) 调节制动器弹簧。采用下列步骤调节制动器的弹簧:

① 把不带负载的电梯轿厢停靠在顶楼。
② 改为AUTO(自动)操作并切断门电源,把KCD-60X上的旋钮MON调到B位置。
③ 从底楼呼叫电梯轿厢,电梯轿厢一开始下降,就立即把AUTO/HAND开关调到HAND位置。
④ 电梯轿厢会立即停在井道的中点处。
⑤ 读出KCD-60X上的7段发光数码指示数值(楼面层次指示器)。
⑥ 把上述①～⑤的步骤重复3遍,并调节制动器的弹簧,使7段发光数码管的平均值与表5.8、表5.9中所列数值相符。

表5.8 制动器动力调节对照表

曳引机	绳索绕法	设定值	验证值	基准速度(m/min)
EM-1660/65 EM-2430	1:1	35～40	29或更大	45～60
EM-2470	1:1	75～80	58或更大	90～105
EM-3615	1:1	30～35	25或更大	45～60
EM-3640	1:1	60～65	48或更大	90～105

注:设定值越大,制动器的制动力矩就越大。因此,制动弹簧指示调整读数不得低于100%。制动器抱闸力矩的大小调整还应该参考电梯制动距离要求来决定,国标对电梯的制动距离规定根据电梯运行速度提出了要求,请参考有关标准和检测报告书。

表5.9 MON开关在B位置时显示器内容

	停止	运行
自动	速度	速度
手动	制动器设定值	速度

(3) 验证
① 将电梯轿厢运行到底层,电梯轿厢上的负载为额定值的110%。
② 使电梯处于AUTO(自动)状态,关闭门的电源,把控制柜中KCD-60X上的旋转开关MON转到B位置。
③ 在顶层呼叫电梯。
④ 当电梯轿厢一开始往上运行,马上在机房将AUTO/HAND开关打到HAND(手动)位置。
⑤ 电梯轿厢会立即停在井道的中点。
⑥ 确保KCD-60X上的指示器与表5.8、表5.9验证值相符。

4. 上海三菱GPS-Ⅱ、GPS-CR电梯快车试运行各功能的确认
(1) 插上所有接插件,合上电源开关。将控制柜、轿内、轿顶上所有自动/手动开关拨到自动位置,所有运行/停止开关拨至运行位置。
(2) 调试者在轿内操作电梯。
(3) 按下轿内每一层指令按钮,除本层以外,其他层站的指令按钮响应灯在按后点亮。
(4) 电梯能准确地在指令登记的层站平层,平层后自动开门,并在平层时消去该层站的指示响应灯。

(5) 逐步检查层站召唤按钮,电梯离开后,每一按钮的响应灯在按后点亮。

(6) 电梯能响应同向召唤信号,在有同向召唤信号的层站电梯能准确平层,同时消去该召唤响应灯信号,平层后能自动开门。

(7) 在前方无任何召唤和指令的条件下,电梯能响应反方向召唤信号,此时,在有反方向召唤的层站,电梯能准确平层,同时消去该召唤响应灯信号,平层后自动开门。

(8) 本层开门功能有效,当电梯停在某一层站时,按层站的向上或向下召唤按钮时,除非在此前电梯已有相反的运行方向,否则电梯会保持开门状态或变关门动作为开门动作打开。

(9) 安全触板功能检查。电梯在关门过程中,装在轿门边缘的安全触板碰到阻拦物电梯都会自动重新把门打开。如果轿门上还安装有红外光电发射—接收器,当光线被遮挡时,电梯也会自动重新把门打开。

(10) 确认电梯轿厢内开、关门按钮动作有效。

(11) 载重确认:当电梯载重超过额定载重的110%时,电梯超载保护装置应该起作用,使轿内超载蜂鸣器发出响声,超载灯亮,电梯不关门,当然也不能运行。直到载重低于额定载重的110%时,电梯才会自动恢复到正常运行状态。

(12) 使电梯按正常运行程序运行,在轿内综合观察其启动、加速、运行、乘梯的舒适感、换速、停车时的平层精度、开关门噪声、制动可靠性等是否正常。电梯运行一段时间后,还要注意观察机房内曳引电动机和减速箱的温升。

5. 上海三菱 GPS-Ⅱ、GPS-CR 电梯快车试运行安全装置的确认

(1) 紧急停止的动作确认:确认无负荷时电梯自动运行,当按下任一紧急停止按钮,电梯应立即停止。

(2) 终端位置开关的动作确认:当轿厢上行时 UL(上行终端开关:电梯在最上层,检修状态下点动使轿厢向上运行,直到轿厢不能上行为止的那一点)开关动作,轿厢要立即停车;当轿厢下行时 DL(下行终端开关:电梯在最下层,检修状态下点动使轿厢向下运行,直到轿厢不能下行为止的那一点)开关动作,轿厢也要立即停止运行。

(3) 每层层站门锁电气开关:电梯运行时所有厅门必须全部关闭好,一旦有任何一个门被打开,门锁电气开关断开,电梯应立即停止运行。

(4) 上极限开关 UOT 确认:把电梯轿厢放在最顶层,用线夹将控制盘内 A 接线柱端子(420-81-UL)间短接后(短接上终端开关),检修状态下点动使轿厢上行,直至 29 发光二极管灭的那一点。

(5) 下极限开关 DOT 确认:把电梯轿厢放在最底层,用线夹将控制盘内 A 接线柱端子(420-81—DL)间短接后(短接下终端开关),检修状态下点动使轿厢下行,直至 29 发光二极管灭的那一点。

5.4.4 电梯启动、减速与制动的调整

电梯的启动、减速和制动停车时要求平稳,使乘客有良好的舒适感,并且对电梯的机件不应有冲击。现在采用交流变频控制的电梯具备了平滑启动和换速停车的特性,可获得良好的舒适感。电梯的换向是通过改变电梯曳引电动机的旋转方向实现的,无论是交流还是

直流电梯,都可以通过上下运行接触器或继电器来改变电梯的运行方向,具体调整如下:

1. 电梯启动的调整

如图 5.5,电梯在启动时一般采用控制电路中串联电阻或电抗等措施以限制启动电流,减少因电网波动及减小启动时产生的加速度。具体调整是电梯的启动转矩是负载转矩的 1.8 倍左右,按照这样的启动转矩加速,将给电梯设备带来较大的冲击。降压启动电压就是为了将启动转矩限制在 1.2～1.3 倍负载转矩以下,使电梯有较好的加速过程。但电压也不能降得过大,降得过大会造成启动困难,从而损坏电动机绝缘等。由于不同规格电梯参数不同,每台电动机所需的启动转矩也不相同,因此在实际调整过程中应该根据具体情况进行整定,一般串入电抗的匝数是 20～40,经过 1.5～2 s 切除阻抗。

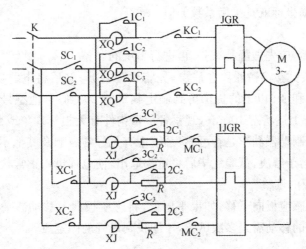

图 5.5 交流双速电梯主回路

2. 电梯减速与制动的调整

电梯在减速制动时电动机由高速绕组转到低速绕组,为了限制制动电流过大及减速时负加速度,在电路中串入电阻或电抗,防止过大的冲击。电梯进入平层区内需要减速制动,减速就需要减速点,也就是电梯从什么时候开始减速。减速点关系到减速过程的舒适感,减速点调整的方法有:

(1) 加长减速板,使铁板提前插入减速感应器,这样减速就会提前,但是铁板加长后不得超过任一层的层高。

(2) 调整串联在主回路的电阻和电抗器的抽头及切换时间,就可以改变减速度的大小。

(3) 改变电气控制线路,增加减速感应器,使电梯上下行的减速点分别控制,使减速点提前到达。

5.4.5 电梯平层的调整

电梯平层的调整,首先是要对平衡系数进行调整。平衡系数是指当电梯轿厢的重量与对重侧的重量基本相等时,在对重侧多加的重量与轿厢额定载重的比值称为平衡系数。平衡系数的选取,直接影响电梯的平层准确性、电动机的正常工作、实际速度与额定速度之间的误差,直接影响电梯的运行质量。

平衡系数该取多大，需要在调试和运行中确定。一是要考虑轿厢空载和满载两种运行情况；二是要根据梯型（客梯、货梯）不同加以考虑。客梯的流量变化较大，常常不在额定负荷下运行，K 可取 0.45 左右；货梯常在额定负荷或接近负荷下运行，K 可取 0.5。

1. 平衡系数常用的调整方法

先使轿厢与对重处于同一水平位置上，并在机房里的曳引轮与曳引绳上做好标记，绳上的标记要牢固。然后操作电梯快行，当曳引轮上的标记和曳引绳上的标记重合时，说明轿厢与对重在同一水平位置上。然后使轿厢分别以额定荷载的 25％、40％、50％、60％、100％作上、下快车运行。当两个标记重合时，记录主回路的电压、电流及转速，并在坐标纸上分别作出转速与载重的坐标点以及功率与载重的坐标点，把这些点连接起来即为两条曲线，这两条曲线的交点对应的横坐标就是平衡系数的值。

2. 平层的调整

平衡系数调整后，应先做静载试验，再进行平层的调整。

（1）电梯的静载试验将轿厢停在底层，先将轿门打开，然后将电源切断，陆续加重物于厢内。客梯、医用梯和 2 t 以上的货梯可到额定载重的 200％；其他型号的电梯可加到额定载重的 150％。保持上述状态 10 min，观察各承重构件有无损坏现象或变形、曳引绳在槽内有无滑移溜车现象、制动器刹车是否可靠、系统中有无异常声响及其他不妥之处。试验时应该反复检查问题并给予解决，试验完毕后将重物取出，使电梯进入正常状态。

（2）平层感应板的调整

如果平层高，将感应板向下移；如果平层低，将感应板向上移动。平层的调整必须耐心的反复调整，感应板的移动需经多次试验，才能找到最好的固定点。

5.4.6 电梯载荷试验

电梯调试的最后一步就是载荷试验。载荷试验分 3 种状态，即试运行、负荷静载、超载运行。前面已讲述了静载试验，下面说明试运行和超载运行试验，试运行和超载运行试验必须在全部调整工作完毕后进行。

1. 试运行试验

试运行分空载、额定载重量的 50％、额定载重量的 100％三种情况进行。每一种情况均应在通电持续率不少于 40％的情况下往复升降 1.5 h。运行时应观察启动、运行和制动停止时有无剧烈振动，制动器制动是否可靠，平层情况，制动器线圈的温度，曳引机油温度，曳引机、轿厢、井道是否有异常声响，电梯信号及各种控制是否正常，控制柜、操作盘是否工作正常。多人在各层站呼梯，试运行应符合下列要求：

（1）电梯的启动、制动应平稳、迅速。

（2）电梯运行时轿厢无剧烈振动和冲击。

（3）指令、召唤、选层、开车、截车、停车、平层等装置应准确无误，声光信号显示清晰。

（4）上下端站极限、限位、缓速开关位置准确，保护可靠。

（5）门机速度、减速和停止符合要求，安全触板等保护装置灵敏可靠。

（6）厅门机械、电气联锁装置、极限开关和其他电气开关作用可靠。

2. 超载运行试验

经空载试验合格后,即可进行超载试验,使轿厢承载额定载重110%,通电持续率40%的情况运行30 min,观察电梯的启动、制动、平层误差、制动器是否可靠,曳引机工作是否正常,超载试验时应短接超载开关,试验完毕再拆除。

5.5 交流电梯调速系统的调整

交流调速是以电力电子技术实现调速的基本技术,涉及电力拖动、半导体变流、模拟控制和计算机控制等技术。在电梯上,应用模拟控制的交流调压调速虽然在速度给定和控制装置的通用性方面存在不足,但因其结构简单、成本低和技术成熟而获得广泛应用。微机技术的应用不仅可取代复杂的继电器控制,而且可以实现精确的数字给定和平层精度控制。变频调速具有较好的节能效果,同时在电梯加速、减速和平层过程中可以对谐波加以有效控制。

5.5.1 交流电梯调速系统的结构与原理

交流电梯调速系统主要由速度检测装置与电动机调速控制电路两个部分组成。速度检测装置的作用是检测轿厢运行速度,然后转变为电信号提供给电动机调速控制电路;电动机调速控制电路的作用是提供动力,实现电梯的速度控制。交流调速电动机主要有交流变级调速系统、交流变压调速系统、变频变压调速系统。

1. 交流双速电梯调速系统的结构与原理

变流电动机有单速、双速和三速3种,交流双速变速是采用改变电动机定子绕组级对数的方法来实现的。因为交流异步电动机的转速是与极对数成反比的。

在该系统中,三相异步交流电动机的定子内设置有两个不同级对数的绕组,一个为快速绕组作为启动与稳速用,一个为慢速绕组作为控制减速与慢速平层停车用,这种变速方式多采用开环控制方式,线路比较简单,乘坐舒适感较差,通常应用于额定速度在1 m/s以下的货梯。

如图5.5,电梯启动时,上方向(或下方向)接触器吸合,快速接触器KC吸合,而慢速接触器断开,电源接通快速绕组。为减小启动电流及启动时的加速度,提高乘坐的舒适感,此时1C未吸合,定子绕组就串入了电抗(或电阻),这种启动实际上是降压启动。当电机转速达到一定数值后,逐步减小串联的电抗或电阻,直到最后1C吸合,从而完全短接电抗或电阻,使电梯逐步加速,最后电动机达到额定速度,电梯进入稳定运行。启动过程中常采用一次或二次短接切除电抗、电阻。当电机需要减速时,慢车接触器MC吸合,电机开始减速。同样,为了降低减速度及减小制动电流,在低速绕组也需串入电抗或电阻,即接触器2C、3C断开,在减速过程中逐步吸合2C、3C接触器,使电机逐步减速直至停机。增加电阻或电抗,可减小启动、制动电流,增加电梯舒适感,但会使启动转矩减小或制动转矩减小,使加、减速时间延长。

2. 交流变压调速系统的结构与原理

交流变压调速系统通常采用晶闸管闭环调速方式,它的制动减速方式很多,常见的有能耗制动、反接制动、涡流制动3种方式,其中采用双速电动机作为电梯曳引电动机,对高速绕组实现调压控制,对低速绕组实施能耗制动控制的电梯是目前调压调速电梯的主要控制方式。

能耗制动交流变压调速电梯系统主驱动系统框图如图5.6,主要由晶闸管调压调速电路和直流能耗制动电路组成。

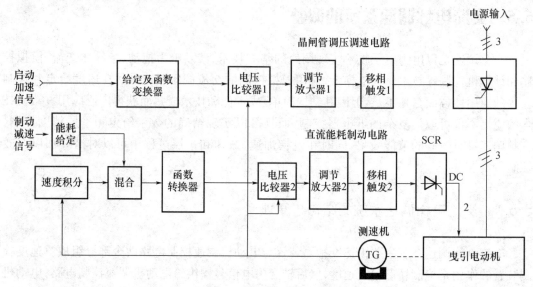

图5.6　能耗制动交流变压调速电梯系统

(1)测速反馈环节:三相交流测速发电机 TG(简称测速机)与负载(曳引电动机)同轴相联,它将转速转变为三相交流电压,经三相桥式整流和电容滤波输出反馈直流信号去晶闸管调压调速电路与直流能耗制动电路。

(2)晶闸管调压调速电路:测速反馈环节输出的信号加到电压比较器1的电路与给定及函数变换器送来的信号进行比较(相减)后,加到调节放大器1电路。经处理以后去移相触发1电路。

• 与移相触发1电路输出的电压增加时,由于触发器输出脉冲前移,晶闸管移相角减少,从而使加到曳引电动机的电压升高,因而速度上升。

• 与移相触发1电路输出的电压减少时,上述过程正好相反,速度下降。

(3)能耗制动电路:直流能耗制动电路的作用是,在曳引电动机失电后,对慢速绕组中的两相绕组通以直流电流,在定子内形成固定的磁场,转子切割这个直流磁场的磁力线而产生电流,所形成的制动力矩,使电动机的转速迅速降为0。

能耗制动电路的工作原理是,测速机产生的信号加到电压比较器2电路,同时制动减速信号经能耗给定电路处理后与速度积分信号混合,由函数转换器处理后也加到电压比较器2电路,比较后的信号加到调节放大器2电路,经处理后去移相触发2电路。由于能耗制动力矩是由电动机本身产生的,因此对启动加速、稳速运行和制动减速可以进行全闭环的控制。

调压—能耗制动主电路如图5.7,电动机的高速绕组接成星形调压方式,每一相接有一对反并联的晶闸管,接触器 KM 和 KMR 是改变电动机转向的上行接触器和下行接触器,图中晶闸管 V7、V8 和二极管 VD1、VD2 构成单相半控全波整流电路,给低速绕组提供能耗制动时的励磁电流,当电梯检修运行时,只需给低速绕组提供三相交流电,使电梯低速运行。

这时应打开接触器 KS、KB，通过接通接触器 KC、KM2 实现低速运行，上行、下降仍由 KM、KMR 来控制。

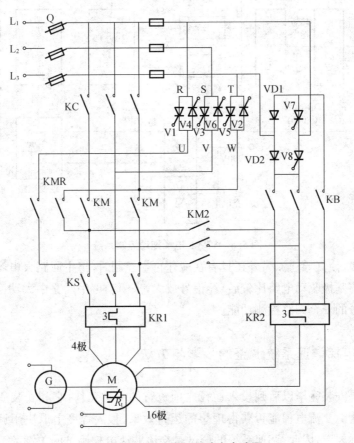

图 5.7 调压—能耗制动主电路图

3. 交流变频变压调速系统的结构与原理

变频变压的原理是当正常工作时，三相交流电通过由晶闸管组成的变换器将三相交流电压整流后变成直流电，以脉冲幅度调整（PAM）电路控制直流电压，再经过电容器平滑滤波后，送入由晶体管组成的逆变器，逆变器系统将上述直流电压逆变成所需频率的电压，以脉冲宽度调制（PWM）输出可以变压、变频的交流电源，电动机的供电变频器具有变频变压两种功能。图 5.8 是一个中、低速变频变压电梯拖动控制系统的结构原理图，其 VVVF 拖动控制部分由 3 个单元组成：第一单元是根据来自速度控制部分的转矩指令信号，对应该供给电动机的电流进行运算，产生出电流指令运算信号；第二单元是将经数/模转换后的电流指令和实际流向电动机的电流进行比较，从而控制主回路的 PWM 控制器；第三单元是将来自 PWM 控制部分的指令电流供给电动机的主回路控制部分。主回路控制部分由以下部分构成：

（1）将三相交流电变换成直流的整流器部分。

（2）平滑该直流电压的电解电容器。

（3）电动机制动时，再生发电的处理装置以及将直流转变成交流的大功率逆变器部分。

当电梯减速以及电梯在较重的负荷下（如空载上行或重载下行）运行时，电动机将有再生电能返回逆变器，然后通过电阻将其消耗掉，这就是电阻耗能式再生电处理装置。基极驱动电路的作用是将正弦波 PWM 控制电路送来的脉冲列信号放大，再输送至逆变器的大功

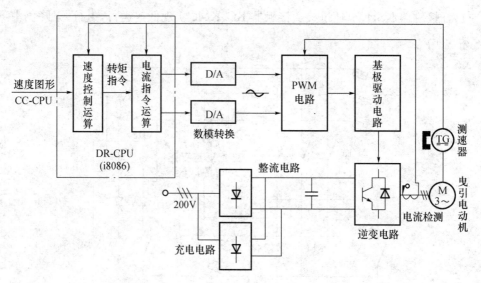

图 5.8 VVVF 电梯拖动控制系统

率晶体管的基极,使其导通。另外还具有在减速再生控制时,将主回路大电容的电压和充电回路输出电压与基极驱动电路比较后,经信号放大,来驱动再生回路中大功率晶体管的导通以及主回路部分的安全回路检测功能。

5.5.2 交流电梯调速系统调整的步骤与方法

电梯调试是安装完毕以后到投入运行之前进行的一项工作,它和安装质量是决定电梯质量的重要因素。交流电梯能否获得理想的运行效果,很大程度上取决于调速系统能否达到电梯性能指标要求,因此,调速系统的调试是交流调速电梯调试的关键环节。

调速系统由许多电子部件组成,因此调试过程比较复杂。为了提高调试质量,调试人员不仅应该掌握系统调试和故障分析处理方法,而且还必须熟悉新的性能测试仪器的使用方法。

交流电梯调速系统调整的步骤与方法具体如下:

1. 现场调整

调速系统的现场调整是在机械系统、电气控制系统调整基本完成,安全保护装置动作正确的前提下进行的。调整过程必须遵守国家标准 GB10058—88《电梯技术条件》、GB10059—88《电梯试验方法》和 GB10060—88《电梯安装验收规范》中有关的规范及习惯要求,按照一定步骤顺序进行。调速过程还必须注意交流调速系统的固有特点对电梯性能的影响。

一般规范和要求:

对于额定速度不大于 2.5 m/s 的电梯调速系统的现场调整应遵循下列规范和要求:

(1) 平层速度不超过 0.8 m/s,再平层速度不超过 0.3 m/s,检修速度不超过 0.63 m/s。

(2) 启动电流应不大于额定电流的 2~2.5 倍。

(3) 按时间原则制动时,高、中速减速应使平层距离约为总制动距离的 1/10。

(4) 电机最高转速在轿厢空载上行时,应比其额定转速低 10~20 r/min。

（5）当电源为额定频率、电机施以额定电压时，轿厢半载下行的最高速度应在额定速度以下并且不低于额定速度的92%。

（6）首次试运行时，应使高速给定低些，低速给定高些，同时加速度应小些，减速度也应小些。

（7）只有平层速度确定后，才能调整再平层速度。

（8）只有正常高度楼层运行速度确定后，才能调整特殊楼层和顺向截车的计算速度。

（9）当电源电压上升为390 V时，电机转速的提高应不大于10 r/min。

2．现场调试的步骤与方法

电梯调试说明书已经对整机调试的内容、步骤和方法加以说明。但对于调速系统的调试说明一般比较简略，使现场调试人员难以掌握。无论是何种类型的交流调速系统，调试过程分为调试前的准备工作、静态调试、模拟动态调试和实际动态调试。对于各个阶段，均有各自的条件、具体技术要求、调试内容和方法。

（1）调试前的准备工作

电梯安装完毕以后，在通电以前应做好以下工作：

① 根据需要，准备好调试仪器设备和工具。

② 清除井道、底坑、轿厢和曳引机上的异物，确保可动部件运行无阻。

③ 检查核对主控电路连线，检查电动机、测速发电机、曳引机的安装和润滑；用数字万用表测量电动机预埋热敏电阻阻值，其串联阻值一般应大于1 kΩ；保证冷却风机启动正常；将速度继电器整定准确。

④ 检查电动机、电磁制动器的绝缘电阻是否大于0.5 MΩ，检查保护接地电阻是否小于4 Ω。

（2）调速系统的静态调试

调试准备工作完成之后，开始进行系统静态调试。检查调速控制系统各环节的功能在静态时是否符合设计要求。静态调试时，需将电动机和电磁制动器的电源连线断开，使曳引机不动作。

在电气控制系统的接线和工作正确无误的前提下，进行调速系统的静态调试。主要检查构成调速控制系统的各功能电路的静态电压、输出波形以及有关测量值是否符合数据要求。尽管上述内容在产品出厂时已经调整完毕，但是，为防止由于运输、安装过程对电位器等可调元部件造成的松动和脱焊，仍需要作详细检查。发现问题时，则通过调试予以排除。进行调试时，需按信号的产生与传递的顺序进行。

① 测试整流电路

整流与稳压电路为模拟调速装置提供直流工作电压和速度给定阶跃信号，静态调试工作首先应从这里开始。对于整流和稳压电路，一般来讲不需调整，只需用数字万用表检测整流变压器二次侧交流输出电压和整流电路直流输出电压是否与电路给出的设计值一致。如果不一致，需检查整流二极管和三端稳压器工作是否正常，电阻电容元件参数是否改变，尤其要检查电解电容是否损坏，是否出现脱焊、虚焊等现象。

② 检查相序检测电路

相序检测电路有多种形式，不管其工作原理如何，当发生断、错相时，一般总是通过继电器切断关键电路（主要是急停电路），同时用发光二极管给以指示。因此，当相序正确时，相序继电器吸合,发光二极管熄灭。若对调电源的两相接线,则相序继电器释放,发光二极管燃亮。

③ 速度给定电路和速度反馈电路调试

速度给定电路的调试任务是,主要用示波器观察速度给定曲线是否符合设计要求,对于速度反馈电路主要是观察是否正常工作。

④ PI 调节器的调试

对于调节器的静态调试,主要是观察电路工作状态是否正常,静态工作点是否符合要求。

⑤ 晶闸管触发电路的调试

触发电路的静态调试,主要保证触发相位与 PI 调节器的输出控制信号有符合设计要求的对应关系。主要的调试方法是,调整电位器使反相器输出为零,再用示波器观察触发电路关键部位的波形,观察脉冲放大电路,从输出端可以观察到加在晶闸管上的触发脉冲及其连接的相位关系。

(3) 调速系统的模拟动态调试

在模拟动态闭环调试之前,可接好曳引电动机和电磁制动器连线。然后,操纵机房检修开关,使电梯主回路不经调速器而处于检修运行状态。利用检修运行状态,对以下各部分进行检查:

① 检查电机温升、电磁制动器的抱闸间隙(应为 0.5~0.7 mm)和对称性。

② 做限速器和安全钳动作试验。使轿厢空载由二层楼向下运行。用手动方式扳动限速器,轿厢应被安全钳可靠地制停在导轨上。同时,限速器和安全钳上的电气开关应动作,切断控制电路,使曳引电动机停转。否则,对任一不正常现象都应予以排除。

③ 实际检查门锁开关、安全窗触点、急停开关、超载开关和终端极限开关等保护装置对电梯运行的停止或不能启动的控制灵敏度。

④ 固定井道隔磁板或永磁体,断开外呼信号,通过选层按钮,检查电梯能否正常运行,并能正确到站停靠。

经过上述测试,在确保电气运行控制系统、调速控制系统、保护系统接线正确无误和工作可靠的前提下,让曳引机在不带轿厢情况下投入工作,用控制系统模拟的方法,对曳引电动机进行闭环控制,即让曳引电动机在调速装置闭环控制下进行启动、加速、稳速运行、换速和平层停车等各种运行。在运行过程中,首先,用数字钳形表测量曳引电动机启动电流,要求启动电流不大于额定电流的 2~2.5 倍。在电动机空载时,正常启动电流一般应小于 2 倍额定电流;而在稳速运行时,电动机电流一般为额定值的 50% 左右。其次,测量三相电流的对称性。三相电流相差一般不应大于 2 A。如果出现三相电流严重不对称现象,可调整 3 个触发电路的偏移电位器。

(4) 实际动态调试

在前述静态和模拟动态调试通过以后,将电梯的机械和电气控制部分均连接为正常运行状态,使其构成完整的闭环系统,对电梯的实际启动特性,加减速度的大小,高、中、低速度和平层进行最后的调试,使得乘坐舒适感、运行效率和平层精度等指标达到规定的要求。

① 启动性能调整

电梯的启动性能与曳引系统的平衡系数有直接关系。所以,在对启动性能进行调试之前,需要先测试曳引系统的平衡系数。在平衡系数符合要求的前提下,再进行启动性能调试。

电梯在启动时,要求既无突然加速的冲击,又无反向溜车现象,应该由零速平滑启动,否则将明显影响乘坐舒适感。电梯启动性能与启动给定增量、初始制动力矩、晶闸管触发电路的初始导通角以及曳引系统的转动惯量等因素有关。虽然在静态调试时,上述内容均已做了初步调整,但是,当曳引机带动轿厢实际运行时,受到系统转动惯量的影响,必须在原来参考值的基础上再做调整。

调整的方法是:首先,调试 PI 调节器制动控制信号输出电路,确定启动瞬间预制动力矩的大小;再调整 PI 调节器的启动给定增量。

② 实际运行速度和加速度的调整

先调整高速稳定运行速度。调整时电源为额定频率,电机为额定工作电压。在轿厢空载上行时,调整高速给定电位器,使电动机转速低于额定转速 10~20 r/min;轿厢半载下行时,最高转速应低于额定转速,但高于额定转速的 92%。对于中速稳定运行速度,若单层运行速度为 1.2 m/s,可将电动机转速调整为 1 000 r/min 左右。在运行速度调整好以后,可调整加速度,加速度的大小,首先应满足运行效率要求,使加速时间不能太长。对于额定速度不大于 2.5 m/s 的电梯,其平均加速度不小于 0.5 m/s。其次,应满足乘坐舒适感要求,使加速度不大于 1.5 m/s。一般可调整积分电路输入电位器。

③ 制动减速和平层调整

制动减速和平层调整,主要以改善减速和平层时的舒适感,以及提高平层精度为目的。对于按时间原则减速平层的电梯,将平层运行低速调低一些,对提高平层精度和改善舒适感均有利。平层速度不能太低,但也不能太高。一般规范规定,平层速度不超过 0.8 m/s,一般通过调整低速给定电位器,与启动加速度一样,制动减速度也不大于 1.5 m/s,一般也是调整积分电路电位器,调整减速时间为 2~2.5 s。按时间原则制动时,应使平层距离约为总制动距离的 1/10。这样,平层距离和制动减速时间限定了总的制动距离。这个距离确定了井道中每层站换速隔磁板或永磁体的位置。平层精度与井道平层感应器位置、平层速度、转动惯量、负载、运行方向以及制动抱闸与制动电流给定的延迟时间的配合等因素有关。调整平层精度时,平层低速度值已被确定,先将轿厢置于中间层站,在轿厢空载和满载两种情况下分别进行平层。当轿厢感应器被平层隔磁板插入时,开始低速换速,低速运行继电器释放,电梯应从平层低速减至零速。如果没设置零速检测装置,通常就设置停车延时继电器,一般延时整定时间为 1.0~1.5 s。在延时结束时,通过能耗制动使电梯速度降为零,并立即抱闸。这种最佳配合,通过制动给定电位器的调整来实现。将这种调整经多次反复,使轿厢在空载和满载时,保证平层误差在正负值允许范围内。当在中间层站经过以上调试满足要求之后,对其他层站平层的调整,只调整相应层站的平层隔磁板或永磁体的位置,即可满足平层精度的要求。

5.6 直流电梯调速系统的调整

5.6.1 直流电梯励磁调速系统的结构与原理

直流电梯是由交流电动机、直流发电机和直流电动机组成的拖动系统,发电机的励磁电流受三相晶闸管整流装置控制,从而调节电动机的转速。系统引入速度负反馈和其他反馈,使电动机的转速跟随给定曲线自动控制运行,电梯便按照要求的速度曲线运行,直流电梯的调速主要是励磁系统,直流电梯系统结构图如图5.9。

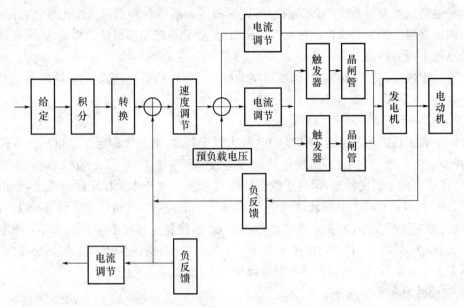

图5.9 直流电梯系统结构图

励磁系统引入了多种反馈,有速度反馈、电压反馈、电流反馈,目的是使系统工作稳定。

直流测速发电机的电枢电压反映电梯轿厢的运行速度,经分压滤波与给定信号比较后输入调节器,进行调节放大,控制晶闸管的输出电压。速度反馈扩大调节范围,使电梯轿厢的运行速度跟随给定速度。速度负反馈系统的抗干扰能力很强,任何原因引起的速度变化都将通过反馈的作用,使速度变化明显减弱,保证良好的运行指标。

电流负反馈信号由电流检测电路提供,它反映主回路电流的变化情况,可稳定输出电流,提高系统动态品质。电流负反馈可限制电梯在启动和制动过程中可能出现的大电流,达到保护电动机和晶闸管的目的,改善和提高电梯在启动、制动时的舒适感。

电压负反馈信号取自发电机电枢电压,经电压把电压谐波分量滤掉,得到较平直的电压量,保证系统稳定运行。

5.6.2 直流电梯励磁系统调速的步骤与方法

1. 静态调试

(1)检查系统的接线应和电气原理图相符,保证准确无误。

(2)断开发电机和电动机的连线,使发电机空载,启动直流发电机组,使触发电路工作,用万用表直流电压挡确定两个极的正负极,发电机正负极应和电动机的正负极一致,转速方向和电梯升降一致,否则应调换发电机励磁绕组两端的接线。

(3)把主回路上发电机和电动机的连接按正负接好,并将电动机和曳引机的联轴器摘开,启动发电机组,使系统开环空载正反转运行,观察转速方向是否和电梯一致。

2. 空车调试

启动直流发电机组使系统在较低的速度下正反向空载运行,观察系统中各环节输入、输出情况,应保证:正向给定电压→速度调节器负输入→速度调节器正输出→电流调节器正输入→电流调节器负输出→正向触发脉冲前移→晶闸管输出正向电压,轿厢下降。

反向给定电压与上述情况相反。

3. 预负载调试

将联轴器接好,让曳引机带动轿厢,以低速把轿厢运行至井道中间位置,将轿厢内的称重信号电压加在电流调节器的同相输入端,使速度调节器输出为零。打开制动器仍抱闸,调节称重信号的衰减度,改变称重信号的大小,使轿厢在抱闸松开的情况下不发生溜车即可。把预负载信号加入控制系统,即可保证电梯在启动瞬间电磁抱闸松开后不会溜车,同时提高乘坐舒适感和拖动系统的可靠程度。

4. 带负载调试

在轿厢上加上负载(重物),使其与对重平衡,以低速上下运行。若出现振荡现象,应仔细调节速度调节器中的电位器和电流调节器。然后把测速发电机电枢电压的分压电阻调至最大的位置上,使测速负反馈最强。

- 当电梯高速运行时,实测电梯运行速度,若电梯运行速度高于所需速度,可适当调整给定分压电阻高速端的分压值,使轿厢速度降低;若电梯运行速度低于所需速度,调整测速发电机电枢的分压电阻降低测速反馈强度,直到轿厢有合适的运行速度为止。
- 平快、平慢速度只需调整给定分压电阻就可以得到所需的速度。
- 启动、制动时间的调整应在乘坐舒适的前提下,与选层器的调整相配合,尽量缩短启动、制动时间,可适当调整转换电路的积分时间常数。
- 用超低频示波器观察速度反馈信号对速度给定信号的跟踪情况,若发现两信号曲线的跟踪较差,则在保证系统稳定的前提下,适当调节速度调节器中的电阻及电压负反馈中的电阻。

5.7 微机控制交流电梯调速系统的调整

随着半导体集成电路的出现和发展,尤其是 20 世纪 70 年代末至 80 年代初,微处理器开始在各个领域内得到了广泛应用,电梯的微机控制系统实质上是使控制算法不再由硬件逻辑完成,而是通过程序存贮器中的程序来完成的控制系统。下面就微机控制下的交流调压电梯和交流变频变压电梯调速系统的调整分别加以阐述。

5.7.1 微机控制交流调压电梯调速系统调整

微机控制交流调压电梯的典型产品是迅达电梯公司 MICONIC-B 一位微机系统,现以迅达电梯 MICONIC-B 一位微机系统控制的交流调压电梯为例阐述微机控制交流调压电梯调速系统的调整。

1. 微机控制交流调压电梯控制结构

MICONIC-B 微机系统可以应用于速度小于 2 m/s 的低、中速交流调压电梯中,MICONIC-B 电梯系统控制原理框图如图 5.10,整个控制系统由一些印板电路组合而成。

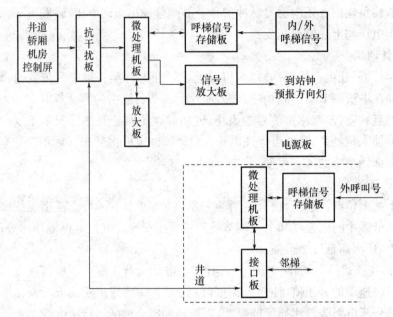

图 5.10　MICONIC-B 控制原理框图

- 抗干扰板(SF83)：主要负责对外部输入信号，在送入微机之前进行抗干扰处理，以增强系统的抗干扰能力。
- 微处理机板(PE280)：通过内部一个可编程序的运算系统，处理各种外信号，然后在相应的输出端发出控制信号，再通过其他印板去控制执行元件。
- 呼梯信号存储板(GCE16)：负责呼梯信号的登记和消除，可同时存 16 个呼梯信号。
- 放大板(VE22)：该板由多个独立的放大器组成，作为继电器、接触器的驱动电路。
- 信号放大板(WVV31)：该板控制厅外到站钟及方向预选灯。
- 电源板(BNG125)：为控制系统各印板电路提供稳定的直流电源。

以上是单独一台电梯情况，若在群控情况下则要增加一些印板，见图 5.10 虚线框内，这些印板设置在中央梯的群控部分。

- 微处理机板(PE280)：负责群控调度，提高运行效率。
- 接口板(AEX81)：群控时作为中央部分与其他电梯信号传输的接口。
- 呼梯信号存储板(GCE16)：这是公用的呼梯信号存储板，群控时，原来单独的 GCE16 只负责存储内呼信号，所有外呼信号都进入公用的呼梯信号存储板。

M-B 电梯系统轿厢内的选层信号经轿内选层信号板 GCE16 输入程序控制板 PE80。与此同时，由井道和轿厢等处的信号经抗干扰板 SF83 送入程序控制板 PE80。经微机系统运算后，确定电梯运行方向及停层信号并送入输出放大板 VE22，把有关控制信号经放大后输出，接通各有关执行元件(方向继电器、方向接触器等)，使电梯按要求启动、加速运行并且按选层信号要求而自动发出减速信号，使驱动部分的电子调节器工作，直至电梯准确地停在目的层站为止。在电梯进入正常运行的同时，程序控制板 PE80 还将各种信号指示送至信号放大板 WVV31，从而指示电梯运行情况。

2. 微机控制交流调压电梯调速系统原理

(1) MICONIC-B 电梯的特点

① 很好的运行舒适感。
② 良好的平层精度。
③ 功率消耗比交流双速低20%～40%。
④ 无爬行直接停靠。
⑤ 可允许短的层间停层距离。
⑥ 启动电流小。
⑦ 安装运行和检修运行时无需电子板,以使运行简单系统组成。
⑧ 调节单元印板和功率印板构成MICONIC控制。
⑨ 交流双速马达。
⑩ 装有增量发送器的曳引机。

(2) 功能原理

如图5.11,MICONIC-B电梯使用的是一般的双速曳引马达(1),其转速实际值采样取自数字测速机(3)—增量发送器IG500,该发送器连接于蜗轮副的轴(2)。加减速给定曲线以数字量存于给定曲线存储器(9),调节控制(8)一经动作,驱动开始,每个测速脉冲相对应一特定的运行距离,并在距离计数器(10)中计数,相应的速度给定曲线也随之产生。在该控制单元中(11),速度给定值与实际速度值进行比较,根据比较结果,或者由三相调节器(12)通过移相控制使马达的驱动转矩增加;或者由制动控制器(13)给马达的低速绕组通以直流电流,增加制动力矩。启动运行受三相调节器的控制而被调节,转速达到2/3额定值和连续运行时,马达的运转不随负载—转速关系而调节,这样就避免了不必要的损失和能耗。

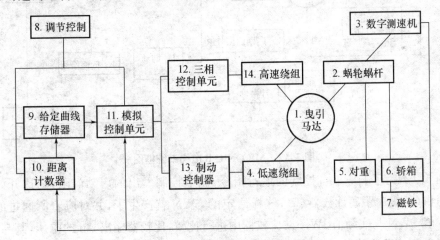

图5.11 MICONIC-B电梯基本组成

对于停层,井道信号是在平层位置之前规定距离释放的,该距离对应于数字测速机(3)规定的脉冲数,借距离计数(10)计数而得,并通过给定曲线存储器转换为相应的速度给定值。当整个脉冲数计数完毕,速度为零,达到平层位置。整个停层过程就表现为无爬行速度的直接停靠,具有良好的停层精度。

(3) 功能说明

① 实际值的产生

如图5.12,为获得实际的转速值,型号为IG500的增量发送器作为数字测速机(1)连接蜗杆的轴,即与曳引马达(2)同轴,它在光电作用下每转一圈产生500个脉冲,并经过脉冲整形器的处理成为很好的方波。

该脉冲输入到低通滤波器(4),在其输出端就可得到平均的直流电压分量,它正比于该脉冲的频率,代表了马达转速的瞬时值 IWN,即为相应的轿厢的速度。

另外,该脉冲也进入 1∶8 预置分频器的计数器(5)。由于测速脉冲的间隔对应于轿厢通过的特定距离,所以在输出端上的二进制编码信号代表了轿厢的位置。

② 给定值的形成

如图 5.12,给定曲线是以存储点的形式放置在 EPROM 中,所形成的速度是运行距离的函数,二进制编码的距离实际值由距离计数器(5)给出,而来自 EPROM(6)的数字信号在数/模转换器(7)中变换为模拟电压,这就是瞬时给定速度值 SWN。

③ 调节器的基本功能

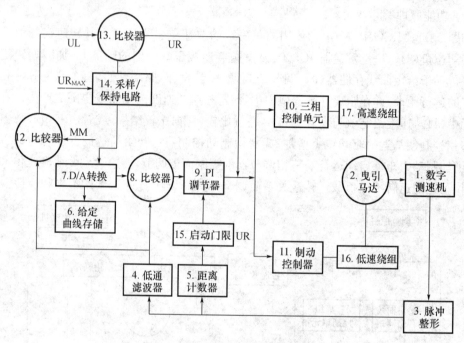

图 5.12　MICONIC-B 电梯系统框图

如图 5.12,为了响应来自控制的运行指令,调节控制发出的启动门限,马达开始转动。数字测速机(1)接通距离计数器(5),这样给定的 SWN 就产生了,并对应着所通过的距离,同时给定值 SWN 与实际值 IWN 在比较器中进行比较,比较器输出 Δn 的电压,其与给定值和实际值之间的转速差相对应。

在此,PI 调节器(9)的 P(比例)部分就很快产生一控制电压 UR,如果 UR 是正值三相可控单元(10)的可控硅就开放,以使三相电流进入高速绕组(17)(用于驱动);如果 UR 是负值,则制动控制器就开放,使得直流电流流入马达的低速绕组,在转子中出现涡流,马达就制动。

井道信息开关 KBR 一经释放,减速就开始,该磁开关于平层位置前以正确的距离安装,距离即为上述距离计数器的最大计数值,也就是制动路程。在 KBR 动作之后,发生的情况与加速相同,距离计数器(5)将测速脉冲作为减法计数,速度给定值从给定曲线存储器(6)中读出,这样马达转速将被调节。事先存储于距离计数器的脉冲数等同于 KBR 到平层位置的距离,所以当计数器中的数为零,电梯就正确到达了平层位置,速度为零,在这种控制方式中,速度与距离控制之间紧密联系,可使减速达到慢行并准确平层。

④ 启动门限

启动门限功能是由调节控制的单一比例器执行的,该比例器产生从零开始线性增长控制电压 UR,这样借助三相控制单元使马达的电流增加。只要克服摩擦,马达就开始转动距离计数(5),在收到来自测速机(1)的第一个脉冲就识别了马达的启动了,只有在此正常的控制过程中才由 PI 调节器(9)开始执行,并且不受静摩擦到动摩擦转换影响的状态。

3. 微机控制交流调压电梯调速系统的调整

(1) 静态调试

在熟悉电路原理和调速装置内部控制单元电路板的基础上,分别进行零线绝缘程度、电源电压、单元板功能检测和电磁制动器的调整。

① 首先断开控制柜上的三相电源开关 KTHS 和 NG8022 电源装置,断开 PE 到 M01 的连接,然后断开电子调速装置上端子至 M01 的连接线,测量端子 17 到接地端子的电阻值应不小于 20 kΩ。

② 电源电压的测量。为了防止连接测试时造成短路和防止插上印板后装置内部接线存在短路,建议在每测试完一个项目后,都要断开电源开关 KTHS。先拔下全部控制单元电路板。必须保证单元板的插入在机械上是锁紧的,无虚接。

再次接通 KTHS 开关,再次检查电源装置 NG8022 上 22 V 输出电压应为 27~21 V。最后断开 KTHS 开关。

③ 如图 5.13,DYN 板 SWD 和 RED 功能检测

• 零电流的测试

用直流最小量程为 25 A 的仪表来代替桥接,用短路在板 RED 上测试板 BU1 和 BU10 的办法进行。此时,流过零电流,仪表将指出 11 A±2 A。拆去 BU1~BU10 之间的短路线,电流降为 0。

• 减速开始电流的测试

断开主开关 JH。把安装测试运行板插入框架装置 BGT 上的 BNG125 印制板插座上。量程选择 25 V 挡,接通主 JH,电压表指示值为 11 V±1 V。闭合为安装测试用的印制板 J1RBR 开关,引起触发器 V3 翻转,现在电压表指示为 −10 V±1 V。在开关 J1RBR 再次断开之前,这种情况一直保持。

• 预置距离和积分器的测试

把电压表联在 BU1、RED$^+$ 和 BU1、SWD 之间,电压表指示值为 9.4 V±0.2 V(预置距离电值),把 SWD 的 BU4 和 RED 的 BU4 互相联起来,再次接通 J1RBR。触发器 V3 翻转,电压表上的电压值慢慢下降,大约 20 s 后,电压降到 0,制动电压升到最大值。当电压降到 0 以下后,再次断开开关 J1RBR,制动电流消失,电压再次跳变到 9.4 V。

• 平方根发生器的测试

把电压表联在平方器发生器的输出端(BU2SWD$^+$ 和 BU1RED),它应该指示为 9.7~10.3 V,再次接通开关 J1RBR。触发器 V3 翻转,开始时电压慢慢下降,然后逐渐加快,当电压降到 0,就会再次出现制动电流,然后断开开关 J1RBR。

• 调节放大器的测试

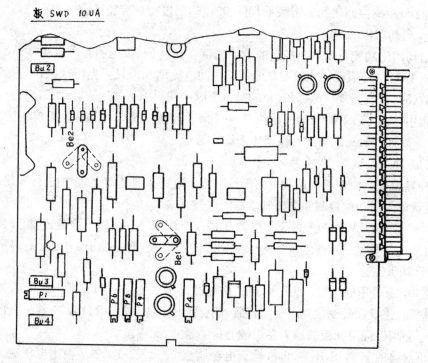

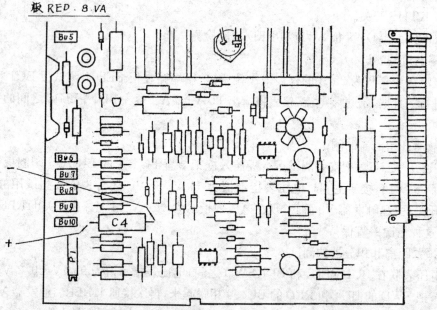

图 5.13 MICONIC-B 电梯驱动板图

把电压表联在 BU9、RED$^+$ 和 BU1、RED 上,示值大约为 11 V,接通开关 JIRBR,触发器 V3 翻转,大约 20 s 后,电压突然下降变成负值。同时,制动电流开始流动,把电压表的接法反过来,就可以读出这个负电压,大约为 11 V,打开开关 JIRBR。

- 圆滑电路的测试

测试圆滑电路时,把电压表跨接在 RED 板上的电容器 c4 两端,电压值约为 2 V,接通

JIRBR 开关，触发器 V3 翻转，约 20 s 后，电压降至 0.6 V，同时制动电流开始流动，JKBI 吸合。断开主开关 JH 和 JIRBR，拆去电压表、电流表及临时连接，恢复原接线。

- 电磁制动器的调整

利用机械松闸扳手松开制动器，使电梯轿厢慢慢移至楼层中间位置，BLD42.T 印板属于电磁制动器标准控制设备，在该电路板可调的时间范围内，电磁制动器的激励电流是可控的，可以获得线性上升的速度曲线。调整过程如下：

A. 张紧主弹簧。

B. 调整功能间隙：调整功能间隙时，必须保证磁铁行程约 3～10 mm；限位点间隙约 2 mm，制动瓦与制动盘的间隙不大于 0.6 mm。

C. 把电压表（200 V 或 250 V 挡）正、负表笔分别接在装置端子 17 和 16 上，接通开关 JTHS 和主开关 JH，电压表将显示 90 V±10 V。

D. 逆时针方向将 BLD 板上的 P1（励磁电流电位器）和 P2（制动器松闸时间电位器）旋转到极限位置。用导线跨接 BLD 板的 BU_1 和 BU_2。如果制动器绕组的额定励磁电流值不大于 1.6 A，那么必须把 BLD 板上的电阻 R26 去掉。如果额定励磁电流大于 1.6 A，则不必除去 R26。接通 KTHS，闭合所有的电磁制动器电气回路中的接点，即用手按下 SB（制动接触器）和 SR-D（或 SR-U）（上、下方向接触器）。顺时针方向慢慢地旋动 BLD 板的 P1（顺时针转动励磁电流增加），直到制动器松闸；准确地调整 P1，使得制动器线圈回路通电后约 3～4 s 后才全部松闸。拆除 BLD 板上 BU1 和 BU2 之间的短接线。

（2）动态调试

① 慢车运行和调整

在进行机房测试运行、复位运行和轿顶检修运行时，把门机开关置于关断状态，轿厢开着门运行。注意所有厅门均应关闭，轿门门刀要避开厅门滚轮，门扇的电缆线不可外凸露出，以免碰擦勾挂井道厅门地坎、上坎和井道线管线槽或其他异物。必须保证不会产生轿厢冲顶蹲底，在慢车运行期间，利用点动检查电机 6 极和 4 极的转动方向与轿厢运动方向是否相同。先接通 KTHS，人为使相关接触器动作，轿厢往下运动。同样使轿厢往上运动，如果运动方向错了，必须倒相，即互换相线。注意互换时必须断开 KTHS 开关。如果在机房内的慢车运行正确无误，就可进入轿顶开始检修运行。倘若轿顶磁开关还没有安装，那么临时短接 742#—745#，797#—746# 线。控制轿厢走遍整个井道行程。

② 轿顶磁开关和井道圆磁铁的安装及功能测试

磁开关和圆磁铁的安装参照《电梯安装说明》和《井道传感器安装说明》。磁开关是作为一个完整的组件被提供到现场的。圆磁铁也是装配于框架上作为组件被提供到现场的。将印有名称的自粘标签依据安装说明图贴在相应的磁开关上，用标准的圆磁铁测量每个磁开关的动作状态，应符合如下定义：磁开关固定于开关盒上，并按正常位置摆放；当圆磁铁的 N 极对准磁开关的垂直中心自上而下经过后，磁开关接点应呈现断开状态，然后该磁铁再自下而上经过，磁开关接点应呈现闭合状态。用标准的圆磁铁对所有的固定于磁体架上的圆磁铁进行极性测量，当安装完毕，去掉 742#—745#，797#—746# 的短接线，暂时将轿顶接线箱里的 1259# 和 1260# 电缆线从端子上拆除。利用检修运行将电梯从下而上走过每个圆磁铁点，同时用电压表（量程＞80 V）测量接线端子上相应的磁开关状态，其应与井道传感器安装说明图中的规定相符，即相对于粗线为磁开关闭合（1 状态），电压表显示 22 V±4.4 V 或 80

V±5 V,相对于细线为磁开关断开(0 状态),电压表显示 0 V,否则应纠正。测试完毕恢复 1259# 和 1260# 接线。

③ 快车运行的准备和条件

检查安全回路的每个开关、触点和按钮是否起保护作用,特别是轿门锁触点、厅门接触点和继电器触点构成的门区跨接回路,在 SWD 板上做下列调整:P1 积分电位器处于中间位置;P3 负载校正电位器处于中间位置;P7 减速电位器处于中间位置。

④ 整机联调

A. 减速的调整

一定的范围,用 SWD 上的电位器 P7 来调整减速。在空轿厢向上运行期间,小心地将 SWDD 的 P7 转向左边,直到触发继电器 RVZ 闭合,而轿厢仍在运行。从 SWD 电位器 P7 的这个调整点稍微向左转,直到在运行期间触发器不起反应为止。随着上述步骤的完成,一个最小的减速将被找到。如果需要更强的减速,通过 SWD 向右转动 P7 来得到。

B. 积分器的调整

首先以最小 2 个楼层的距离,从上往下到测试层站作一次测试运行,检查平层误差,如果误差超过 10 mm,相应的在井道内移动 KBR-D 磁铁,如果圆磁铁不可能进一步移动得更远了,而轿厢仍然超行程,这时在印制板 SWD 上进行调节成为必要,10 mm 或更小的平层误差可以用 SWD 上的积分电位器 P1 来校正,顺时针转动制动距离变短,反时针转动制动距离将变长,大约转 3 圈可以校正 5 mm。电梯调整到最大平层误差为±2 mm。

C. 行驶舒适感的调整

如果电制动效果开始太猛,这种缺点可以用微调 RED 的 P1 来改进。继电器 RVZ 将比继电器 RKBI 稍微早一点吸合,用顺时针转动,可以使 RVZ 早点吸合,这种调整要求运行距离超过 1 个和 2 个楼层距离,并且要 2 个方向都做。如果由电制动行起的冲动仍然不能被接受的话,则跨接在接触器 SH2 线卷上的 RD 元件可以更换,一个低阻 RD⁻ 元件可以延长释放时间,一个高阻 RD⁻ 元件可以缩短该时间。

D. 电磁制动器的最后设定

卸掉轿厢负载,向下运行超过 1~2 个楼层距离。制动器释放时间最大可以延长到 0.5 s,超过 5 s 就有马达过热的危险。制动器释放时间用 BLD 的 P2 来调整。调整 PE80 板上的电位计 P2,使得当马达的轴快要往回转时,制动器动作,电气制动应保证转速降为零。

5.7.2 PC 控制交流电梯调速系统调整

1. PC 控制交流电梯调速系统的原理

PC 是一种用于自动化控制的专用计算机,实质上是属于计算机控制方式,PC 控制的电梯拖动的主回路与调速部分与继电器控制系统相比无需很多改动,拖动系统的工作状态及部分反馈信号送入 PC,由 PC 向拖动系统发出速度指令切换、启动、运行、换速、平层等控制信号。以 PC 控制交流双速电梯为例,快车加速以及三级减速制动切换的时间控制由 PC 定时器完成,PC 程序根据召唤信号定向、快车启动运行、慢车减速制动,工作原理图如图 5.14。

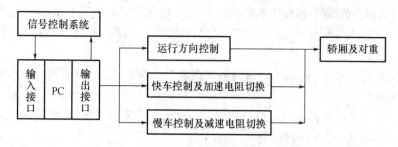

图 5.14 PC 控制交流双速电梯框图

2. PC 控制交流电梯调速系统的调整

下面以 PC 控制的交流双速电梯为例，阐述其调速部分调整的步骤与方法。

(1) 对系统中所有线路作最后检查

在通电之前，为保证安全及调试顺利，应保证不同等级之间回路不串线，保证主拖动线路不串相，以免造成系统器件损坏。凡是和电抗、电阻相连的地方，用万用表电阻挡的 XI 挡，并仔细校正后再通过测量阻值的方法可以检查是否有串相情况。若不能用上述方法，可直接用查线的方法进行线路检查。

(2) 上电

进行最后的线路检查之后，可以对系统上电进行通电调试。为保证系统安全，最好对各个回路逐一加电，并通过观察与原理图对应的 PC 输入输出状态，看是否符合设计要求。

(3) 进行电机运转方向实验

控制柜内有相序继电器或相应的相序保护装置进行断相、错相保护，但有时并不能保证电机的运转方向和实际要求一致。因此可把轿厢置于中间层站，在检修状态下手动操作接触器或点动试验电机运转方向正确与否。如果运转方向和要求相反，则把三相之中任意两相对调即可。在正式运行之前，应用上述方法对快车运行、慢车运行分别实验并保证运行方向与要求的一致。

(4) 检修运行

在进行检修运行操作之前，首先通过 PC 上输入端指示灯观察急停回路动作是否正常，至少应试验机房检修盒及轿顶检修盒能否可靠动作，电梯处于检修状态，急停、门联锁回路闭合，利用机房控制柜上检修盒点动上行、下行，并试验上/下电气限位是否能够起作用。在上述情况均正常后，把轿顶检修开关打到检修位置，并使急停开关断开，操作人员进入轿顶进行轿顶检修操作。进入轿顶后检修人员应先试验急停开关和安全钳开关动作是否正常，正常之后，可点动进行上、下行操作，观察传感安装是否正确，利用检修把轿厢开到每层平层位置，开关门若干次，检验门系统安装是否正确。

(5) 快车运行

检修状态下完成井道内的各项检验工作后，可以把状态转换开关打到正常运行状态，进入正常运行状态，首先让电梯处于司机运行状态。

快车运行调试分以下几步进行：

① 单层运行

使轿厢处于中间层站，分别选择单层上行、单层下行，正常后选择多层运行。

② 多层运行

首先选择双层运行，能够正常启动、减速停车，开门后，再选择多层运行，进而由底层到顶层和由顶层到底层运行。调试时,轿厢内不准有人,而是在机房内完成上述工作。由顶层到底层和由底层到顶层运行时,人为断开上/下强迫换速开关,观察是否立即减速、平层后停车开门。

③ 功能测试

在电梯快车运行正常后,对电梯进行各项逻辑功能测试,逐一试验同时修改程序。

④ 舒适感调试

对于 PC 交流双速电梯而言,其舒适感的调试方法很简单,调整串联调速电阻的阻值或电抗器的匝数和串入及切出的时间。

5.7.3 微机控制交流变频调压电梯调速系统调整

随着电梯控制技术的飞速发展,电梯目前调速技术基本采用了变频调压调速,而完成变频调压调速的装置就是变频器。下面以德国米高电梯专用电梯变频器米高 MICO2003 调试为例阐述微机控制交流变频调压电梯调速系统的调整。

1. 变频器参数的确定

变频器调试时要设置许多参数,这些参数必须正确无误,否则电梯就会发生故障或不能运行。这些参数主要包括:

(1) 曳引机电动机参数,如表 5.10 所示。
(2) 检修速度参数,如表 5.11 所示。
(3) 快车调试参数,如表 5.12 所示。
(4) 变频器速度曲线参数,如表 5.13 所示。
(5) 舒适感调整参数,如表 5.14 所示。
(6) 平层误差调整参数,如表 5.15 所示。

表 5.10 曳引机铭牌在变频器中设置参数

主菜单	子菜单	设 置	说 明
DRIVE（驱动参数）	Digital Encoder		ON:闭环,OFF:开环
	Digital Encoder Pulses	1024~4069	编码器实际脉冲数,PPR
	Pulses Input	A-B/B-A	脉冲输入相序,可对调
	Rotation Field	Right/Left	旋转方向,可对调
	Nom. Speed		电机额定转速
	Nom. Curr		铭牌额定电流,A
	Nom. Freq		额定频率,Hz
	Transmission		转动比
	Drive Wheel		曳引轮直径,mm
	Suspension		钢丝绳悬挂比

表 5.11 米高 2003 变频器检修速度参数

主菜单	子菜单	设置	说明
SPEED(速度)	v_1	20%(20%～130%)	实际速度与曳引机额定速度与百分数的乘积

表 5.12 米高 2003 变频器快车调试参数

主菜单	子菜单	设置范围(%)	经验值(%)	说明
SPEED (速度)	vn(反平层速度)	0.5～10	20	
	v_1(检修速度)	10～130	20	实际速度与曳引机额定速度乘以该百分数不得超过 0.63 m/s
	v_0(爬行速度)	1～25	13	
	v_1,v_2,v_3(高速信号)	25～130	95	实际速度为曳引机额定速度乘以该百分数,可任选一种

表 5.13 米高 2003 变频器速度曲线参数

主菜单	子菜单	设置值	说明
SPEED CURVE (速度曲线)	Acceleration(加速度)	15%～25%	
	Jerk-Acceleration(急加速度)	15%～25%	
	Deceleration(减速度)	150%	
	Jerk-Deceleration(急减速度)	150%	
	Braking Distance v_1,v_2,v_3(减速距离)	Learing Drive	快速信号定义为其中一个,一般选择 v_3

表 5.14 米高 2003 变频器舒适感调整参数

主菜单	子菜单	设置范围	经验值	调整方法
START/STOP (启停设置)	Start Relardation	0～1 000 ms	160ms	该值为抱闸延时时间,适当增大或减小可改善舒适感
SPEED CURVE (速度曲线)	Acceleration(加速度)	1%～200%	20%	值增大,加速快 值减小,加速慢
	Jerk-Acceleration(急加速度)	1%～200%	20%	值增大,急加速快 值减小,急加速慢
CONTROL PARAMETER (速度控制参数)	Atten Uation Start(启动阻尼)	0%～100%	0%	适当增大减小振动(启动过程控制)
	Atten Uation Accel(加速阻尼)	0%～100%	0%	适当增大减小振动(加速过程控制)
	Atten Uation Travel(运行阻尼)	0%～100%	0%	适当增大减小振动(运行过程控制)
	Atten Uation Decel(减速阻尼)	0%～100%	0%	适当增大减小振动(减速过程控制)

表 5.15 米高 2003 变频器平层误差调整参数

主菜单	子菜单	设置值	调整方法
START/STOP（启停位置）	Brake Ramp（制动斜率）	5%～7%	$v_1 \to 0$ 减速斜率,最后减速时出现振动,适当减小
SPEED（速度）	v_0（爬行速度）	5%	欠平层时增大 v_1,超平层时减小 v_1

2. 检修慢车调试内容

(1) 铭牌额定电流设置时,以能正常行车无异常振动噪声为准。有些铭牌数值并不完全准确,每千瓦电动机的额定电流均为 2 A。

(2) 电机额定速度按铭牌,若为 1 000 r/min 或 1 500 r/min,则该值为同步转速而非额定转速,额定转速一般为同步转速的 95%～97%。

以上工作做完后,在控制柜按慢上或慢下按钮,确认电机转向。若转向相反,则更改变频器参数或调换动力线相序,DRIVE rotation field 将 ight 和 left 对调即可,如果出现 ermr12 提示,将编码端 A、B 相对调即可,重新开动慢车,直至电动机转向,轿厢运行方向与检修方向一致,方可进入下一道工序。

3. 快车调试内容

以上工作做完后(即慢车已经运行),就可以进入快车调试。快车调试包括参数设置和试运行两个工序,具体方法如下：

(1) 设置速度参数,如表 5.12 所示。

(2) 电机参数确认,在慢车调试时,已输入电机参数。选层走车,观察电机是否有振动或声音异常现象,若出现时,对参数进行调整,见慢车调试。变频器减速曲线自动优化,变频器提供了减速曲线自动优化功能,方法如下：

• 设置变频器参数,如表 5.13 所示。

• 电梯选层：上、下快车运行各两次,曲线自动固化(若运行不成功则重试),distance v_3 (以选择 v_3 为高速信号为例)自动变为"ON"。

• 调整 Deceleration(减速度)和 Jerk-Dcceleration(急减速度)数值：进入以上菜单,将 150% 数值减小,当减小至变频器红色指示灯闪亮时停止,变频器显示 "v_3 braking",并再增加 2～3 个数值后确认。

• 将 Braking Distance v_3 (以选择 v_3 为高速信号为例)值由 "ON" 改为 "OFF" 并确认,减速油线自动优化成功。当电梯的梯速为 1.75 m/s 及以上时,有两个快车速度信号(高速 v_3,中速 v_2)。

综上所述,首先将高速运行速度优化,并且固化。固化完成后,将中速 v_2 设成为 LEARNING,走一次单层(使用 v_2 中速),停车后成 ON,即完成中速单层速度优化。

4. 舒适感调整

舒适感取决于机械电气综合因素,在确认机械条件(曳引机、轿厢、导轨、导靴、钢丝绳,平衡系数等)合格的前提下,通过调整变频器的参数(如表 5.14 所示),可以改善电梯的舒适感。

5. 平层的调整

在确保平层遮磁板长度合格和遮磁板安装位置正确一致的前提下,通过调整变频器参数,改善电梯平层精度。如出现误差较大时可根据表 5.15 平层调整参数进行调整,使电梯平层更加精确。以上参数调整后,分别单层、多层长距离多次运行,并且每层都要上下各停数次,反复试运行,这样可以观察到每一层的平层误差,然后再调整井道隔磁板的位置或长度,必要时要对表 5.14 中的参数进行更改,直至用户满意为止。

5.7.4 微机控制交流电梯调试案例

1. M-B 电梯内指令与厅召唤信号登记不上

故障原因:该电梯的每个指令/召唤按钮要占有 1 根信号线,采用 BGCE16 板,该信号线既要担任信号登记传输,又要负担信号显示,因此一旦发生负载短路,大电流就会烧毁信号驱动器,给人感觉就是信号登记不上。

处理方法:信号线要采取隔离措施;更换或修复已坏的短路触点;更换已坏的集成块。

2. 楼层距离数据无法写入

故障原因:在采用脉冲数字编码和轿厢上的门区平层位置开关,井道中的楼层隔离挡板及终端开关,相应的分频增量接口板与微机软件组成的新型选层器形式下,由于大楼建筑物的材质变化以及钢丝绳的磨损,使曳引系数变化;或用于修正的输入输出脉冲、电子信号的机械误差;或存储楼层距离数据的元件老化,引起的楼层距离数据丢失。

处理方法:手动或自动地使电梯进行楼层距离数据包括驱动控制参数的再写入。

3. VVVF 电梯关门不启动

故障原因:

(1) 没有登记指令或厅外召唤信号。

(2) 轿门、厅门电气连锁触点没有接通。

(3) 借助于机械和电气的无触点导体构成的安全回路没有接通。

(4) 曳引机主回路没电或缺相。

(5) 制动器打不开。

(6) 前一次运行,某个电气回路或某个机械环节没有复位,从而使下次运行的逻辑判断产生混乱。

(7) CPU 通信堵塞,特别是群控电梯客流量的突然变化或软件误差。

处理方法:

(1) 检查轿内各登记指令或厅外召唤按钮,若损坏,则更换。

(2) 检查轿门和厅门触点,若已坏,将相关线路导通。

(3) 检查与整理有关安全回路,使之导通。

(4) 检查曳引机主电路是否断相、错相,若有,则调整。

(5) 抱闸未打开,应调整,使之正常。

(6) 检查与调整各有关电气回路或机械环节状态是否混乱,若有,则应复位。

(7) 检查与调整 CPU,若有堵塞、客流信息量突然变化或软件程序出错,则予以修理。

课题6 电梯试运行和调整后的检测与试验

6.1 分项工程安装规范化的质量检测

6.1.1 电梯安装分项、分部工程的划分

电梯安装工程质量检验划分为分部（子工程）工程、分项工程，其中分部工程的划分原则为：

（1）分部工程划分应按专业性质、建筑部位确定。
（2）当分部工程较大或较复杂时，可按材料种类、施工特点、施工程序、专业系统及类别等划分为若干个子分部工程。
（3）分项工程应按主要工种、材料、施工工艺、设备类别等进行划分。电梯工程的分部、分项工程可按表 6.1 进行划分。

表 6.1 电梯工程分部工程、分项工程的划分

序号	分部工程	子分部工程	分项工程
1	电梯	电力驱动的曳引或强制式电梯安装工程	设备进场验收，土建交接检验，驱动主机，导轨，门系统，轿厢，对重（平衡重），安全部件，悬挂装置，随行电缆，补偿装置，电气装置，整机安装验收

6.1.2 电梯分项安装工程的质量检验评定标准

根据中华人民共和国国家标准，电梯工程施工质量验收规范 GB50310—2002 关于电力驱动曳引式或强制式电梯安装工程质量验收标准如下：

1. 设备进场验收

（1）主控项目

随机文件必须包括下列资料：
① 土建布置图。
② 产品出厂合格证。
③ 门锁装置、限速器、安全钳及缓冲器的型式试验证书复印件。

（2）一般项目
① 随机文件应该包括下列资料：

A. 装箱单。
B. 安装、使用维护说明书。
C. 动力电路和安全电路的电气原理图。
② 设备零部件应与装箱单内容相符。
③ 设备外观不应存在明显的损坏。
2. 土建交接检验
(1) 主控项目
① 机房(如果有)内部、井道土建(钢架)结构及布置必须符合电梯土建布置图的要求。
② 主电源开关必须符合以下规定：
A. 主电源开关应能够切断电梯正常使用情况下的最大电流。
B. 对有机房电梯该开关应能从机房入口处方便地接近。
C. 对无机房电梯该开关应设置在井道外工作人员方便接近的地方，应具有安全防护。
③ 井道必须符合下列规定：
A. 当底坑底面下有人员能到达的空间存在，且对重没有设安全钳装置时，对置缓冲器必须能安装在一直延伸到坚固地面上的实心桩墩上。
B. 电梯安装之前，所有层门预留孔必须设有高度不小于 1.2 m 的安全保护围封，并应保证有足够的强度。
C. 当相邻两层门地坎间的距离大于 11 m 时，其间必须设置井道安全门，井道安全门严禁向井道内开启，且必须装有安全门处于关闭时电梯才能运行的电气安全装置。当相邻轿厢间有相互救援用轿厢安全门时，可不执行本款。
(2) 一般项目
① 机房内应设有固定的电气照明，地板表面上的照度不应小于 200 lx，机房内应设置一个或多个电源插座。在机房内靠近入口的适当高度处应设有一个开关或类似装置控制机房照明电源。
② 机房内应通风，从建筑物其他部分抽出陈腐空气。
③ 应根据产品供应商的要求，提供设备进场所需要的通道和搬运空间。
④ 电梯工作人员应能方便地进入机房或滑轮间，而不需要临时借助于其他辅助设施。
⑤ 机房应采用经久耐用且不易产生灰尘的材料建造，地板应采用防滑材料。
⑥ 在一个机房内，当有两个以上不同平面的工作平台，且相邻平台高度差大于 0.5 m 时应设置楼梯或台阶，并应设置高度不小于 0.9 m 的安全防护栏杆；当机房地面有深度大于 0.5 m 的凹坑或槽坑时，均应盖住。供人员活动空间和工作台面以上的净高度不应小于 1.8 m。
⑦ 供人员进出的检修活板门应有不小于 0.8 m×0.8 m 的净通道，开门到位后应能自行保持在开启位置。检修活板门关闭后，应能支撑两个人的重量，不得有永久性变形。
⑧ 门或检修活板门应装有带钥匙的锁，它应从机房内不用钥匙打开。只供运送器材的活板门，可只在机房内部锁住。
⑨ 电源零线和接地线应分开。机房内接地装置的接地电阻值不应大于 4 Ω。
⑩ 机房应有良好的防渗、防漏水保护。
⑪ 井道还应该符合下列规定：
井道尺寸是指垂直于电梯设计运行方向的井道截面沿电梯设计运行方向投影所测定的

井道最小净空尺寸,该尺寸应和土建布置图所要求的一致,允许偏差应符合下列规定:

　　A. 当电梯行程高度小于等于 30 m 时为 0～+25 mm。
　　B. 当电梯行程高度大于 30 m 且小于等于 60 m 时为 0～+35 mm。
　　C. 当电梯行程高度大于 60 m 且小于等于 90 m 时为 0～+50 mm。
　　D. 当电梯行程高度大于 90 m 时,允许偏差应符合土建布置的要求。

　　⑫ 全封闭或部分封闭的井道,井道的隔离保护、井道壁、底坑底面和顶板应具有安装电梯部件所需要的足够强度,应采用非燃烧材料建造,且应不易产生灰尘。

　　⑬ 当底坑深度大于 2.5 m 且建筑物布置允许时,应设置一个符合安全门要求的底坑进口。当没有进入底坑的其他通道时,应设置一个从层门进入底坑的永久性装置,且此装置不得凸入电梯运行空间。

　　⑭ 井道应为电梯专用,井道内不得装设与电梯无关的设备、电缆等。井道可装设采暖设备,但不得采用蒸汽和水作为热源,且采暖设备的控制与调节装置应装在井道外面。

　　⑮ 井道内应设置永久性电气照明,井道内照度应不小于 50 lx,井道最高点和最低点 0.5 m 以内应各装一盏灯,再设中间灯,并分别在机房和底坑设置一控制开关。

　　⑯ 装有多台电梯的井道内各电梯的底坑之间应设置最低点,最低点离底坑地面不大于 0.3 m,并且是至少延伸到最低层站楼面以上 2.5 m 高度的隔障,在隔障宽度方向上隔障与井道壁之间的间隙不应大于 150 mm。

　　当轿顶边缘和相邻电梯运动部件(轿厢、对重或平衡重)之间的水平距离小于 0.5 m 时,隔障应延长贯穿整个井道的高度。隔障的宽度不得小于被保护的运动部件(或其部分)的宽度每边再各加 0.1 m。

　　⑰ 底坑内应有良好的防渗、防漏水保护装置。

　　⑱ 每层楼面应有水平面基准标识。

3. 驱动主机

(1) 主控项目

紧急操作装置动作必须正常。可拆卸的装置必须置于驱动主机附近易接近处,紧急救援操作说明必须贴在紧急操作时易见处。

(2) 一般项目

① 当驱动主机承重梁需埋入承重墙时,埋入端长度应超过墙厚中心至少 20 mm,且支承长度不应小于 75 mm。

② 制动器动作应灵活,制动间隙调整应符合产品设计要求。

③ 驱动主机、驱动主机底座与原重梁的安装应符合产品设计要求。

④ 驱动主机减速箱(如果有)内油量应在油标所限定的范围内。

⑤ 机房内钢丝绳与楼板孔洞边间隙应为 20～40 mm,通向井道的孔洞四周应设有高度不小于 50 mm 的台缘。

4. 导轨

(1) 主控项目

导轨安装位置必须符合土建布置图的要求。

(2) 一般项目

① 两列导轨顶面间的距离偏差应为轿厢导轨:0～+2 mm;对重导轨 0～+3。

② 导轨支架在井道壁上的安装应固定可靠。预埋件应符合土建布置图的要求。锚栓（如膨胀螺栓等）固定应在井道壁的混凝土构件上使用，其连接强度与承受振动的能力应满足电梯产品设计要求，混凝土构件的压缩强度应符合土建布置图的要求。

③ 每列导轨工作面（包括侧面与顶面）与安装基准线每 5 m 的偏差均不应大于下列数值：轿厢导轨和设有安全钳的对重（平衡重）导轨为 0.6 mm；不设安全钳的对重（平衡重）导轨为 1.0 mm。

④ 轿厢导轨和设有安全钳的对重（平衡重）导轨工作面接头处不应有连续缝隙，导轨接头处台阶不应大于 0.05 mm。如超过应修平，修平长度应大于 150 mm。

⑤ 不设安全钳的对重（平衡重）导轨接头处缝隙不应大于 1.0 mm，导轨工作面接头处台阶不应大于 0.15 mm。

5. 门系统

(1) 主控项目

① 层门地坎至轿厢地坎之间水平距离偏差为 0～+3 mm。

② 层门强迫关门装置必须动作正常。

③ 动力操纵的水平滑动门在关门开始的 1/3 行程之后，阻止关门的力严禁超过 150 N。

④ 层门锁钩必须动作灵活，在证实锁钩的电气安全装置动作之前，锁紧元件的最小啮合长度为 7 mm。

(2) 一般项目

① 门刀与层门地坎、门锁滚轮与轿厢地坎间隙不应小于 5 mm。

② 层门地坎水平度不得大于 2/1 000，地坎应高出装修地面 2～5 mm。

③ 层门指示灯盒、召唤盒和消防开关盒应安装正确，其面板与墙面贴实，横竖端正。

④ 门扇与门扇、门扇与门套、门扇与门楣、门扇与门口处轿壁、门扇下端与地坎的间隙，乘客电梯不应大于 6 mm，载货电梯不应大于 8 mm。

6. 轿厢

(1) 主控项目

当距轿底面在 1.1 m 以下使用玻璃轿壁时，必须在距轿底面 0.9～1.1 m 的高度安装扶手，且扶手必须独立固定，不得与玻璃有关。

(2) 一般项目

① 当轿厢有反绳轮时，反绳轮应设置防护装置和挡绳装置。

② 当轿顶外侧边缘至井道壁水平方向的自由距离大于 0.3 m 时，轿顶应装设防护栏及警示性标识。

7. 对重（平衡重）

一般项目：

(1) 当对重（平衡重）架有反绳轮，反绳轮应设置防护装置和挡绳装置。

(2) 对重（平衡重）块应可靠固定。

8. 安全部件

(1) 主控项目

① 限速器动作速度整定封记必须完好，且无拆动痕迹。

② 当安全钳可调节时，整定封记应完好，且无拆动痕迹。

(2) 一般项目

① 限速器张紧装置与其限位开关相对位置安装应正确。

② 安全钳与导轨的间隙应符合产品设计要求。

③ 轿厢在两端站平层位置时,轿厢、对重的缓冲器撞板与缓冲器顶面间的距离应符合土建布置图的要求。轿厢、对重的缓冲器撞板中心与缓冲器中心的偏差不应大于 20 mm。

④ 液压缓冲器柱塞铅垂度不应大于 0.5%,充液量应正确。

9. 悬挂装置、随行电缆、补偿装置

(1) 主控项目

① 绳头组合必须安全可靠,且每个绳头组合必须安装防螺母松动和脱落的装置。

② 钢丝绳严禁有死弯。

③ 当轿厢悬挂在两根钢丝绳或链条上,且其中一根钢丝绳或链条发生异常相对伸长时,为此装设的电气安全开关动作可靠。

④ 随行电缆严禁有打结和波浪扭曲现象。

(2) 一般项目

① 每根钢丝绳张力与平均值偏差不应大于 5%。

② 随行电缆的安装应符合下列规定:

A. 随行电缆端部应固定可靠。

B. 随行电缆在运行中应避免与井道内其他部件干涉。当轿厢完全压在缓冲器上时,随行电缆不得与底坑地面接触。

③ 补偿绳、链、缆等补偿装置的端部应固定可靠。

④ 对补偿绳的张紧轮,验证补偿绳张紧的电气安全开关应动作可靠,张紧轮应安装防护装置。

10. 电气装置

(1) 主控项目

① 电气设备接地必须符合下列规定:

A. 所有电气设备及导管、线槽的外露可导电部分均必须可靠接地。

B. 接地支线应分别直接接至接地干线接线柱上,不得互相连接后再接地。

② 导体之间和导体对地之间的绝缘电阻必须大于 1 000 Ω/V,且其值不得小于:

动力电路和电气安全装置电路:0.5 MΩ;

其他电路(控制、照明、信号等):0.25 MΩ。

(2) 一般项目

① 主电源开关不应切断下列供电电路:

A. 轿厢照明和通风。

B. 机房和滑轮间照明。

C. 机房、轿顶和底坑的电源插座。

D. 井道照明。

E. 报警装置。

② 机房和井道内应按产品要求配线。软线和无护套电缆应在导管、线槽或能确保起到等效防护作用的装置中使用。护套电缆和橡胶软电缆可明敷于井道或机房内使用,但不得

明敷于地面。

③ 导管、线槽的敷设应整齐牢固。线槽内导线总面积不应大于线槽净面积的60%；导管内导线总面积不应大于导管内净面积的40%；软管固定间距不应大于1 m,端头固定间距不应大于0.1 m。

④ 接地支线应采用黄绿相间的绝缘导线。

⑤ 控制柜(屏)的安装位置应符合电梯土建布置图中的要求。

11. 整机安装验收

(1) 主控项目

① 安全保护验收必须符合下列规定：

A. 断相、错相保护装置或功能：当控制柜三相电源中任何一相断开或任何两相错时，断相、错相保护装置或功能应使电梯不发生危险故障。

B. 短路、过载保护装置：动力电路、控制电路、安全电路必须有与负载匹配的短路保护装置；动力电路必须有过载保护装置。

C. 限速器：限速器上的轿厢(对重、平衡重)下行标志必须与轿厢(对重、平衡重)的实际下行方向相符。限速器铭牌上的额定速度、动作速度必须与被检电梯相符。

D. 安全钳：安全钳必须与其型式试验证书相符。

E. 缓冲器：缓冲器必须与其型式试验证书相符。

F. 门锁装置：门锁装置必须与其型式试验证书相符。

G. 上、下极限开关：上、下极限开关必须是安全触点，在端站位置进行动作试验时必须动作正常。在轿厢或对重(如果有)接触缓冲器之前必须动作，且缓冲器完全压缩时，保持动作状态。

H. 轿顶、机房(如果有)、滑轮间(如果有)、底坑停止装置：位于轿顶、机房(如果有)、滑轮间(如果有)、底坑的停止装置的动作必须正常。

下列开关，必须动作正常：

A. 限速器绳张紧开关。

B. 液压缓冲器复位开关。

C. 有补偿张紧轮时，补偿绳张紧开关。

D. 当额定速度大于3.5 m/s时，补偿绳轮防跳开关。

E. 轿厢安全窗(如果有)开关。

F. 安全门、底坑门、检修活板门(如果有)的开关。

G. 对可拆卸式紧急操作装置所需要的安全开关。

H. 悬挂钢丝绳(链条)为两根时，防松动安全开关。

② 限速器安全钳联动试验必须符合下列规定：

A. 限速器与安全钳电气开关在联动试验中必须动作可靠，且使驱动主机立即制动。

B. 对瞬时式安全钳，轿厢应载有均匀分布的额定载重量；对渐进式安全钳，轿厢应载有均匀分布的125%额定载重量。当短接限速器及安全钳电气开关，轿厢以检修速度下行，人为使限速器机械动作时，安全钳应可靠动作，轿厢必须可靠制动，且轿底倾斜度不应大于5%。

③ 层门与轿门的试验必须符合下列规定：

A. 每层层门必须能够用三角钥匙正常开启。

B. 当一个层门或轿门(在多扇门中任何一扇门)打开时,电梯严禁启动或继续运行。

④ 曳引式电梯的曳引能力试验必须符合下列规定:

A. 轿厢在行程上部范围空载上行及行程下部范围载有125%额定载重量下行,分别停层3次以上,轿厢必须可靠地制停。轿厢载有125%额定载重量以正常运行速度下行时,切断电动机与制动器供电,电梯必须可靠制动。

B. 当对重完全压在缓冲器上,且驱动主机按轿厢上行方向连续运转时,空载轿厢严禁向上提升。

(2) 一般项目

① 曳引式电梯的平衡系数应为0.4~0.5。

② 电梯安装后应进行运行试验;轿厢分别在空载、额定载荷工况下,按产品设计规定的每小时启动次数和负载持续率各运行1 000次(每天不少于8 h),电梯应运行平稳、制动可靠、连续运行无故障。

③ 噪声检验应符合下列规定:

A. 机房噪声:对额定速度小于等于4 m/s的电梯,不应大于80 dB(A);对额定速度大于4 m/s的电梯,不应大于85 dB(A)。

B. 乘客电梯和病床电梯运行中轿内噪声:对额定速度小于等于4 m/s的电梯,不应大于55 dB(A);对额定速度大于4 m/s的电梯,不应大于60 dB(A)。

C. 乘客电梯和病床电梯的开关门过程噪声不应大于65 dB(A)。

④ 平层准确度检验应符合下列规定:

A. 额定速度小于等于0.63 m/s的交流双速电梯,应该在±15 mm范围内。

B. 额定速度大于0.63 m/s且小于等于1.0 m/s的交流双速电梯,应在±30 mm范围内。

C. 其他调速方式的电梯,应在±15 mm范围内。

⑤ 运行速度检验应符合下列规定:

当电源为额定频率和额定电压、轿厢载有50%额定载荷时,向下运行至行程中段(除去加速减速段)时的速度,不应大于额定速度的105%,且不应小于额定速度的92%。

⑥ 观感检查应符合下列规定:

A. 轿门带动层门开、关运行,门扇与门扇、门扇与门套、门扇与门楣、门扇与门口处轿壁、门扇下端与地坎应无刮碰现象。

B. 门扇与门扇、门扇与门套、门扇与门楣、门扇与门口处轿壁、门扇下端与地坎之间各自的间隙在整个长度上应基本一致。

C. 对导轨支架、底坑、轿顶、轿内、轿门、层门及门地坎等部位应进行清理。

6.1.3 电梯安装验收的有关规范

根据中华人民共和国国家标准,电梯安装验收规范 GB10060—93 规范如下:

1. 主题内容与适用范围

本标准规定了电梯安装的验收条件、检验项目检验要求和验收规则。

本标准适用于额定速度不大于 2.5 m/s 的乘客电梯和载货电梯,不适用于液压电梯和杂物电梯。

2. 引用标准

GB7588 电梯制造与安装安全规范

GB8903 电梯用钢丝绳

GB10058 电梯技术条件

GB10059 电梯试验方法

GB12974 交流电梯电动机通用技术条件

3. 安装验收条件

(1) 验收电梯的工作条件应符合 GB10058 的规定。

(2) 提交验收的电梯应具备完整的资料和文件。

① 制造企业应提供的资料和文件

A. 装箱单。

B. 产品出厂合格证。

C. 机房井道布置图。

D. 使用维护说明书应包含电梯润滑汇总图表和电梯功能表。

E. 动力电路和安全电路的电气线路示意图及符号说明。

F. 电气敷线图。

G. 部件安装图。

H. 安装说明书。

I. 安全部件的门锁装置、限速器、安全钳及缓冲器型式试验报告结论副本,其中限速器与渐进式安全钳还需有调试证书副本。

② 安装企业应提供的资料和文件

A. 安装自检记录。

B. 安装过程中事故记录与处理报告。

C. 由电梯使用单位提出的经制造企业同意的变更设计的证明文件。

(3) 安装完毕的电梯及其环境应清理干净,机房门窗应防风雨并标有"机房重地闲人免进"字样,通向机房的通道应畅通,安全底坑应无杂物、积水与油污,机房井道与底坑均不应有与电梯无关的其他设施。

(4) 电梯各机械活动部位应按说明书要求加注润滑油,各安全装置安装齐全、位置正确、功能有效,能可靠的保证电梯安全运行。

(5) 电梯验收人员必须熟悉所验收的电梯产品和本标准规定的检验方法和要求。

(6) 验收用检验器具与试验载荷应符合 GB10059 规定的精度要求,并均在计量检定周期内。

4. 检验项目及检验要求

(1) 机房

① 每台电梯应单设有一个切断该电梯的主电源开关,该开关位置应能从机房入口处方便迅速地接近,如几台电梯共用同一机房,各台电梯主电源开关应易于识别。其容量应能切断电梯正常使用情况下的最大电流,但该开关不应切断下列供电电路:

A. 轿厢照明和通风。

B. 机房和滑轮间照明。

C. 机房内电源插座。

D. 轿顶与底坑的电源插座。

E. 电梯井道照明。

F. 报警装置。

② 每台电梯应配备供电系统和断相、错相保护装置,该装置在电梯运行中断相也应起保护作用。

③ 电梯动力与控制线路应分离敷设,从进机房电源起零线和接地线应始终分开,接地线的颜色为黄绿双色绝缘电线,除 36 V 以下安全电压外的电气设备金属罩壳均应设有易于识别的接地端,且应有良好的接地。接地线应分别直接接至接地线柱上,不得互相串接后再接地。

④ 线管、线槽的敷设应平直、整齐、牢固。线槽内导线总面积不大于槽净面积的 60%;线管内导线总面积不大于管内净面积的 40%;软管固定间距不大于 1m;端头固定间距不大于 0.1 m。

⑤ 控制柜、屏的安装位置应符合:

A. 控制柜、屏正面距门、窗不小于 600 mm。

B. 控制柜、屏的维修侧距墙不小于 600 mm。

C. 控制柜、屏距机械设备不小于 500 mm。

⑥ 机房内钢丝绳与楼板孔洞每边间隙均应为 20~40 mm,通向井道的孔洞四周应筑一高 50 mm 以上的台阶。

⑦ 曳引机承重梁如需埋入承重墙内,则支承长度应超过墙厚中心 20 mm,且不应小于 75 mm。

⑧ 在电动机或飞轮上应有与轿厢升降方向相对应的标志。曳引轮、飞轮、限速器轮外侧面应漆成黄色。制动器手动松闸扳手漆成红色,并挂在易接近的墙上。

⑨ 曳引机应有适量润滑油。油标应齐全,油位显示应清晰,限速器各活动润滑部位也应有可靠润滑。

⑩ 制动器动作灵活,制动时两侧闸瓦应紧密、均匀地贴合在制动轮的工作面上,松闸时应同步离开,其四角处间隙平均值两侧各不大于 0.7 mm。

⑪ 限速器绳轮、选层器钢带轮对铅垂线的偏差均不大于 0.5 mm,曳引轮、导向轮对铅垂线的偏差在空载或满载工况下均不大于 2 mm。

⑫ 限速器运转应平稳,出厂时动作速度整定封记应完好无拆动痕迹,限速器安装位置正确,底座牢固,当与安全钳联动时无颤动现象。

⑬ 停电或电气系统发生故障时应有轿厢慢速移动措施,如用手动紧急操作装置,应能用松闸扳手松开制动器,并需用一个持续力去保持其松开状态。

(2) 井道

① 每根导轨至少应有 2 个导轨支架,其间距不大于 2.5 m,特殊情况下应有措施保证导轨安装满足 GB7588 规定的弯曲强度要求。导轨支架水平度不大于 1.5‰,导轨支架的地脚螺栓或支架直接埋入墙的埋入深度不应小于 120 mm。如果用焊接支架,其焊缝应是连续的,并应双面焊牢。

② 当电梯冲顶时,导靴不应越出导轨。

③ 每列导轨工作面(包括侧面与顶面)对安装基准线每 5 m 的偏差均应不大于下列数

值：轿厢导轨和设有安全钳的对重导轨为 0.6 mm；不设安全钳的 T 形对重导轨为 1.0 mm。

在有安装基准线时，每列导轨应相对基准线整列检测，取最大偏差值。电梯安装完成后检验导轨时，可对每 5 m 铅垂线分段连续检测（至少测 3 次）取测量值间的相对最大偏差应不大于上述规定值的 2 倍。

④ 轿厢导轨和设有安全钳的对重导轨工作面接头处不应有连续缝隙，且局部缝隙不大于 0.5 mm，导轨接头处台阶用直线度为 0.01/300 的平直尺或其他工具测量，应不大于 0.05 mm。如超过应修平，修光长度为 150 mm 以上。不设安全钳的对重导轨接头处缝隙不得大于 1 mm。导轨工作面接头处台阶应不大于 0.15 mm，如超差亦应校正。

⑤ 两列导轨顶面间的距离偏差：轿厢导轨为 0～+2 mm；对重导轨为 0～+3 mm。

⑥ 导轨应用压板固定在导轨架上，不应采用焊接或螺栓直接连接。

⑦ 轿厢导轨与设有安全钳的对重导轨的下端应支承在地面坚固的导轨座上。

⑧ 对重块应可靠紧固，对重架若有反绳轮时其反绳轮应润滑良好，并应设有挡绳装置。

⑨ 限速器钢丝绳至导轨导向面与顶面两个方向的偏差均不得超过 10 mm。

⑩ 轿厢与对重间的最小距离为 50 mm，限速器钢丝绳和选层器钢带应张紧，在运行中不得与轿厢或对重碰触。

⑪ 当对重完全压缩缓冲器时的轿顶空间应满足：

A. 井道顶的最低部件与固定在轿顶上设备的最高部件间的距离（不包括导靴或滚轮，钢丝绳附件和垂直滑动门的横梁或部件最高部分）与电梯的额定速度 v（单位：m/s）有关，其值不应小于 $(0.3+0.035v^2)$ m。

B. 轿顶上方应有一个不小于 0.5 m×0.6 m×0.8 m 的矩形空间（可以任何面朝下放置），钢丝绳中心线距矩形体至少一个铅垂面距离不超过 0.15 m，钢丝绳的连接装置可包括在这个空间里。

⑫ 封闭式井道内应设置照明，井道最高与最低 0.5 m 以内各装设一个灯外，中间灯距不超过 7 m。

⑬ 电缆支架的安装应满足：

A. 避免随行电缆与限速器钢丝绳、选层器钢带、限位极限等开关、井道传感器及对重装置等交叉。

B. 保证随行电缆在运动中不得与电线槽、管发生卡阻。

C. 轿底电缆支架应与井道电缆支架平行，并使电梯电缆处于井道底部时能避开缓冲器，且保持一定距离。

⑭ 电缆安装应满足：

A. 随行电缆两端应可靠固定。

B. 轿厢压缩缓冲器后，电缆不得与底坑地面和轿厢底边框接触。

C. 随行电缆不应有打结和波浪扭曲现象。

(3) 轿厢

① 轿厢顶有反绳轮时，反绳轮应有保护罩和挡绳装置，且润滑良好，反绳轮铅垂度不大于 1 mm。

② 轿厢底盘平面的水平度应不超过 3/1 000。

③ 曳引绳头组合应安全可靠，并使每根曳引绳受力相近，其张力与平均值偏差均不大

于5%,且每个绳头锁紧螺母均应安装有锁紧销。

④ 曳引绳应符合GB8903规定,曳引绳表面应清洁,不粘有杂质,并宜涂有薄而均匀的ET极压稀释型钢丝绳脂。

⑤ 轿内操纵按钮动作应灵活,信号应显示清晰,轿厢超载装置或称量装置应动作可靠。

⑥ 轿顶应有停止电梯运行的非自动复位的红色停止开关,且动作可靠,在轿顶检修接通后,轿内检修开关应失效。

⑦ 轿厢架上若安装有限位开关碰铁时,相对铅垂线最大偏差不超过3 mm。

⑧ 各种安全保护开关应可靠固定,但不得使用焊接固定,安装后不得因电梯正常运行的碰撞或因钢丝绳、钢带、皮带的正常摆动而使开关产生位移、损坏和误动作。

(4) 层站

① 层站指示信号及按钮安装应符合图纸规定,位置正确,指示信号清晰明亮,按钮动作准确无误,消防开关工作可靠。

② 层门地坎应具有足够的强度,水平度不大于2/1 000,地坎应高出装修地面2～5 mm。

③ 层门地坎至轿门地坎水平距离偏差为0～+3 mm。

④ 层门门扇与门扇、门扇与门套、门扇下端与地坎的间隙,乘客电梯应为1～6 mm,载货电梯应为1～8 mm。

⑤ 门刀与层门地坎、门锁滚轮与轿厢地坎,间隙应为5～10 mm。

⑥ 在关门行程1/3之后,阻止关门的力不超过150 N。

⑦ 层门锁钩、锁臂及动接点动作灵活,在电气安全装置动作之前,锁紧元件的最小啮合长度为7 mm。

⑧ 层门外观应平整、光洁,无划伤或碰伤痕迹。

⑨ 由轿门自动驱动层门情况下,当轿厢在开锁区域以外时,无论层门由于何种原因而被开启,都应有一种装置能确保层门自动关闭。

(5) 地坑

① 轿厢在两端站平层位置时,轿厢、对重装置的撞板与缓冲器顶面间的距离,耗能型缓冲器应为150～400 mm,蓄能型缓冲器应为200～350 mm,轿厢、对重装置的撞板中心与缓冲器中心的偏差不大于20 mm。

② 同一基础上的两个缓冲器顶部与轿底对应距离差不大于2 mm。

③ 液压缓冲器柱塞铅垂度不大于0.5%,充液量正确,且应设有在缓冲器动作后未恢复到正常位置时使电梯不能正常运行的电气安全开关。

④ 底坑应设有停止电梯运行的非自动复位的红色停止开关。

⑤ 当轿厢完全压缩在缓冲器上时,轿厢最低部分与底坑底之间的净空间距离不小于0.5 m,且底部应有一个不小于0.5 m×0.6 m×1.0 m的矩形空间,可以任何面朝下放置。

(6) 整机功能检验

① 曳引检查

A. 在电源电压波动不大于2%的工况下,用逐渐加载测定轿厢上、下行至与对重同一水平位置时的电流或电压测量法,检验电梯平衡系数应为40%～50%,测量表必须符合电动机供电的频率、电流、电压范围。

B. 电梯在行程上部范围内空载上行及行程下部范围125%额定载荷下行,分别停层3

次以上,轿厢应被可靠地制停(下行不考核平层要求),在额定载荷以正常运行速度下行时,切断电动机与制动器供电,轿厢应被可靠制动。

C. 当对重支承在被其压缩的缓冲器上时,空载轿厢不能被曳引绳提起。

D. 当轿厢面积不能限制载荷超过额定值时,需用150%额定载荷做曳引静载检查,历时10 min,曳引绳无打滑现象。

② 限速器安全钳联动试验

A. 额定速度大于0.63 m/s,轿厢装有数套安全钳时应采用渐进式安全钳,其余可采用瞬时式安全钳。

B. 限速器与安全钳电气开关在联动试验中动作应可靠,且使曳引机立即制动。

C. 对瞬时式安全钳,轿厢应载有均匀分布的额定载荷,短接限速器与安全钳电气开关,轿内无人,并在机房操作下行检修速度时,人为的让限速器动作。复验或定期检验时,各种安全钳均采用空轿厢在平层或检修速度下试验。

对渐进式安全钳,轿厢应载有均匀分布125%的额定载荷,短接限速器与安全钳电气开关,轿内无人。在机房操作平层或检修速度下行,人为的让限速器动作。

以上试验轿厢应可靠制动,且在载荷试验后相对于原正常位置轿厢底倾斜度不超过5%。

③ 缓冲试验

A. 蓄能型缓冲器仅适用于额定速度小于1 m/s的电梯,耗能型缓冲器可适用于各种速度的电梯。

B. 对耗能型缓冲器需进行复位试验,即轿厢在空载的情况下以检修速度下降,将缓冲器全压缩,从轿厢开始离开缓冲器一瞬间起,直到缓冲器恢复到原状,所需时间应不大于120 s。

④ 层门与轿门联锁试验

A. 在正常运行和轿厢未停止在开锁区域内,层门应不能打开。

B. 如果一个层门和轿门(在多扇门中任何一扇门)打开,电梯应不能正常启动或继续正常运行。

⑤ 上下极限动作试验

设在井道上下两端的极限位置保护开关,应在轿厢或对重接触缓冲器前起作用,并在缓冲器被压缩期间保持其动作状态。

⑥ 安全开关动作试验

电梯以检修速度上下运行时,人为进行下列安全开关2次,电梯均应立即停止运行:

A. 安全窗开关,用打开安全窗试验(如设有安全窗)。

B. 轿顶、底坑的紧急停止开关。

C. 限速器松绳开关。

⑦ 运行试抢

A. 轿厢分别以空载、80%的额定载荷和额定载荷3种工况,并在通电持续率40%的情况下到达全行程,按120次/h,每天不少于8 h,各启动、制动运行1 000次,电梯应运行平稳,制动可靠,连续运行无故障。

B. 制动器温升不应超过60 ℃,曳引机减速器油温升不应超过60 ℃,其温度不应超过85 ℃,电动机温升不超过GB12974的规定。

C. 曳引机减速器,除蜗杆轴伸出一端渗漏油面积平均每小时不超过150 cm² 外,其余各处不得有渗漏油。

⑧ 超载运行试验

断开超载控制电路,电梯在110%的额定载荷,通电持续率40%的情况下,到达全行程范围。启动、制动运行30次,电梯应能可靠地启动、运行和停止(平层不计),曳引机工作正常。

(7) 整机性能试验

① 乘客与病床电梯的机房噪声、轿厢内运行噪声与层门、轿门开关过程的噪声应符合GB10058规定要求。

② 平层准确度应符合GB10058规定要求。

③ 整机其他性能应符合GB10058有关规定要求。

6.1.4 电梯各分项工程的主要检测规范要求

电梯各分项工程的主要检测项目如表6.2,规范要求如下:

表 6.2 电梯安装验收检验项目分类表

序号	项类	检测项目	备注
1	机房	1. 主电源开关要求	重要
		2. 断相、错相保护装置	重要
		3. 敷线与接地要求	
		4. 线管、槽敷设要求	
		5. 控制柜、屏安装位置	
		6. 楼板钢丝绳洞口要求	
		7. 曳引机承重梁要求	
		8. 旋转轮等涂色标志	
		9. 旋转部件润滑要求	
		10. 制动器松、合闸要求	
		11. 绳、带轮铅垂度要求	
		12. 限速器运转等要求	重要
		13. 停电或故障应急措施	重要
2	井道	1. 导轨安装要求	
		2. 导轨上端位置要求	
		3. 导轨侧工作面直线度	
		4. 导轨接头要求	
		5. 导轨顶面间距	
		6. 导轨固定要求	
		7. 导轨下端支承地面要求	
		8. 对重装置要求	
		9. 限速器绳至导轨面偏差	
		10. 轿厢与对重距离等要求	
		11. 轿顶最小空间要求	重要
		12. 井道照明要求	
		13. 电缆支架安装要求	
		14. 电缆安装要求	

续表 6.2

序号	项类	检测项目	备注
3	轿厢	1. 轿厢反绳轮要求	
		2. 轿底水平度	
		3. 曳引绳头组合等要求	
		4. 曳引绳要求	
		5. 轿内操纵要求	
		6. 轿顶停止开关	重要
		7. 架限位碰铁安装要求	
		8. 安全保护开关安装要求	重要
4	层站	1. 层站指示要求	
		2. 层门地坎要求	
		3. 层门、轿门地坎间距	
		4. 层门与地坎间隙	
		5. 门刀与层门等间隙	
		6. 门阻止力	
		7. 门锁要求	重要
		8. 层门外观要求	
		9. 层门自动关闭装置	
5	地坑	1. 轿底与缓冲器等间距	
		2. 缓冲器顶面水平高差	
		3. 缓冲器柱塞铅垂度	
		4. 底坑停止开关要求	重要
		5. 轿底最小间距与空间	
6	整机功能	1. 曳引及平衡系数检查	
		2. 限速器、安全钳联动试验	重要
		3. 缓冲试验	重要
		4. 层门与轿门联锁试验	重要
		5. 上、下极限动作试验	重要
		6. 安全开关动作试验	重要
		7. 运行试验	重要
		8. 超载运行试验	
7		噪声限值要求检验	
8		平层准确度检验	

(1) 开关层门、轿门过程噪声、平层准确度按 GB10058 规定判定。

(2) 凡重要项目中任一项不合格,或一般项目中不合格超过 8 项,均判定为不合格。如重要项目均合格,一般项目中不合格不超过 8 项,则允许调整修复,并对原不合格项目及相关项目给予补检,凡最终重要项目全部合格,一般项目中不合格不超过 3 项,判定为合格,准于验收。判为安装不合格的电梯需全面修复,修复后再次报请验收。

(3) 交付检验验收合格后,参加验收的各方代表应在"电梯安装验收证书"上签字盖章后方能生效。

6.1.5 电梯各分项工程的检测项目及基本检测的方法与注意事项

通常把电梯分解成曳引机、导轨、轿厢及厅门、电气设备、安全保护5个方面来进行质量检测,电梯安装质量检查应由经验丰富的专业人员进行,对于电梯的安装质量检测应执行以下几个电梯专业标准:

(1) GB7588—2003《电梯制造与安装安全规范》
(2) GB/T10058—1997《电梯技术条件》
(3) GB/T10059—1997《电梯试验方法》
(4) GB10060—1993《电梯安装验收规范》
(5) GB50310—2002《电梯工程施工质量验收规范》

电梯安装质量的检测按表6.3进行。

表6.3 电梯分项工程安装质量检测表

一、曳引装置组装(详见GB50310—2002)

	主要检测项目及规范要求	基本检测方法及注意事项
1.1	曳引机承重梁埋入承重墙内的支承长度≥75 mm	观察检查或检查安装记录; 对于观察不到的部位应检查安装记录,比如梁的入墙深度
1.2	曳引机承重梁埋入承重墙内应超过墙厚中心20 mm	
1.3	对砖墙、承重梁下应垫以承重的过梁	
2	当对重将缓冲器完全压缩,轿厢上方的空程严禁小于下式所规定的值: $$h=0.6+0.035v^2$$ 式中:h——空程最小高度; v——电梯的额定速度	"空程"是指对重将缓冲器完全压缩,轿厢上梁的上方到井道顶板或井道顶板下方所装部件下沿的净空垂直距离; 测量"空程"把轿厢停于顶层平层位置,直接用尺测出轿厢上梁到顶板或顶板下方所装设备下沿的距离,再减去对重的越程和缓冲器的行程,这样的数值符合要求
3.1	不设减振装置的曳引机机座水平度≤2/1 000	纵向水平度可在制动轮端面吊垂线辅以塞尺测量
3.2	轿厢空载时的曳引轮垂直度和复绕轮垂直度的偏差均≤0.5 mm	吊垂线辅以塞尺测量;垂线宜用0.3 mm尼龙丝线
3.3	曳引轮端面对导向轮端面和曳引轮端面对复绕轮端面的平行度偏差值均≤1 mm	在被测两轮的同一侧拉一直线(0.3mm尼龙线)靠在被测面上,辅以塞尺测量
4.1	限速器绳轮、钢带轮、导向轮安装牢固,转动灵活,无异响,其垂直度偏差≤0.5 mm	观察检查其安装是否牢固,转动是否灵活,垂直度偏差用吊垂线辅以塞尺测量
4.2	限速器钢丝绳到导轨距离 a、d 各自的偏差均≤5 mm	分别用尺测得井道内上、下两端限速器钢丝绳到导轨的距离 a、d 的值
4.3	限速器钢丝绳应张紧,在正常运行时不触及夹绳钳,开关动作可靠,活动部分润滑良好。抛块或抛球的抛出量应能随电梯速度灵敏变化	观察检查

课题6 电梯试运行和调整后的检测与试验

续表6.3

	主要检测项目及规范要求	基本检测方法及注意事项
5	钢丝绳表面清洁,不应粘满尘沙、油渍等。在全长上均不应有扭曲、松股、断股、断丝、表面生锈等现象。表面不得涂有润滑油	在机房或轿顶上进行观察检查。应检查全部钢丝绳的全长,而不能是某一根某一段
6	各曳引钢丝绳拉开等同距离的张力(N),对其平均值的差值的差值之比≤5%	用弹簧测力器进行测量时应均匀加力,逐渐拉开,拉开距离不宜过小,一般弹簧测力器读数达150~200 N,并注意选好距离标记
7.1	(1) 制动器动作灵活可靠,销轴润滑良好,不应出现明显的送闸滞后现象及电磁铁吸合冲击现象; (2) 制动瓦与制动轮应抱合密贴,松闸时两侧闸瓦应同时离开制动轮表面; (3) 闸瓦与制动轮工作表面应清洁	观察检查
7.2	制动器松闸时,闸瓦与制动轮的间隙两侧应一致,间隙≤0.7 mm	短接制动器电路,使制动器通电松闸,用塞尺测量制动器闸瓦与制动轮全长的最大间隙。一般每一侧,测量其上、下、左、右4个点,共8个点
7.3	手动松闸扳手应挂在容易接近的墙上	观察检查,用过扳手后放回原处
8.1	(1) 曳引钢丝绳绳头制作,应巴氏合金浇灌密实,一次与锥套浇平,最好能明显的看到钢丝的弯曲情况; (2) 钢丝绳在锥套出口处不应有松股、扭曲等现象	观察检查;如认为有必要,也可以把绳头化开,以便检查
8.2	(1) 绳头拉杆弹簧支承两个螺母应对顶拧紧自锁,并在锥套尾装上开口销; (2) 每组绳头最长与最短相对误差<50 mm	观察和用尺量检查
9.1	曳引机或飞轮,限速器绳轮应与电梯升降方向有明显的标志	观察检查
9.2	机房内钢丝绳与楼板孔间隙为20~40 mm	观察和用尺量检查
9.3	机房通向井道应有高度≥50 mm的台阶	用尺量检查
9.4	(1) 减速箱中润滑油的加入量合适,油质符合要求; (2) 用润滑脂润滑的部位应注入润滑脂,设有油杯时,油杯中应充满油脂	观察检查,加油油质参见减速箱润滑油型号
9.5	电梯因中途停电或电气系统故障不能运行时,应有轿厢慢速移动措施	观察检查,人为断电后,采取措施将轿厢慢速移动
9.6	限速器的铅封不应有破损,标牌应齐全	观察检查

续表 6.3

二、导轨安装(详见 GB50310—2002)

编号	项目	检验方法
1.1	轿厢导轨顶面间距离偏差值为:-2~+2 mm。甲类:±0.5 mm;乙类:±1 mm	在两导轨表面,用导轨检验尺,辅以塞尺每 2~3 m 检查一点。检验时,将检验尺端平,将尺子一端的工作面与轨道面贴实,另一端用在另一塞尺检查
1.2	对重导轨顶面间距离偏差值为:0~3 mm。甲类:±1 mm;乙类:±2 mm	
1.3	轿厢两导轨的相互偏差值为 1 mm	检查安装记录或用专门工具测量
1.4	对重两导轨的相互偏差值为 2 mm	
1.5	轿厢导轨下端距地坑地平面悬空距离 60~80 mm	用尺测量检查
1.6	轿厢导轨接头不应在同一水平面上	观察检查
2.1	对重(或轿厢)将缓冲器完全压缩,轿厢(或对重)导轨长度必须有不小于 $0.1+0.35v^2$ 的进一步制动行程	制动行程是上导靴的上端面到导轨顶端的一段距离,对于对重导轨的测量在一般情况下可以不测,但是对重导轨的长度不能小于轿厢导轨的长度
2.2	导轨顶端到井道顶板距离为 50~300 mm	站在轿顶上,检修速度到井道顶端用尺测量
3.1	每根导轨至少应有两个导轨支架,各支架间距≤2 500 mm	观察及用尺测量检查
3.2	导轨支架水平度偏差≤5 mm	观察及用尺测量检查
3.3	导轨支架安装牢固(埋入式或膨胀螺栓固定式),导轨支架埋入墙体深度≥120 mm	检查安装记录;埋注支架时不能使用白灰砂浆
3.4	采用焊接支架时焊缝应是连续的,双面焊牢	观察检查;组合支架在安装找正后应用电焊把结合部点焊牢
4	每根导轨侧工作面对安装基准线的偏差≤0.7 mm/5 m	可用磁性线垂,吊垂线辅以 150 mm 钢尺检查
5.1	导轨接头处不应有连续缝隙,局部缝隙≤0.5 mm	用塞尺检查
5.2	导轨接头处的台阶≤0.05 mm	用 300 mm 钢直尺辅以塞尺检查
5.3	导轨接头处修光长度为 250~300 mm	导轨接头处的台阶以及修光长度用尺量检查
6.1	导轨连接板与支架错开距离≥200 mm	观察或用尺测量检查
6.2	顶端导轨架距导轨顶端距离≤500 mm	
7.1	补偿绳张紧装置的两根导轨间距偏差值 0~+2 mm	尺测检查
7.2	导轨上端突出导靴≥200 mm	观察检查
7.3	补偿绳张紧装置的导轨全长垂直度偏差值为 1 mm	用磁线垂,吊垂线辅以 150 mm 钢直尺检查
7.4	补偿绳张紧装置的导靴与导轨端面的间隙为 1~2 mm	用塞尺检查

续表 6.3

	三、轿厢、层门组装（详见 GB50310—2002）	
1	轿厢地坎与各层门地坎的距离偏差为 −1~+2 mm	在各层站平层位置用尺测量，门开度两端各测量一点
2.1	门刀与各层门地坎的距离为 5~8 mm	以检修速度，使门刀到各层地坎对应位置，用尺测量检查
2.2	各层门开门装置的滚轮与轿箱地坎的距离为 5~8 mm	以检修速度，使各层门开门装置滚轮到轿门地坎对应位置，尺量检查
3.1	轿厢底盘平面的水平度<2/1 000	用水平尺测量
3.2	轿厢壁垂直度<1/1 000	可用磁性线垂吊垂线辅以 150 mm 钢直尺测量
3.3	轿厢架立柱在整个高度上的垂直度偏差≤1.5 mm	
3.4	轿厢架上安装的限位开关碰磁铁垂直度偏差≤2/1 000 mm，且≤3 mm	
3.5	轿箱顶反绳轮垂直度偏差值≤0.5 mm	吊垂线辅以塞尺测量
3.6	轿厢顶两个反绳轮的平行度偏差值≤1 mm	在被测两轮的同一侧拉直线靠在墙面上，辅以塞尺测量
3.7	轿厢顶反绳轮与轿厢架上梁间的间隙相互差值≤1 mm	用内卡钳尺辅以钢直尺测量
3.8	轿厢顶反绳轮应设有保护网罩和挡绳装置	观察检查
3.9	轿厢顶应按要求设安全栅栏，且安装牢固	
4.1	弹性结构导靴滑块间表面无间隙，导靴弹簧伸缩范围≤4 mm	用塞尺测量；导靴弹簧伸缩范围是指每个导靴的伸缩范围≤4 mm
4.2	刚性结构导靴内表面间隙之和≤2.5 mm	用塞尺测量；导靴内表面间隙之和指一对导靴两侧间隙之和
4.3	滚动导靴的滚轮对导轨不歪斜，压力均匀，导轨端面滚轮与导轨端面≤1 mm	用手评价"压力均匀"；导轨端面滚轮与端面间隙用塞尺测量；导轨工作面严禁加润滑油，工作表面要清洁，滚轮在运行中不应有明显的打滑现象
5.1	层楼指示灯盒平整，倾斜度≤2/1 000	观察检查或用直尺测量；对于一部电梯各层门的指示灯盒、召唤灯盒要基本一致
5.2	层楼指示灯盒面板与墙面贴实、整洁	观察检查
5.3	各层站召唤盒位置正确，离地面标高基本一致，相互允差≤5 mm	尺量检查
5.4	层站召唤盒面板与墙面贴实、整洁	观察检查
6.1	吊门滚轮上的偏心挡轮与导轨下端面的间隙<0.5 mm	用塞尺测量，一般掌握在 0.5 mm 的塞尺塞不进
6.2	门扇与门套间隙为 6 mm±2 mm	尺量检查

续表6.3

主要检测项目及规范要求		基本检测方法及注意事项
6.3	门与门扇间隙为6±2 mm	尺量检查
6.4	门扇与门套的重合量和旁开门门扇的重合量,应保证门闭合密实	观察检查
6.5	轿门在全开后,门扇不应凸出轿厢门套,并应有适当的缩入量	观察检查
6.6	层门下端距地坎的距离为6 mm±2 mm	尺量检查; 同一层门的两门扇间距不应过大,其值一般不大于2 mm
6.7	门扇安装平整,启闭过程中平稳,无跳动、抖动现象。中分门关闭时上下部同时合拢	做启闭观察检查,对每一层一般做2~3次
6.8	层门锁在锁合时锁钩、锁臂及动接点动作灵活,不应有太大的撞击声	将层门门锁脱离门刀,做门锁的锁合与解脱检查
6.9	门锁在电气安全装置动作前,锁紧元件的最小啮合长度为7 mm	
6.10	厅门钥匙应能灵活地将门锁解脱	操作检查
7	层门地坎高于地面2~5 mm	尺量检查
8	层门地坎水平度≤1/1 000	用水平尺测量
9	层门门套垂直度≤1/1 000	用磁性线垂吊垂线辅以150 mm钢直尺测量
10	中分式关闭,在门扇对口处的不平应≤1 mm,在整个可见高度上均≤2 mm	尺量检查或观察检查

四、电气设备安装(详见GB50310—2002)

1.1	电梯供电电源单独敷设,主电源开关切断电梯正常使用情况下的最大电流且不应切断下列供电电路:轿厢、机房、隔音层、井道照明;轿顶、机房内的电源插座;通风及报警装置	观察检查及操作试验; 每台电梯的供电电源都必须单独敷设供电线路,并有单独的开关控制
1.2	电源总开关安装在机房入口,距离地面1 300~1 500 mm,同一机房的各部电梯主电源开关的操作机构应易于识别	观察检查
2	导体之间和导体对地之间的绝缘电阻应大于1 000 Ω/V,且动力电路和电气安全装置电路大于2 MΩ,其他电路(控制、照明、信号、门机、整流)大于1 MΩ	检查施工记录,并用500 V 500 MΩ绝缘电阻测量检查

续表6.3

	主要检测项目及规范要求	基本检测方法及注意事项
3.1	电气设备、柜、屏、箱、盒、管应设有易于识别的接地端,且保护接地(接零)系统必须良好,接地电阻不应大于4 Ω	观察检查各接地部位及接地端; 主要包括:屏体、机房、设有超速开关的限速器、选层器箱体、轿厢、线槽和线管、中间箱箱体、厅门框; 接地电阻测试使用接地电阻测试仪; 采用建设单位原有的接地极时,接地极必须可靠,接地电阻应进行实测实量
3.2	接地端须采用多股铜芯线,并做压接,每个接地螺栓固定接地线端不超过2个	
3.3	电线管、槽及箱、盖连接处的跨接地线必须紧固,无遗漏	
4.1	随行电缆不得与井道内任何部件相碰,不得有打结和扭曲现象	观察检查; 电缆下垂末端的移动弯曲半径8芯电缆不小于250 mm,16~24芯电缆不小于400 mm; 电缆的不运动部分应用卡子固定在井道壁上
4.2	电缆敷设长度必须保证轿厢在极限位置时不受力、不拖地	观察检查; "极限位置"指轿厢完全压缩缓冲器和对重完全压缩缓冲器时的轿厢所处实际高度再加上重力制动距离的一半,即$0.035v^2$; 电缆敷设长度须避免由于轿厢压缩缓冲器后因电缆余量过大而发生拖地
4.3	井道电缆架设在提升高度1/2以上1.5 m处	观察检查
4.4	电缆的敷设长度一致,绑扎整齐牢固,绑扎长度为30~70 mm	
5.1	控制柜、屏安装位置应考虑到操作和维修方便且应牢固地固定在机房地面,横平竖直	观察检查
5.2	控制柜、屏正面与门窗距离≥600 mm,控制柜、屏与机械设备的距离≥500 mm	观察检查或尺量检查
5.3	控制柜、屏各开关及电器元件的工作良好,无任何不正常现象。上、下行接触器机械连锁。相序继电器、热继电器动作可靠	观察及操作试验检查
6	配电柜、箱、盒以及设备接触良好、绝缘可靠、标志清楚	观察检查
7.1	出入管、槽的电线,应有专用护口或其他保护措施;电线保护外皮应完整地进入开关和设备的壳体内	观察检查
7.2	动力和控制线路应隔离敷设;微信号及电子线路按产品要求隔离敷设	
7.3	机房和井道内敷设应用金属电线管、电线槽、软金属保护或使用相应强度、阻燃材料的管、槽软管保护	观察检查

续表 6.3

四、电气设备安装（详见 GB50310—2002）

	主要检测项目及规范要求	基本检测方法及注意事项
7.4	金属电线槽内壁平直,出线口处无毛刺,安装后排列整齐,接口平直,槽盖齐全完好、固定牢靠,槽内无积水、污垢	观察检查; 每根线槽在井道壁至少有两个固定点,固定点的间距一般为 2～2.5 mm;
7.5	金属电线槽弯角电线受力处应垫绝缘衬加以保护;垂直敷设段应可靠固定	导线在槽内每隔 2 m 应用压线板固定,压线板与导线接触应有绝缘措施
8	电气装置的附属构架,电线管、槽等非带电金属部分应涂漆作防腐处理	观察检查
9	机房内控制柜、屏的垂直度≤1.5/1 000,柜顶水平度≤1 mm	吊垂线辅以水平尺测量
10	电线管槽的垂直度,水平度:机房内≤2/1 000;井道内≤5/1 000	观察检查或吊垂线辅以钢直尺测量
11.1	轿厢顶部电线应敷设在被固定的金属电线槽、电线管之内,如采用金属软管敷设,应尽量隐蔽	观察检查
11.2	轿厢顶上配管的固定点间距≤500 mm	观察检查,尺量检查
12.1	软金属管无损伤和松散,与箱盒、设备连接处应有专用接头,弯曲半径不小于外径的 4 倍	观察或尺量检查
12.2	金属软管固定应牢固,固定点均匀,直边间距≤1 000 mm;不固定的端头长度≤100 mm	
13.1	感应器和感应插板安装应垂直,固定牢固,插板应能上、下、左、右调节	
13.2	感应板插入感应器时的两侧间隙一致,顶端间隙为 8 mm±2 mm	
14.1	轿顶设有符合《安全电压》要求的检视灯和插座,有明显标志的 220 V 电压插座	观察检查
14.2	底坑或轿底设有符合《安全电压》要求的检视灯和插座,设有明显标志的 220 V 电压的插座	

五、安全保护装置（详见 GB50310—2002）

1.1	各种安全保护开关应可靠固定,但是不得使用电焊固定	观察检查
1.2	各种安全保护开关在电梯正常运行时的碰撞和钢丝绳、钢带、皮带的正常摆动不产生位移、损坏和误动作	
2.1	选层器钢带松弛或张紧轮下落>50 mm 时,其安全开关必须可靠动作	模拟试验检查; 应复核钢带张紧轮或限速器配重轮下落大于 50 mm 时,断绳开关是否真正断开
2.2	限速器配重轮下落>50 mm 时,其断绳安全开关必须可靠动作	

续表 6.3

主要检测项目及规范要求		基本检测方法及注意事项
2.3	限速器张紧装置转动灵活,其底面距底坑距离为: 高速梯(750±50) mm; 快速梯(550±50) mm; 低速梯(400±50) mm	尺量检查; 张紧装置所产生的张紧力,应足以使限速器钢丝绳可靠驱动限速器绳轮; 张紧装置应自然下垂,在托架上应能自由的上下浮动
2.4	钢带张紧装置底面距地平面距离为 400~500 mm	
2.5	瞬时安全钳装置提拉力为 150~300 N	在轿顶用 300 N 弹簧测力器模拟测定
2.6	安全钳楔块工作同步,联动开关可靠	模拟操作检查; 轿厢上安全钳拉杆开关和机房内限速器开关的检查,这两个开关的功能是在电梯超速、安全钳动作在刹车过程开始前断开控制回路,使驱动电动机断电制动
2.7	电梯载重量超过额定载重量的 110%时,其安全开关动作可靠	实际操作检查
2.8	各层门及轿门机械、电气联锁有效	实际操作检查; 当门打开时,按下轿厢内的运行开关,电梯不能启动; 任一层门、轿门未关闭或锁紧时,电梯不能启动; 门锁在闭合后,锁钩与锁臂之间有一定间隙; 门锁在解脱时,对固定式门刀,两个滚轮应迅速将门刀夹住,在整个关门过程中,两个滚轮应贴住门刀; 层门钥匙应能灵活地将门锁解脱
2.9	轿厢安全窗安全开关动作可靠	实际操作检查; 当安全窗打开时,电梯控制回路应切断,电梯不能启动
3.1	急停、检修、程序转换等按钮和开关的动作灵活可靠	实际操作检查; 轿厢内和轿顶检修开关对电梯的操纵只能以检修速度点动,且互锁; 轿内应设有易于识别和触及的报警装置,且使用良好; 轿顶、底坑应分别设有停止电梯运行的非自动复位开关
3.2	各层门召唤按钮动作灵活、可靠	实际操作检查; 各层门按钮的动作应灵活,指示灯明亮; 基站钥匙开关动作应可靠

续表 6.3

主要检测项目及规范要求		基本检测方法及注意事项
4.1	极限、限位、缓速装置的功能可靠	用检修速度,实际运行检查; 碰铁应能与各限位开关的碰轮可靠接触,在接触碰压全过程中,碰轮不应从碰铁侧边滑出; 碰铁与各开关碰轮接触后,开关接点应可靠动作,碰轮沿碰铁移动时,不应有卡阻,并且碰轮稍有压缩余量; 限位、缓速、极限开关应错开一定距离,对于直流高速、快速电梯的强迫缓速开关,其安装位置不得使电梯的实际停制距离小于电梯允许的最小停制距离
4.2	极限开关动作时,轿厢地坎超越上、下端站层地坎距离 100~200 mm	检修速度实际检查、尺量检查;
4.3	限位开关动作时,轿厢地坎超越上、下端站层地坎距离 50~100 mm	在首层尺量检查轿厢与地坎间相对垂直距离
5.1	轿厢自动门安全触板灵活可靠	在轿门关闭中,用手轻推触板检查; 安全触板一经碰撞,关门动作的门扇立即转为开门动作; 安全触板在动作时应无异响
5.2	轿厢自动门安全触板动作碰撞力<5 N	在轿门关闭过程中,用测力器检测
6.1	井道内的对重装置、轿厢地坎及门滑道的端部与井壁的安全距离≥20 mm	观察检查; 对于补偿链,在轿厢位于底层时,链不应碰地坑,并且应具备 150~250 mm 间隙; 对于补偿绳,其砣框坑底槽钢的距离不应小于 200 mm,导轨上端突出导靴不小于 200 mm
6.2	曳引绳、运行电缆、补偿链及其运动部件在运动中严禁与任何部件碰撞	
7.1	(1) 楔块拉杆端的锁紧螺母应锁紧; (2) 安全钳楔块面与导轨侧面间隙范围 2~3 mm,且各间隙均匀,相互间隙差为 0.2~0.5 mm	对于轿厢安全钳检查应在底坑中进行,检查人员应先进入底坑,然后使轿厢慢速下行到合适的位置; 对重安全钳检查,可在底坑也可在轿顶上进行
7.2	限速器钢丝绳头与连杆系统的连接可靠,采用绳头固定应符合要求	观察检查
8	安全钳钳口与导轨顶面间隙不小于 3 mm,两间隙的相互差值≤0.5 mm	用塞尺检查; 在底坑内进行
9.1	轿厢、对重装置的撞板到缓冲器距离: 弹簧缓冲器 200~350 mm; 液压缓冲器 150~400 mm	尺量检查; 缓冲器应牢固地固定在底坑; 弹簧缓冲器无机械损伤; 当极限开关工作后,轿厢底撞板到缓冲器应尚有 50~100 mm 的距离
9.2	轿厢、对重装置的撞板中心与缓冲器中心的偏差≤20 mm	在撞板中心吊垂线,辅以钢直尺测量缓冲器的偏差值
9.3	液压缓冲器柱塞垂直度偏差值≤0.5 mm	吊垂线辅以钢直尺测量; 油量和油的规格符合要求

续表 6.3

主要检测项目及规范要求	基本检测方法及注意事项
9.4 同一基础上两个缓冲器顶部高差≤2 mm	用塞尺测量
10.1 补偿链导向装置离对重装置底部距离≤300 mm	尺量检查和观察检查
10.2 补偿绳张紧砣框到坑底槽钢的距离≥200 mm	

6.2 电梯试运行的检测与试验

6.2.1 电梯整机调整及试运行的检测、试验内容与方法

电梯整体检验是检验电梯的各种功能和安全装置的可靠性,应在各部件和机构检验合格的基础上进行。由于整体检验很多是带载荷和超载荷的试验,电梯各结构将受到较大的静载荷和动载荷,在试验前对各结构的连接和紧固进行检查,确保处于良好状态。在带载荷的试验中,载荷要正确,应使用标准砝码。

1. 控制功能的检验

电梯的功能随控制方式而不同,功能也不尽相同。所以在功能检验时应根据基本的控制要求和该电梯合同中规定的功能逐一进行检验。

(1) 正常运行基本控制功能检验

① 厅外召唤、轿厢内选层及司机发出的操作指令应正确地传递指令要求,准确启动。
② 轿厢运行的位置、方向应在层站和轿厢内正确显示。
③ 门的自动操作和手动开关门操作正确。
④ 开门或门未关时不能运行,电气安全装置动作时轿厢不能运行。
⑤ 集选电梯在运行中应能"倾向截车",并能响应最远端的反向运行指令。

检验方法:逐项试验。

(2) 检修运行功能检验

① 检修运行应取消轿厢自动运行和门的自动操作,但各安全装置仍有效。

检验方法:首先在轿顶,再在其他检修装置上使轿厢处于检修运行状态,试验运行电梯不响应外呼内选的召唤信号,同时逐个断开各电气安全装置和门的电气触点,检修运行中的电梯应立即停止,停止的电梯应不能启动。

② 多个检修运行装置中应保持轿顶优先。

检验方法:在轿顶使检修装置处于检修状态,令其他检修装置以检修状态运行无效,并令其他检修装置控制电梯运行时,将轿顶检修设到检修位置,电梯应立即停止运行。

(3) 消防功能检验

① 火灾返基站功能:在发生火灾时,由监控中心或基站的开关发出指令,电梯应立即停止应答各种操作指令,直接返回基站开门将人员放出。

检验方法:模拟试验。在有若干召唤和选层信号的情况下进行,突然进入火灾状态,此

时电梯的所有召唤信号应消失,运行状态应符合上述要求。

② 消防员操纵功能:有此功能的电梯应符合消防电梯的关于设置位置、井道、速度和停站等要求。在接到火灾指令时,电梯首先按要求返回基站同时处于待命状态。在不应答层站召唤的同时,轿内选层一次只能选一个,电梯门的控制由手动持续按压开关门按钮来控制。而在电梯运行时各电气安全装置应该有效。

检验方法:验证层站召唤应失效,内选一次只能选一层和门的手动持续操作要求,并检查电梯全程运行能否在 60 s 内完成,层门是否符合防火要求。

(4) 紧急操纵功能检验

① 手动紧急操纵:能在轿厢满载情况下向上移动轿厢。

检验方法:手动盘车试验,在额定载荷的情况下,电梯停在底层站,切断电源。一人手动释放制动器,另由 1~2 人用盘车手轮将轿厢向上移动。

② 电动紧急操作

A. 若使用其他电源时,当停电或故障时,应自动接入并切断电梯电流。若是门联锁故障(门被开启或未关好)应发出指示。若是停电或其他故障,应启动主机检验方法:将轿厢慢速移动至就近层站,平层并开门,然后停止工作。

B. 如果使用自身电源,则只能在故障停梯时(冲顶、蹲底、安全钳动作和其他故障)进行紧急运行。此时应在机房可直接观察主机运转情况的地方进行操作并在紧急操作装置投入后防止电梯的其他操作运行。此时电梯运行应由持续按压可防止误动作的按钮操纵,轿厢速度不大于 0.63 m/s。

检验方法:模拟试验。第一类装置可人为切断电源或造成故障,检查是否能自动切入,其他操作和门的开关应无效,并慢速移动轿厢至平层开门。第二类装置可人为布置障碍后将装置接入,此时各种自动运行或检修运行应不起作用,轿内开门按钮不起作用。再按压装置的上下行按钮,能使轿厢慢速移动。

2. 基本性能检验

(1) 电梯运行速度检验

曳引电梯运行速度检验:当电源为额定功率、额定电压时,轿厢半载直驶下行至行程中段时的速度不大于额定速度的 105%,不小于额定速度的 92%。

检验方法:凡是运行速度与电源电压有关的,在检验时应检验电压,用光电转速表在上述工段和运行到中段,测出曳引轮的转速,再算出曳引轮的线速度。

(2) 电梯启动、制动加速度检测:要求最大速度不大于 $1.5\ m/s^2$;当电梯额定速度为 $1.0\ m/s < v \leqslant 2.0\ m/s$ 时,平均加减速度不应小于 $0.48\ m/s^2$;当额定速度为 $2.0\ m/s < v \leqslant 2.5\ m/s$ 时,平均加减速度不应小于 $0.65\ m/s^2$。

检验方法:用加速度测试仪测试。

(3) 曳引条件检验

① 当对重完全压在缓冲器上,轿厢不可能再继续提升。

检验方法:轿厢空载,短接上限位、上极限开关。在检修状态以点动使轿厢缓缓上行,当对重接触缓冲器后,短接对重缓冲器电气安全开关继续上行,约上行一个压缩行程后曳引绳应在曳引轮上打滑。此检验可在检验越程保护的上极限试验时一并进行。在检验中应注意轿顶上不要有人,要在机房操作,电压要正常,并应计算轿顶的最高物件是否会与井道顶相碰,在操作过程中要注意电梯上升情况。在对重与缓冲器接触后,再上升一个缓冲器最大压缩行程后,若钢丝绳还不打滑,则应停止试验,以防轿顶物件撞到井道顶或轿厢突然下落。

② 在行程上部空载轿厢上行及行程下部有125%载荷的轿厢下行,应可靠停层。

检验方法:检验是将载有125%载荷的轿厢上行和下行并各停层3次,应能准确停层和开门,此时平层精度可不考虑。

(4) 平衡系数的检测

平衡系数应在40%~50%,若制造厂提供了该电梯的平衡系数,则应以设计值为准,因为平衡系数是设计的一个基础数据。

检验方法:

① 交流拖动用"电流法",直流拖动时用"电流—电压"法。

② 应使用标准砝码进行检验。

③ 测量时应对电压进行监测,尤其在25%~75%负荷时,电压波动不应大于2%。

④ 对变压变频拖动的电梯,电流测量应在变频器前端进行。

⑤ 检测中工作人员不要在轿内而要在外部操作。

⑥ 检测时先利用控制柜的层站指示或在曳引绳上做记号,标出对重和轿厢同一水平位置,再在轿厢内加入25%的载荷,令电梯上、下行一次,记下对重与轿厢在同一水平时的上行和下行电流。再分别以40%、50%和75%的载荷上、下行,记下对重与轿厢在同一水平时上行、下行的电流。

⑦ 在坐标纸上以载荷作横坐标,以电流作纵向坐标,将上行电流和下行电流连成上行和下行两条电流曲线,曲线交点的横坐标即是该电梯的平衡系数。

(5) 平层准确度的检测

标准规定平层准确度速度在0.63~1 m/s的交流双速电梯应不大于±30 mm外,其余各类电梯均不应大于±15 mm。但目前企业的标准尤其是变压变频电梯都优于上列指标。

检验方法:

① 分空载和额定载重量两种工况分别进行。

② 电梯额定速度不大于1 m/s时,轿厢由底层站向上逐层停靠和从上端站向下逐层停靠,测量每次停层时轿厢地坎与层门地坎的垂直高差;额定速度大于1 m/s时,轿厢以达到额定速度的最小间隔层站为停站间距,从底层站向上和从上端站向下运行按停站间距停站,测量两个地坎的垂直高差。

③ 轿厢在上下端站间直驶,测量上下端站的两个地坎垂直高差。

④ 应用深度游标尺在门的中心部位测量,要求全部测量数据均符合标准要求。

3. 安全性能检验

(1) 停止装置检验

电梯在正常运行和检修运行时,任何一个停止装置动作,轿厢应立即停止运行,若轿厢当时未运行则不能再启动。同时,停止装置动作应消除所有的召唤和选层指令和登记,在停止装置释放后,必须重新给予指令电梯才能启动。

检验方法:分别在正常运行和检修运行时,试动每个停止装置,并观察电梯登记的信号和层站召唤信号是否消失。在释放后观察电梯的启动情况。

(2) 端站越程保护检验

① 端站强迫换速：在正常运行时到达端站前有一电气安全装置强制使电梯由正常速度转为慢速。

检验方法：运行检验。

② 限位开关：在电梯限位开关动作后，切断危险方向运行。

检验方法：运行检验。

③ 极限开关：极限开关在对重或轿厢接触缓冲器前动作并在缓冲器压缩期间保持有效。极限动作后应防止电梯两个方向的运行。

检验方法：短接限位开关，轿厢空载检修状态点动上下行，直到不能继续运行，测量端站轿厢地坎与层门地坎的垂直高差，应小于缓冲器的缓冲距。

（3）门与电气安全触点联锁

层门或轿门的任何一扇门开着或没有关到位，电梯不能启动，在电梯运行过程中任何一扇门被打开，电梯立即停止运行。

检验方法：对每一扇层门和轿门逐一检查。

（4）限速器与安全钳

限速器与安全钳自身结构均在型式试验中进行了检查，在交付使用前的试验主要是验证选用安装和调整是否正确，各联动机构能否协调动作以及有关结构的连接坚固性。

① 限速器张力：其动作时限速器的最大张力应大于安全钳拉力的 2 倍，并不小于 300 N。

检验方法：

A. 在轿厢静止的情况下，在轿顶用 300 N 的弹簧测力计在限速器绳头向上拉安全钳联动机构，直到安全钳动作，记录测力计指示的数据。

B. 人为动作限速器后，在轿顶用弹簧测力计在绳头以上的位置将限速器绳向下拉，直到 300 N，限速器绳未打滑即为合格。

② 限速器动作速度：应符合 GB7588—1995 的要求。

检验方法：用电梯限速器测试仪进行测定。

③ 瞬时式安全钳

检验方法：

A. 交付使用前的检验应在轿厢均匀分布额定载重量，以检修速度向下运行时，在机房人为动作限速器，使限速器电气安全开关动作，此时电梯应停止运行。将限速器电气安全开关短接后，再在检修速度下行时人为动作限速器，使限速器绳拉动安全钳提拉装置，此时安全钳装置的电气安全开关应动作，使电梯停止运行。然后再将安全钳装置的电气安全开关也短接后检修下行，再次人为动作限速器，使安全钳装置机械动作，使轿厢可靠制停。两次测量的倾斜度相差不应超过 5%。

B. 定期检验时轿厢空载，试验步骤与交付前相同。

④ 渐进式安全钳

检验方法：

A. 交付使用前的检验，轿厢均匀分布 125% 的额定载荷，用检修速度或平层速度进行试验。

B. 定期检验时，轿厢空载以检修速度进行试验。

C. 对轿厢面积超过 GD7588—1995 中规定的货梯、病床梯和非商业用汽车电梯,在交付使用前检验时,轿厢应均匀分布 150% 的额定载荷进行试验。

D. 安全钳动作时必须有一段制停距离。

E. 试验的步骤和轿厢倾斜度变化要求与瞬时式安全钳相同。

（5）制动系统

① 交付使用前的检验

检验方法：

A. 电梯轿厢以正常速度下行,突然切断电源或按动停止装置,轿厢应立即制停。

B. 轿厢均匀分布 125% 载荷,轿内无人时以正常速度下行,突然切断电源,轿厢应能可靠制停。

② 定期检验：在无法进行载荷试验时,可采用空载轿厢正常速度上行时,突然切断电源,轿厢要能可靠制停,而制停距离应小于以 125% 载荷下降时的制停距离。

（6）缓冲器

① 蓄能型缓冲器

检验方法：轿厢载以额定载重量,在短接下限位和极限开关电路后,以检修状态点动下行,将全部重量压在缓冲器上,5 min 后提起轿厢,缓冲器应完全复位。

② 耗能型缓冲器

检验方法：在轿厢以额定载重量的工况下进行。

（7）超载保护

很多电梯的超载装置是称重装置的一部分,但超载保护是电梯的重要安全性能,必须进行单独检验。

检验方法：结合带载荷的试验加曳引试验、安全钳试验,加载到额定数量时,观察有无声响和指示灯警告,且自动和手动关门均应失效,电梯无法启动。

4. 载荷运行试验

（1）曳引电梯交付前的运行试验

检验方法：在轿厢空载、半载和满载 3 种工况分别进行,在通电持续率 40% 的情况下,制动运行 1 000 次。电梯应运行平稳、制动可靠、无故障,电机、减速器油温在允许范围内。

（2）超载运行试验

检验方法：电梯在装入 110% 的额定载荷,通电持续率 40% 的情况下,全程范围连续运行,启动、制动 30 次,应可靠启动、运行和停层。

（3）静载试验

面积超过 GB7588—995 规定的货梯、病床梯和非商用汽车梯,应在 150% 的额定载荷静态检查。

检验方法：在制动器工作可靠的情况下,轿厢在最下层站平层,均匀装入 150% 的额定载荷,静压 10 min,应无打滑和永久变形现象。

6.2.2 电梯检测、试验的内容、方法、要求及注意点

电梯经过安装、质量检验、调试已经基本具备了运行的基本条件,但在试运行中还要进

行一系列的检测试验,主要内容有:

1. 平衡系数的测定

(1) 试验方法

轿厢以空载且额定载荷的25%、50%、75%、100%、110%做上、下行运行,当轿厢与配重运行到同一水平位置时,分别记录电压、电流、转速各参数。电流测量并结合速度的测量适用于交流电动机,电流测量并结合电压的测量适用于直流电动机,电流的测量是当电梯轿厢与配重运行到同一位置,用钳型电流表测量上行、下行的电流。

(2) 试验要求及注意要点

配重砣块应放多少块与配重的载重有关,通常用 $W_d = G + KQ$ 计算,其中:W_d 为配重总重,单位为 kg;G 为轿厢自重,单位为 kg;Q 为轿厢额定载重量,单位为 kg;K 为平衡系数。

2. 限速器与安全钳动作可靠性试验

(1) 试验方法

① 安全钳楔块检查

牵动轿厢上的绳头拉手,安全钳的楔块应同时接触导轨工作面,此项检查轿厢应位于底层。检查人员在井道底坑内检查安全钳楔块的实际动作情况。

② 限速器与轿厢安全钳动作可靠性试验

试验应在轿厢下行期间进行。

A. 瞬时式安全钳或具有缓冲作用的瞬时式安全钳,轿厢应载有均匀分布的额定载荷,并在额定速度时进行。

B. 渐进式安全钳,轿厢应载有均匀分布125%的额定载荷,在平层速度或检修速度下进行。先把空载轿厢停于上端站附近,在机房手动限速器夹住钢丝绳,然后以检修速度开始下降,安全钳应动作,并使轿厢可靠地停靠于轨道上,同时还观察与之联锁的电气开关是否先于刹车动作而可靠断开。

(2) 试验要求及注意要点

① 安全钳动作时,电梯必须可靠的停止。

② 安全钳动作使轿厢停止时,轿厢地板的倾斜度应与正常位置度小5%。

③ 刹车动作发生后,应不借助任何外力,即正常的上行开车,能使轿厢自动脱离闸车状态。

④ 此项试验对轨道有不同程度的损伤,不能多试验。

3. 液压缓冲器复位试验、负载试验

(1) 试验方法

① 复位试验:在轿厢空载的情况下,以检修速度下降,将缓冲器全压缩,然后轿厢离开,缓冲器使其自然恢复原状。

② 负载试验:轿厢以额定载荷和额定速度碰撞缓冲器;对重以轿厢空载和额定速度碰撞缓冲器。

(2) 试验要求及注意点

① 复位试验:从轿厢开始离开缓冲器一瞬起,直到缓冲器恢复原状为止,所需时间应小于 90 s。

② 负载试验：缓冲器应平稳，零件应无损伤和明显变形。

4．静载试验

(1) 试验方法

① 将轿厢位于底层，平稳地加入载荷。

② 乘客、医院电梯和额定重量不大于 2 000 kg 的载货电梯，载以额定重量的 200%；其余各种电梯载以额定重量的 150%，历时 10 min。

(2) 试验要求

在试验过程中，要求：

① 各承重构件无损坏。

② 曳引绳在槽内无滑移。

③ 制动器应该可靠刹紧。

5．运行试验

(1) 试验方法

轿厢分别以空载平衡载荷（额定起重量的 40%～50%，根据取定的平衡系数确定）、满载（额定起重量的 100%）在通电持续率 40% 的情况下反复升降，各自历时 2 h，减速机箱内油温的测定，可在运行试验开始时放入温度计，待运行结束时进行观察。

(2) 试验要求

① 电梯启动、运行和停止时，轿厢内无剧烈的振动和冲击。

② 控制柜、电动机、曳引机工作正常，电压、电流实测最大值应符合相应的规定，平衡载荷运行试验，上、下方向的电流值应基本相符，差值不应超过 5%。

③ 制动器动作可靠，运行时制动器闸瓦与制动轮无摩擦，制动器线圈不应超过 60℃。

④ 减速器油的温升不应超过 60℃，且温度不应超过 85℃。

⑤ 集选控制电梯，轿厢内指令、召唤和选层装置的作用应准确无误。

⑥ 按钮操纵的电梯，选层定向应可靠。

⑦ 设有消防员专用控制钮的电梯，消防员专用开关应转换及时可靠。

⑧ 多台程序控制的电梯，程序转换应良好可靠。

⑨ 各层门的机械电气联锁装置、极限开关和其他联锁的作用应良好可靠。

⑩ 平层准确，声光信号正确，运行无故障。

6．超载试验

(1) 试验方法

① 轿厢内载以 110% 的额定起重量，在通电持续率 40% 的情况下，历时 30 min。

② 加载物可利用试车砝码或其他重物。

③ 设有超载保护装置的电梯，在试验时先将超载保护装置电气回路断开。

(2) 试验要求

① 电梯能安全启动、运行和停止。

② 曳引机工作正常，启动运行可靠。

③ 制动器动作可靠。

④ 减速机电动机工作正常。

⑤ 系统（包括钢丝绳、绳轮、钢架、导轨）工作正常。

7. 轿厢超满载装置动作可靠性试验

（1）试验方法

① 轿厢负载超过额定起重量。

② 轿厢负载降到额定起重量或低于额定起重量。

③ 轿厢在满载状态下。

（2）试验要求

① 轿厢负载超过额定起重量时，轿厢内超载灯亮，蜂鸣器响，电梯不能关门，电梯不能启动。

② 轿厢负载降到额定起重量或低于额定起重量，电梯应立即恢复正常。

③ 轿厢在满载状态下，电梯不接受任何召呼。

8. 额定运行速度试验

（1）试验方法

① 用转速表测量电动机转速并按下式计算轿厢运行速度：

$$v_{平均} = \frac{\pi D(n_下 + n_上)}{2} \times 60 \cdot i \cdot i_曳$$

式中：$v_{平均}$——轿厢实际升降速的平均值(m/s)；

D——曳引绳直径(m)；

$n_上$、$n_下$——额定起重量升、降时电动机转速(r/min)；

i——减速机速比；

$i_曳$——轿厢的曳引速比，直流高速电梯 $i_曳 = 1$。

② 实际升、降速度的平均值对额定速度的差值按下式计算：

$$允差值 = \frac{实测速度 - 额定速度}{额定速度} \times 100\%$$

③ 轿厢运行速度也可以用测速装置测量曳引绳线速度

（2）试验要求

① 轿厢加入平衡载荷，分别上下运行至行程中段时的速度平均值不应超过额定速度的 5%。

② 加速度或减速度 $\leqslant 1.5$ m/s^2。

③ 额定速度大于 1 m/s、小于 2 m/s 的电梯，平均加速度和平均减速度 $\geqslant 0.5$ m/s^2。

④ 额定速度大于 2 m/s 的电梯，平均加速度和平均减速度 $\geqslant 0.7$ m/s^2。

⑤ 客梯、病床梯，运行中水平方向振动加速度 $\leqslant 0.15$ m/s^2，垂直方向振动加速度 $\leqslant 0.25$ m/s^2。

⑥ 转速表的转速与计算线速度的换算不应大于 2%。

9. 平层准确度的检测试验

（1）试验检测方法

① 电梯分别以空载和额定载荷以正常速度升降，轿厢停靠各层站后，测量其地坎上平面对层门地坎上平面垂直方向的误差值。

② 检测时应特别注意上、下两个站点，即轿厢空载上行到上端站、轿厢满载下行到下端站的平层情况。

(2) 平层准确度要求

① 交流双速电梯额定速度≤0.63 m/s,平层允许偏差±15 mm。
② 交流双速电梯额定速度≤1 m/s,平层允许偏差±30 mm。
③ 交直流调速电梯额定速度≤2 m/s,平层允许偏差±15 mm。
④ 交直流调速电梯额定速度≤2.5 m/s,平层允许偏差±10 mm。

10. 噪声测定检验

噪声测定检验方法及技术要求如表6.4所示。

表6.4 噪声测定

项　目	技术要求	测量方法
轿厢内运行(货梯不测)	<55 dB	传声器置于轿厢内距轿厢地面高1.5 m,以额定上行、下行测试,取最大值
轿厢门和层门开关过程	<65 dB	传声器分别置于层门和轿厢门宽度中央;距离门0.2 m,距地面高1.5 m,以开关门的最大数值作为评定依据
机房内	<80 dB	传声器在机房内,距地面高1.5 m,距声源1 m处测4点,在声源上部1m处测1点,共测5点,峰值除外,取平均值

课题 7　电梯安装和调整中的安全技术与安全注意事项

7.1　一般规定

在我国,电梯造成人员伤亡的事故每年都有发生。即使是完好的电梯,其安装、调试和维修过程也充满了危险,一直是电梯行业关注的焦点。

7.1.1　电梯安装中安全的一般规定

(1) 电梯安装操作人员,必须经身体检查,凡患心脏病、高血压病者,不得从事电梯安装操作。

(2) 进入施工现场,必须遵守现场一切安全制度。操作时精神集中,严禁饮酒,着装整齐,并按规定穿戴个人防护用品。

(3) 电梯安装井道内使用的照明灯,其电压不得超过 36 V。操作用的手持电动工具必须绝缘良好,漏电保护器灵敏、有效。

(4) 梯井内操作必须系安全带;上、下走爬梯,不得爬脚手架;操作使用的工具用毕必须装入工具袋;物料严禁上、下抛扔。

(5) 电梯安装使用脚手架必须经组织验收合格,办理交接手续后方可使用。

(6) 焊接动火应办理用火证,备好灭火器材,严格执行消防制度。施焊完毕必须检查火种,确认已熄灭后方可离开现场。

(7) 设备拆箱、搬运时,拆箱板必须及时清运码放指定地点。拆箱板钉子应打弯。抬运重物前后呼应,配合协调。

(8) 长形部件及材料必须平放,严禁立放。

7.1.2　电梯调试中安全的一般规定

在电梯调试时,除了应该遵守一般的设备安装安全规程以外,还要特别注意以下各点:

(1) 电梯调试是一种技术性很强的工作。从业人员必须经过正规的专业技术培训并考试合格。

(2) 电梯调试应指定专人负责,明确分工,统一指挥。调试人员不明确工作内容,人数不满两人或健康状态不良时,不得进行工作。

(3) 电梯调试时,应正式通知有关各方并挂出警告牌。禁止一面使用一面调试,禁止在调试完成正式交付之前提早使用电梯。

(4) 调试时不得进行上、下交叉作业;调试也不得与安装交叉作业。

(5) 调试时电梯机房门窗应完好。工作人员离开电梯机房时应加锁。禁止无关人员进入电梯机房和施工现场。非调试人员不得调整电梯的控制系统;调试人员只有弄清情况后才能调整控制系统。

(6) 调试时电梯机房、井道与底坑均应有足够的照明。井道与底坑内的临时照明应使用安全电压。

(7) 有必要使用钥匙从厅外打开厅门时,一定要先看清楚电梯轿厢是否确实停在本层,千万不要冒失跨入。要妥善保管电梯的厅门钥匙,除了调试人员,其他人员不应使用厅门钥匙。

(8) 进入轿顶或底坑工作应该首先断开电梯的安全开关;如果较长时间不需要轿厢运行,最好切断电梯的主电源开关。

(9) 进、出轿厢要迅速,不要长时间停留在厅门、轿门近旁。严禁一脚站在厅门外,另一脚站在轿厢内;或者一脚踏在轿顶,另一脚跨在轨道支架、井道隔梁等固定处进行工作。

(10) 在电梯机房动梯应先确认:

① 底坑、轿顶和轿内均无人。

② 轿门和各层厅门全部关好并且无法从外面打开(除非使用钥匙)。

③ 电梯底坑及井道上、下没有阻碍轿厢运行的物体。

④ 有正确的指层信号,或者曳引钢丝绳上有明显的标记表明轿厢的实际位置。

(11) 在机房指挥轿厢开梯应有可靠的联系方法(使用对讲机、电话等),操作者重复命令无误后才能动梯。

(12) 有人在轿顶或底坑不得开快梯,且慢梯应由轿顶人员操纵。

(13) 不得同时短接轿门和厅门连锁开关开梯。必须短接厅门连锁开关时应只限于开慢梯。调试门连锁开关后应立即拆除短接线。有"应急"按钮的电梯应经常检查"应急"按钮是否弹出复位。

(14) 手动打开抱闸(制动器)时一定要先切断抱闸电源。手动开闸应由两人配合进行,其中一人使用开闸工具打开抱闸,另一人把握飞轮或旋柄盘车。要确保抱闸没有机械卡阻,开闸工具松开后能立即重新抱紧。

(15) 在电梯调试中,一切电气设备和线路不能确认无电的情况下应一律视为有电,并要严格遵守带电操作的安全规范。

7.2 电梯安装的安全技术与安全注意事项

电梯安装安全技术除了电梯本身安装安全技术外,还包括电梯安装常用工具设备的使用、电梯安装电工安全技术、电梯安装钳工安全技术、电梯安装气焊(气割)安全技术、电梯轿厢安装的安全技术、电梯曳引机安装安全技术以及电梯安装搬运安全技术等。

7.2.1　电梯安装的安全技术

（1）在电梯安装时，应首先与现场施工单位负责人取得联系，共同研究双方在现场工作中的安全措施与安全注意事项，共同遵守执行。

（2）施工安装人员工作前应及时仔细检查现场，是否有不安全的因素，如有不安全的因素必须排除后方可进行工作。工作时必须在每层厅门外，挂有井下有人工作的标牌。

（3）工作前必须穿戴好个人劳动保护用品，特别要注意戴好安全帽，高空作业必须系好安全带，电工、焊工穿绝缘鞋，并检查所有使用的工具。为了确保安全可靠，井道工作必须设置安全网。

（4）安装电梯必须遵守《建筑安装工程安全技术操作规程》，使用手持电动工具时必须执行《手持式电动工具安全操作规程（试行）》和《关于手持式电动工具安全操作规程（试行补充规定）》。

（5）在井道工作时，必须采用36 V工作照明灯，在轿厢内工作时必须采用12 V工具照明灯。

（6）工作场所下面不准停人，下脚手架时不准滑下和跳下。

（7）在调试电梯前一定要穿好绝缘鞋、戴好绝缘手套或者站在绝缘垫上，否则禁止施工。

（8）开车前各厅门要关好，如有其他原因厅门不关时应采取防护措施，避免发生事故，经检查安全可靠后方能按安装技术工艺规程的规定开车。

（9）在调试中开车人员要配合好调试人员，精神要集中，听从调试人员的指挥。

（10）在调试电梯与井道作业时，严禁酒后操作、打闹、开玩笑，搞好协作、监护他人安全工作。

（11）动用气焊、电焊时，要遵守气焊、电焊安全操作规程，注意安全防火。

（12）要时刻预防触电、物体打击、高处坠落等事故。

7.2.2　电梯安装的安全注意事项

（1）作业开工前，用安全栅栏围住地坑周围，摆放"无关人员不得入内"的标识。

（2）使用梯子进出地坑，请勿手持物品进出地坑。

（3）在地坑周围设置以防跌落地坑的设施。

（4）使用云梯作业时，应水平地摆放在地面，并让梯子中间的防开装置完全动作。

（5）不要进行上、下交叉作业。

（6）绝对不要进入起吊机的下面。

（7）确认联系信号。

（8）运行时信号联系，确认无人后再操作。

（9）临时设置通电后，调整可动部分时，切断电源，设置表示"禁止闭合开关"的标识。

（10）户外安装风势较大时应停止载车板的吊入作业。

（11）在油类附近作业时，注意防火，并设置消防器材。

7.2.3 电梯安装常用工具设备的使用

1. 电梯安装常用工具和常用检测工具(见表 2.4)
2. 电梯常用工具设备安全操作注意事项

(1)电梯安装人员应使手用工具经常处于良好状态,如锤子或大锤的手柄有松动,必须在使用前更换新手柄且装配紧固,以防锤头滑脱伤人;又如凿子或样冲的顶部要经常修整,避免出现蘑菇状的碎片伤人。

(2)登高操作使用扒脚梯、竹梯、单梯的梯脚应包扎防滑橡皮,使用前必须检查确认坚固可靠方可使用。

(3)使用扒脚梯扒开角度应在 35°~45°,中间必须有绳索将梯子两面拉牢,操作者不得站在顶尖档的位置操作;单梯使用时,应有他人监护扶着梯脚或在上部用绳索扎牢。

(4)登梯操作者应尽可能使用安全带以防坠落,扶梯监护者需戴安全帽,以防物体打击;严禁两人同时攀登一部梯子。

(5)各种移动电器设备要经常检查,必须保证绝缘强度符合规定要求,且有良好的安全接地措施。引线必须采用三芯(单相)、四芯(三相)坚韧橡皮线或塑料护套软线,截面至少 $0.5~mm^2$,长度不超过 5 m。

(6)使用手持式电动工具,操作时要戴绝缘手套或脚垫绝缘橡皮,并要求:

① 在一般作业场所应尽可能使用Ⅱ类工具,若使用Ⅰ类工具时还应该有漏电保护器等保护此措施。

② 在潮湿作业场所或金属构架上等导电性能良好的作业场所,应使用Ⅱ类或Ⅲ类工具。

7.2.4 电梯安装电工安全技术

(1)电工必须经专业培训,考核合格,凭电工操作证工作,必须遵守电气安全的有关规定。

(2)工作前,按规定穿戴好个人防护用品。

(3)各种电器和工具使用前认真检查绝缘是否良好,防止触电,使用手持电动工具遵守其操作规程。

(4)安装接线前应先断开电源,并做好标识,必须检验证明确实已无电,并采取防止突然送电的安全措施,方可工作。

(5)线路安装应符合电业安全工作规程,安全合理,布置整齐。

(6)各种安全防护装置要齐全有效,设备及元器件的绝缘良好。

(7)电器或线路拆除后,遗留的线头应及时用绝缘布包好。

(8)登高作业时应系好安全带,使用梯子时应认真检查,梯脚应有防滑橡皮,并放置在坚固支撑物上,顶端应有防滑沟,并有人扶梯。

(9)低压带电作业时必须使用绝缘工具,站在干燥的绝缘物上,应设有电业经验的监护人。

(10) 靠近带电设备工作时,严禁使用金属尺、锉刀等工具。

7.2.5 电梯安装钳工安全技术

(1) 电梯钳工必须熟知有关安全方面的规章制度,严格执行本工种安全操作规程。
(2) 工作前穿戴好个人防护用品,检查设备和工作环境有无不安全因素,并采取安全措施后进行工作。
(3) 检查所用工具是否完整好用,手持电动工具绝缘保护是否完好,有无防护及地线。
(4) 工作中零部件应稳固地放在指定地点。
(5) 两人以上做同一工作时或搬运大件必有人统一指挥。动作要协调。
(6) 使用手动葫芦时,必须遵守其操作规程。
(7) 安装轿厢或曳引机时,严禁上下交叉工作。
(8) 在高处作业时,应执行建筑安装工程安全技术操作规程中的高处作业安全规定,所有工具、零件禁止放在边缘,应放在工作台面中间或安全的地方,免得落下伤人。
(9) 在井道工作时,必须采用36 V以下照明灯;在轿厢内工作时,必须采用12 V工作照明灯。
(10) 工作中要时刻预防触电、物体打击、高处坠落等事故发生。

7.2.6 电梯安装气焊(气割)安全技术

(1) 工作前应检查护具、工具、减压表、胶管、接头。焊割具是否完好,阀门及紧固件要紧固可靠,不准有松动漏气,并认真检查施焊(割)地点及周围是否有易燃易爆物资(包括混合爆炸气体)。
(2) 检查附件泄漏时,只能用肥皂水或放在水里。试漏时不准有明火,不准吸烟。使用时要经常检查,发现漏气及时修复或更新。
(3) 更新胶管时,必须按规定染色,并吹清管内的防粘粉末。接头要用铁丝扎紧,两头必须连在一起。
(4) 在焊(割)时发生回火,应立即先关氧气,后关乙炔。待焊嘴冷却后,再开少量混合气,将混合室内烟灰吹出,然后再点火。
(5) 凡在容器内、箱柜内作业时,人离开现场必须将焊割具随身带出。工作完毕后关闭气源,检查作业场所及周围确认无火种后方可离开现场。
(6) 禁止使用焊割具做照明,严禁用氧气做通风气源。在平台上工作时严禁将焊割具放在平台孔内。
(7) 高空作业应戴安全帽,系好安全带,将胶管捆在牢靠的地方,不允许缠在身上或搭在背上,不准在脚手板上垫木箱、凳子,多人立体作业,要相互照顾,站立的位置要交叉开。
(8) 高空切割拉撑、压码、吊环、角钢余料等,必须采取安全措施以防切割物坠落伤人,严禁乱扔乱甩。
(9) 在容器、箱柜内工作时应加强通风,并要有人监护。监护人必须坚守岗位,发现异常及时采取措施。

(10) 使用的各种气瓶必须符合气瓶安全管理规定的要求,要有可靠的安全装置,不得剧烈碰撞震动和在日光下曝晒气瓶,与热源、明火的距离不得少于 10 m。

(11) 使用后的气瓶,必须保留 1~2 个大气压以保证下次充气时鉴别。气瓶和管道冻结时,应用热水和蒸汽解冻,严禁用明火加热。

(12) 六不割焊:

① 在容器内、箱柜内,无人监护不割焊。

② 不了解割焊地点周围情况(有无易燃易爆物品)、不了解工件内是否有易燃易爆物品不割焊。

③ 盛装过易燃易爆物品的容器及有压力的管道不准割焊。

④ 重点、要害部位未经保卫部门批准,未采取必要措施,不能割焊。

⑤ 附近有与明火作业相抵触的工种操作时,如涂喷漆、脱漆、喷胶告示等,不许割焊。

⑥ 用可燃材料做绝缘的部位未经保卫部门批准和未采取必要的措施的不能割焊。

7.2.7　电梯轿厢安装的安全技术

(1) 轿厢安装人员进入作业场所必须按规定穿戴防护用品。

(2) 检查所用各种工具和手拉葫芦等各种器具是否处于安全状态下,如有问题,修复后再用。

(3) 安装人员要服从现场负责人指挥,未经安全教育合格的人员不得从事安装工作。

(4) 必须按工艺规定进行安装并事先采取可靠措施。

(5) 轿厢应在最高层的井道内安装,在轿厢进入井道前,首先将最高层脚手架拆除,以免防碍工作。

(6) 使用手持电动工具起重机械时必须遵守相应的操作规程。

(7) 照明灯要采用 12 V 以下的,轿厢上应有良好的接地或接零保护,以免触电。

(8) 装拆大的部件使用吊车或手拉葫芦时,要遵守安全技术操作规程和有关的安全技术操作规程。

7.2.8　电梯曳引机安装安全技术

(1) 工作前必须穿戴好个人防护用品,袖口扎紧。

(2) 工作前清理现场,做到工作场地周围及人行道畅通无阻。

(3) 工作前详细检查自己所使用的工具,如扳手、刮刀、锉刀、扁铲、手锤等是否合乎安全要求,发现有问题要及时修理,不得将就使用。

(4) 安装试验台要有专人负责保管使用。其他人员未经允许严禁操作使用。

(5) 曳引机安装后检查润滑系统,检查转动部分是否灵活、有无障碍并仔细检查线路,注意控制箱所反映的工作台位置,严防安错。经过检查认为没有问题后才能进行正常的操作实验。实验完毕后停车,先点按钮,后点转向开关,然后将控制箱钥匙拔掉。在操作中注意不得将胶线碰坏划伤露线,以防触电事故发生。

(6) 安装拆卸机器时,部件超过 30 kg 要用吊车或两个人抬。在使用起落吊时先检查吊绳和夹具是否安全可靠，不得占用安全通道。

7.2.9 电梯安装搬运安全技术

（1）电梯安装工作前，必须穿好工作服，戴好安全帽。严格检查工具、索具、机械设备是否装好、是否可靠，安全网是否装好、是否牢固可靠。

（2）现场的动力设备必须接地牢靠，绝缘良好。移动灯具必须使用36 V以下安全电压。

（3）电梯安装需人工搬运时，应视工件的重量和体积量力而行，严防扭腰、砸手、砸脚等事故发生。

（4）无吊装机械或吊装不便，需多人搬运时，要分工明确，合理负重，步调一致，有专人指挥，统一行动。所用杠棒、跳板绳索必须完好可靠。

（5）搬运零部件时，必须从上而下逐层搬取，禁止从下部抽取，以防零部件倒塌伤人。

（6）搬运中如发现垒放的物品有被震动散垛的危险，必须立即整理，不得凑合，防止倒塌伤人。

（7）使用的跳板宽度不得小于0.4 m，厚度不得小于0.07 m，长度不得小于4 m，两端应包扎铁箍。跳板长度超过5 m时中间应加垫，以免抖动。使用跳板前应彻底检查，如发现有裂纹或有其他折断的可能时，应停止使用。

（8）搬运工件所用撬杠，必须用低碳素钢材制成，不准用铸铁和淬火钢材制成，以防脆裂伤人。扁担、拉杆应用坚韧的木料制成，表面必须刨光且无裂纹。滚杠最好用无缝钢管制成，表面应光滑无裂纹。利用滚杠运送物体时，应根据物体的重量选择其大小。

（9）抱杆、三脚架应用坚固的木料或无缝钢管制成，不允许有裂纹和腐朽的地方，钢管、三脚架需要加长时，其连接处必须牢固可靠。

（10）利用铺面板、斜面板装卸、运送货物时，对其宽度及类型应根据货物和重量、种类来确定，必须安装牢固。

（11）搬运物件时，如果经过的路平面土质松软或表面不平，必须铺上木板或方木。

（12）在安装现场，与工作无关的人员禁止入内。

（13）电梯安装搬运中如使用专用的起重设备时，必须遵守这些专用设备的安全操作规程。

（14）现场使用的工具要妥善保管，不得无故丢失和损坏。

（15）现场施工检查员，要认真检查每一道工序，发现不符合质量标准的地方要及时反映，把质量问题杜绝在交验之前。

（16）现场施工发现土建、井道、机房、脚手架等方面存在问题，不符合双方协议要求等，要同甲方友好商议，分清责任。

（17）各分队队长、质量检查员、安全员及全体队员要团结一致，互相协助，发挥各自的能动作用，完成好现场施工中的一切任务。

（18）在现场施工中，要维护本单位的信誉，不得无故向用户索取钱物等，如发现有违纪的分队，除追回所索物资外还要另行处罚。

7.3 电梯调整和试运行的安全技术与安全注意事项

7.3.1 电梯调整和试运行的安全技术

(1) 电梯调整和试运行时必须按照"工艺标准"的要求做好准备工作,于上、下机头处设置试运行标志。试运行工作不得少于2人,试车中不得带乘客。

(2) 试运行之前,要对各部分电气作动作试验和绝缘遥测,抱闸可靠无误。

(3) 在点动试运行的过程中,应对各种安全开关进行测试,确认动作可靠无误。

(4) 在调整和试运行过程中,上、下要呼应一致,并注意防止机头的盖板处突然启动,使人站立不稳而造成事故。

(5) 在调整和试运行过程中,梯级上严禁站人;调试时,必须确认作业人员离开梯级区域后才能试运行。

7.3.2 电梯调整和试运行中的安全注意事项

(1) 进入作业场所必须按规定穿戴好安全防护用品。

(2) 各种电器工具使用前要检查绝缘强度,以防触电。

(3) 整机调试,试运行人员必须按照有关的工艺规定进行操作。

(4) 整机调试、试运行工作,必须由现场负责人负责进行安全技术教育。

(5) 当各项安全保护装置皆处于正常工作状态,曳引机、电动机等都有足够的润滑时,才可做空载试运行。开始时应慢车行驶,在整个高度内运行一周,每到达一个楼层,稍停一定时间防止电动机过热。应保证电梯运动方向与操纵箱和其他指示器所示的方向相符,然后满速运行,同时对运行性能、启动加速、减速制动、运动平衡性、平层准确性做必要的调整。

(6) 做静力试验时轿厢位于最低停站位置,其试验时间及负荷必须符合工艺要求。

(7) 静力试验合格后,方可按工艺要求做运行试验。

(8) 运行试验合格后,方可按工艺要求做超载试验。

(9) 试运行开车人员必须服从整机调试人员指挥。

(10) 整机调试、试运行工作结束后,应将电梯停在最低层,然后切断电源,拆除调试工装。

课题 8　电梯安装工程的竣工验收、工程回访与服务

8.1　电梯安装工程的竣工验收

电梯在经过安装人员安装和自行检验合格后,即可报请政府的劳动安全部门进行正式的竣工验收。电梯安装工程竣工验收的主要依据有:

(1) GB7588—2003《电梯制造与安装安全规范》中的"附录 D　交付使用前的检验及验收"。

(2) GB10060—1993《电梯安装验收规范》。

(3) GB50310—2002《电梯工程施工质量验收规范》。

8.1.1　电梯安装竣工交付使用前的检验及试验

电梯安装竣工交付使用前的检验及试验,主要依据 GB7588—2003《电梯制造与安装安全规范》中附录 D 的规定来进行。

在电梯交付使用前,应该进行下列检验及试验。

1. D1 检验

这些检验尤其应包括下列 4 点:

(1) 如已经过初步审核,则按审核时提交的文件(GB7588—2003 附录 C 中规定的技术文件)与安装完毕的电梯进行比较、对照。

(2) 检验在一切情况下均满足 GB7588—2003 为纲的相关标准的要求。

(3) 根据制造标准,直观检验本标准无特殊要求的部件。

(4) 对于要进行形式试验的安全部件,将其形式试验鉴定书上的详细内容与电梯参数进行对照、比较。

2. D2 试验和校验

这些试验和校验应包括下列各点:

(1) 锁闭装置(参见 GB7588—2003 的 7.7,下同)。

(2) 电气安全装置(参见 GB7588—2003 附录 A)。

(3) 悬挂元件及其附件,应校验它们的技术参数是否符合记录或档案内的技术参数及表示的特性(见 16.2a)。

(4) 制动系统应在载有 125% 额定载荷的轿厢,以额定速度下行,并在切断电机和制动

器供电的情况下进行试验。

(5) 电流或功率的测量及速度的测量(见12.6)。

(6) 电气接线

① 不同电路绝缘电阻的测量(做此项测量时,全部电子部件要断开连接)(见13.1.3)。

② 机房接地端与易于意外带电的不同电梯部件间的电气连通性的检查。

(7) 极限开关(见10.5)。

(8) 曳引检查(见9.3)

① 在相应于电梯最严重的制动情况下停车数次进行曳引检查,每次试验,轿厢应完全停止。

试验进行方式:

行程上部范围内,上行,轿厢空载;

行程下行范围内,下行,轿厢内载有125%额定载荷。

② 应检查,当对重支承在被其压缩的缓冲器上时,空载轿厢不能向上升起。

③ 对于额定载荷不是按GB7588—2003中的8.2.1要求计算的非商用汽车电梯(8.2.3),则需用150%额定载荷对曳引做静态检查。

④ 应检查平衡是否按电梯制造厂的规定。这种检查可通过电流测量并结合:速度测量,用于交流电机;电压测量,用于直流电机。

(9) 限速器

① 应沿轿厢下行方向检查限速器的动作速度(9.9.1～9.9.3)。

② 9.9.11.1和9.9.11.2所规定的停车控制操作检查,应沿两个运动方向进行。

(10) 轿厢安全钳(9.8):安全钳动作时所能吸收的能量已在形式试验中作了验证。交付使用前试验的目的是检查正确的安装、正确的调整和检查整个组装件,包括轿厢、安全钳、导轨及其与建筑物的连接件的坚固性。试验在轿厢正在下行期间,同时制动器打开,曳引机连续运转直到钢丝绳打滑或松弛,并在下列条件下进行:

① 瞬时式安全钳,轿厢装有额定载荷,而且安全钳的动作在检修速度下进行。

② 渐进式安全钳,轿厢装有125%额定载荷,而且安全钳的动作可在额定速度或检修速度下进行。

然而,各地区的规范可以规定一个较高的试验速度,但不超过额定速度。特殊情况,对于额定载荷不是按8.2.1条要求计算的非商业用汽车电梯(8.2.3),也应用150%额定载荷对曳引做静态检查。

(11) 对重安全钳

① 由限速器操作的对重安全钳,应在同轿厢安全钳一样的条件下(在轿厢内无任何过载)进行试验。

② 不是限速器操作的对重安全钳,应进行动态试验。在试验之后,应确认未出现对电梯正常使用不利影响的损坏。在特殊情况下如有必要,可以更换摩擦部件。

(12) 缓冲器(10.3)

① 蓄能型缓冲器应按照下列方法进行试验:载有额定载荷的轿厢应放置在缓冲器(或各缓冲器)上,钢丝绳应放松。同时,应检查压缩情况下是否符合GB7588—2003中附录C要求的特性曲线所给出的条件。

② 具有缓冲复位运动的蓄能型缓冲器和耗能型缓冲器,应按照下列方法进行试验:额定载荷的轿厢或者对重应以额定速度与缓冲器接触,在使用减行程缓冲器并验证了减速度的情况下(10.4.3.2),以计算缓冲器行程的速度与缓冲器接触。在试验之后,应确认未出现对电梯正常使用不利影响的损坏。

(13) 报警装置(14.2.3):功能试验。

8.1.2 电梯安装验收规范

电梯安装验收规范,即 GB100060—1993《电梯安装验收规范》。

1. 主题内容与适用范围

此标准规定了电梯安装的验收条件、检验项目、检验要求和验收规则。

此标准适用于额定速度不大于 2.5 m/s 的乘客电梯、载货电梯,不适用于液压电梯、杂货电梯。

2. 引用标准

(1) GB7588—2003《电梯制造与安装安全规范》。

(2) GB8903—2005《电梯用钢丝绳》。

(3) GB/T10058—1997《电梯技术条件》。

(4) GB/T10059—1997《电梯试验方法》。

(5) GB/T12974—1991《交流电梯电动机通用技术条件》。

3. 安装验收条件

(1) 验收电梯的工作条件应符合 GB/T10058—1997《电梯技术条件》的规定。

(2) 提交验收的电梯应具备完整的资料和文件。

① 制造企业应提供的资料和文件:

- 装箱单;
- 产品出厂合格证;
- 机房井道布置图;
- 使用维护说明书(应含电梯润滑汇总图表和电梯功能表);
- 动力电路和安全电路的电气线路示意图及符号说明;
- 电气敷线图;
- 部件安装图;
- 安装说明书;
- 安全部件:门锁装置、限速器、安全钳及缓冲器型式试验报告结论副本,其中限速器与渐进式安全钳还必须有调试证书副本。

② 安装企业应提供的资料和文件:

- 安装自检记录;
- 安装过程中事故记录与处理报告;
- 由电梯使用单位提出的经制造企业同意的变更设计的证明文件。

(3) 安装完毕的电梯及其环境应清理干净。机房门窗应防风雨,并标有"机房重地,闲人免进"字样。通向机房的通道应畅通、安全,底坑应无杂物、积水与油污。机房、井道与底坑均不应有与电梯无关的其他设置。

（4）电梯各机械活动部位应按说明书要求加注润滑油。各安全装置安装齐全，位置正确，功能有效，能可靠的保证电梯安全运行。

（5）电梯验收人员必须熟悉所验收的电梯产品和此标准规定的检验方法及要求。

（6）验收用检验器具与试验载荷应符合 GB/T10059—1997《电梯试验方法》规定的精度要求，并均应在计量检定周期内。

4. 检验项目与检验要求

（1）机房

① 每台电梯应单设有一个切断该电梯的主电源开关，该开关位置应能从机房入口处方便迅速地接近。如几台电梯共用同一机房，各台电梯主电源开关应易于识别。其容量应能切断电梯正常使用情况下的最大电流，但该开关不应切断下列供电电路：

- 轿厢照明和通风；
- 机房和润滑间照明；
- 机房内电源插座；
- 轿顶与底坑的电源插座；
- 电梯井道照明；
- 报警装置。

② 每台电梯应配备供电系统断相、错相保护装置，该装置在电梯运行中断相也应起保护作用。

③ 电梯动力与控制线路应分离敷设，从进机房电源起零线和接地线应始终分开，接地线的颜色为黄绿双色绝缘电线，除 36 V 以下安全电压外的电气设备金属罩壳均应设有易于识别的接地端，且应有良好的接地。接地线应分别直接接至接地线柱上，不得互相接后再接地。

④ 线管、线槽的敷设应平直、整齐、牢固。线槽内导线总面积不大于槽净面积的 60%，线管内导线总面积不大于管内净面积的 40%，软管固定间距不大于 1 m，端头固定间距不大于 0.1 m。

⑤ 控制柜、屏的安装位置应符合：

- 控制柜、屏正面距门、窗不小于 600 mm；
- 控制柜、屏的维修侧距墙不小于 600 mm；
- 控制柜、屏距机械设备不小于 500 mm。

⑥ 机房内钢丝绳与楼板孔洞每边间隙均应为 20～40 mm，通向井道的孔洞四周应筑一高 50 mm 以上的台阶。

⑦ 曳引机承重梁如需埋入承重墙内，则支承长度应超过墙厚中心 20 mm，且不应小于 75 mm。

⑧ 在电动机或飞轮上应有与轿厢升降方向相对应的标志。曳引轮、飞轮、限速器轮外侧面应漆成黄色。制动器手动松闸扳手漆成红色，并挂在易接近的墙上。

⑨ 曳引机应有适量润滑油。油标应齐全，油位显示应清晰，限速器各活动润滑部位也应有可靠润滑。

⑩ 制动器动作灵活，制动时两侧闸瓦应紧密、均匀地贴合在制动轮的工作面上，松闸时

应同步离开,其四角处间隙平均值两侧不大于 0.7 mm。

⑪ 限速器绳轮、选层器钢带轮对铅垂线的偏差均不大于 0.5 mm,曳引轮、导向轮对铅垂线的偏差在空载或满载工况下均不大于 2 mm。

⑫ 限速器运转应平稳,出厂时动作速度,整定封记应完好无拆动痕迹;限速器安装位置正确、底座牢固,当与安全钳联动时无颤动现象。

⑬ 停电或电气系统发生故障时应有轿厢慢速移动措施。如用手动紧急操作装置,应能用松闸扳手松开制动器,并需用一个持续力保持其松开状态。

(2) 井道

① 每根导轨至少应有 2 个导轨支架,其间距不大于 2.5 m。特殊情况下,应有措施保证导轨安装满足 GB7588—2003 规定的弯曲强度要求。导轨支架水平度不大于 1.5‰,导轨支架的地脚螺栓或支架直接埋入墙的埋入深度不应小于 120 mm。如果用焊接支架,其焊缝应是连续的,并应双面焊牢。

② 当电梯冲顶时,导靴不应越出导轨。

③ 每列导轨工作面(包括侧面与顶面)对安装基准线每 5 m 的偏差均应不大于下列数值:轿厢导轨和设有安全钳的对重导轨为 0.6 mm;不设安全钳的 T 形对重导轨为 1.0 mm。

在有安装基准线时,每列导轨应相对基准线整列检测,取最大偏差值。电梯安装完成后检验导轨时,可对每 5 m 铅垂线分段连续检测(至少测 3 次),取测量值间的相对最大偏差应不大于上述规定值的 2 倍。

④ 轿厢导轨和设有安全钳的对重导轨工作面接头处不应有连续缝隙,且局部缝隙不大于 0.5 mm。导轨接头处台阶用直线度为 0.01/300 的平直尺或其他工具测量,应不大于 0.05 mm。如超过应修平,修光长度为 150 mm 以上。不设安全钳的对重导轨接头处缝隙不得大于 1 mm,导轨工作面接头处台阶应不大于 0.15 mm,如超差,亦应校正。

⑤ 两列导轨顶面间的距离偏差:轿厢导轨为 0～2 mm,对重导轨为 0～3 mm。

⑥ 导轨应用压板固定在导轨架上,不应采用焊接或螺栓直接连接。

⑦ 轿厢导轨与设有安全钳的对重导轨的下端应支撑在地面坚固的导轨座上。

⑧ 对重块应可靠紧固,对重架若有反绳轮时其反绳轮应润滑良好,并应设有挡绳装置。

⑨ 限速器钢丝绳至导轨侧面与顶面两个方向的偏差均不得超过 10 mm。

⑩ 轿厢与对重间的最小距离为 50 mm,限速器钢丝绳和选层器钢带应张紧,在运行中不得与轿厢或对重相碰触。

⑪ 当对重完全压缩缓冲器时的轿顶空间应满足:

A. 井道顶的最低部件与固定在轿顶上设备的最高部件间的距离(不包括导靴或滚轮,钢丝绳附件和垂直滑动门的横梁或部件最高部分)与电梯的额定速度 v(单位为 m/s)有关,其值应不小于 $(0.3+0.035v^2)$ m。

B. 轿顶上方应有一个不小于 0.5 m×0.6 m×0.8 m 的矩形空间(可以任何面朝下放置),钢丝绳中心线矩形体至少一个铅垂面距离不超过 0.15 m,钢丝绳的连接装置可包括在这个空间里。

⑫ 封闭式井道内应设置照明,井道最高与最低 0.5 m 以内各装设一盏灯,中间灯距不超过 7 m。

⑬ 电缆支架的安装应满足:

A. 避免随行电缆与限速器钢丝绳、选层器钢带、限位极限开关、井道传感器及对重装置等交叉。

B. 保证随行电缆在运动中不得与电线槽、管发生卡阻。

C. 轿底电缆支架应与井道电缆支架平行,使电梯处于井道底部时能避开缓冲器,并保持一定距离。

⑭ 电缆安装应满足:

A. 随行电缆两端应可靠固定。

B. 轿厢压缩缓冲器后,电缆不得与底坑地面和轿厢底边框接触。

C. 随行电缆不应有打结和波浪扭曲现象。

(3) 轿厢

① 轿厢顶有反绳轮时,反绳轮应有保护罩和挡绳装置,且润滑良好,反绳轮铅垂度不大于 1 mm。

② 轿厢底盘平面的水平度应不超过 3/1 000。

③ 曳引线头组合应安全可靠,并使每根曳引线受力相近,其张力与平均值偏差均不大于5%,且每个绳头锁紧螺母均应装有锁紧销。

④ 曳引线应符合 GB8903—2005《电梯用钢丝绳》的规定,钢丝绳表面应清洁,不粘有杂质,并应涂有薄而均匀的 ET 极压稀释型钢丝绳脂。

⑤ 轿内操纵按钮动作应灵活,信号应显示清晰,轿厢超载装置或称重装置应动作可靠。

⑥ 轿顶应有停止电梯运行的非自动复位的红色停止开关且动作可靠,在轿顶检修接通后,轿内检修开关应失效。

⑦ 轿厢架上若安装有限位开关碰铁时,相对铅垂线最大偏差不超过 3 mm。

⑧ 各种安全保护开关应可靠固定,但不得使用焊接固定,安装后不得因电梯正常运行的碰撞或因钢丝绳、钢带、皮带的正常摆动而使开关产生位移、损坏和误动作。

(4) 层站

① 层站指示信号及按钮安置应符合图纸规定,位置正确,指示信号清晰明亮,按钮动作准确无误,消防开关工作可靠。

② 层门地坎应具有足够的强度,水平度不大于 2/1 000,地坎应高出装修地面 2~5 mm。

③ 层门地坎至轿门地坎水平距离偏差为 $^{+3}_{0}$ mm。

④ 层门门扇与门扇、门扇与门套、门扇下端与地坎的间隙,乘客电梯应为 1~6 mm,载货电梯应为 1~8 mm。

⑤ 门刀与层门地坎,门锁滚轮与轿厢地坎,间隙应为 5~10 mm。

⑥ 在关门行程 1/3 之后,阻止关门的力不超过 150 N。

⑦ 层门锁钩、锁臂及动接点动作灵活,在电气安全装置动作之前,锁紧元件的最小啮合长度为 7 mm。

⑧ 层门外观应平整、光洁、无划痕或碰伤痕迹。

⑨ 在轿门自动驱动层门情况下,当轿厢在开锁区域以外时,无论层门由于何种原因而被开启,都应有一种装置能确保层门自动关闭。

(5) 底坑

① 轿厢在两端站平层位置时,轿厢、对重装置的撞板与缓冲器顶面间的距离,能耗型缓冲器应为 150～400 mm,蓄能型缓冲器应为 200～350 mm,轿厢、对重装置的撞板与缓冲器与缓冲器中心的偏差不大于 20 mm。

② 同一基础上的两个缓冲器顶部与轿底对应距离不大于 2 mm。

③ 液压缓冲器柱塞铅垂度不大于 0.5%,充液量正确,且应设有在缓冲器动作后未恢复到正常位置时使电梯不能正常运行的电气安全开关。

④ 底坑应设有停止电梯运行的非自动复位的红色停止开关。

⑤ 当轿厢完全压缩在缓冲器上时,轿厢最低部分与底坑底之间的净空间距离不小于 0.5 mm,且底部应有一个不小于 0.5 m×0.6 m×1.0 m 的矩形空间(可以任何面朝下放置)。

(6) 整机功能试验

① 曳引检查

A. 在电源电压波动不大于 2% 的工况下,用逐渐加载测定轿厢上、下行至对重同一水平位置时的电流或电压测量法,检验电梯平衡系数应为 40%～50%,测量表必须符合电动机供电的频率、电流和电压范围。

B. 电梯在行程上部范围内空载上行及行程下部范围 125% 额定载荷下行,分别停层 3 次以上,轿厢应被可靠地制停(下行不考核平层要求),在 125% 额定载荷以正常运行速度下行时,切断电动机制动器供电,轿厢应被可靠制动。

C. 当对重支承在被其压缩的缓冲器上时,空载轿厢不能被曳引绳提升。

D. 当轿厢面积不能限制载荷超过额定值时,需再用 150% 额定载荷做曳引静载检查,历时 10 min,曳引绳无打滑现象。

② 限速器安全钳联动试验

A. 额定速度大于 0.63 m/s 及轿厢装有数套安全钳时应采用渐进式安全钳,其余可采用瞬时式安全钳。

B. 限速器与安全钳电气开关在联动试验中动作应可靠,且使曳引机立即制动。

C. 对瞬时式安全钳,轿厢应载有均匀分布的额定载荷、短接限速器与安全钳电气开关,轿内无人,并在机房操作以检修速度向下运行时,人为的让限速器动作。复验或定期检验时,各种安全钳均采用空轿厢在平层或检修速度下试验。

对渐进式安全钳,轿厢应载有均匀分布的 125% 的额定载荷、短接限速器与安全钳电气开关,轿内无人。在机房操作以平层或检修速度向下运行时,人为的让限速器动作。

以上试验轿厢应可靠制动,且在载荷试验后相对于原正常位置,轿厢底倾斜度不超过 5%。

③ 缓冲试验

A. 蓄能型缓冲器仅适用于额定速度不大于 1 m/s 的电梯,耗能型缓冲器可适用于各种速度的电梯。

B. 对耗能型缓冲器需进行复位试验,即轿厢在空载的情况下以检修速度下降将缓冲器全压缩,从轿厢开始离开缓冲器一瞬间起,直到缓冲器恢复到原状,所需时间不应大于 120 s。

④ 层门与轿门联锁试验

A. 在正常运行和轿厢未停止在开锁区域内,层门不能打开。

B. 如果一个层门和轿门(在多扇门中任何一扇门)打开,电梯应不能正常启动或继续正常运行。

⑤ 上下极限动作试验:设在井道上下两端的极限位置保护开关应在轿厢或对重接触缓冲器前起作用,并在缓冲器被压缩期间保持动作状态。

⑥ 安全开关动作试验:电梯以检修速度上下运行时,人为进行下列安全开关2次,电梯均应立即停止运行:

A. 安全窗开关,用打开安全窗试验(如设有安全窗)。

B. 轿顶、底坑的紧急停止开关。

C. 限速器松绳开关。

⑦ 运行试验

A. 轿厢分别以空载、50%额定载荷和额定载荷3种工况,并在通电持续率为40%的情况下到达全行程范围,按120次/h,每天不少于8 h,各启动、制动运行1 000次,电梯应运行平稳,制动可靠,连续运行无故障。

B. 制动器温升不应超过60 K,曳引机减速器油温升不超过60 K,其温度不应超过85 ℃,电动机温升不应超过GB/T12974—1991的规定。

C. 曳引机减速器,除蜗杆轴伸出一端渗漏油面积平均每小时不超过150 cm^{2}外,其余各处不得有渗漏油。

⑧ 超载运行试验

断开超载控制电路,电梯在110%的额定载荷,通电持续率为40%的情况下,到达全行程范围。各启动、制动运行30次,电梯应能可靠的启动、运行和停止(平层不计),曳引机工作正常。

(7) 整机性能试验

① 乘客与病床电梯的机房噪声、轿厢内运行噪声与层门、轿门开关过程的噪声应符合GB/T10058—1997的规定。

② 平层准确度应符合GB/T10058—1997的规定。

③ 整机其他性能应符合GB/T10058—1997的规定。

5. 验收规则

(1) 检验按表8.1规定的项目进行。

表8.1 电梯安装验收检验项目分类表

序号	项类	检验项目	备注
1		主电源开关要求	☆
2		断相、错相保护装置	☆
3		敷线与接地要求	
4		线管、槽敷设要求	
5		控制柜、屏安装位置	
6		楼板钢丝绳洞口要求	
7	机房	曳引机承重梁要求	
8		旋转轮等涂色标志	
9		旋转部件润滑要求	
10		制动器、合闸要求	
11		绳、带轮铅垂度要求	
12		限速器运转等要求	☆
13		停电或故障应急措施	☆

续表 8.1

序号	项类	检验项目	备注
14	井道	导轨安装要求	
15		导轨上端位置要求	
16		导轨侧工作面直线度	
17		导轨接头要求	
18		导轨顶面间距	
19		导轨固定要求	
20		导轨下端支承底面要求	
21		对重装置要求	
22		限速器绳至导轨面偏差	
23		轿厢与对重距离等要求	
24		轿顶最小空间要求	☆
25		井道照明要求	
26		电缆支架安装要求	
27		电缆安装要求	
28	轿厢	轿顶反绳轮要求	
29		轿底水平度	
30		曳引绳头组合等要求	
31		曳引绳要求	
32		轿内操纵要求	
33		轿顶停止开关	☆
34		轿架限位碰铁安装要求	
35		安全保护开关	☆
36	层站	层站指示要求	
37		层门地坎要求	
38		层门、轿门地坎间距	
39		层门与地坎间隙	
40		门刀与层门等间隙	
41		门阻止力	
42		门锁要求	☆
43		层门外观要求	
44		层门自动关闭装置	
45	底坑	轿底与缓冲器等间距	
46		缓冲器顶面水平高度差	
47		缓冲器柱塞铅垂度	
48		底坑停止开关要求	☆
49		轿底最小间距与空间	
50	整机功能	曳引及平衡系数检查	
51		限速器、安全钳联动试验	☆
52		缓冲试验	☆
53		层门与轿门联锁试验	☆
54		上、下极限动作试验	☆
55		安全开关动作试验	☆
56		运行试验	☆
57		超载运行试验	
58		噪声限值要求检验	
59		平层准确度检验	

注：表中打☆的为重要项目，其余为一般项目。

(2) 判定规则

① 开关层门、轿门过程噪声、平层准确度按 GB/T10058—1997 规则判定。

② 凡重要项目中任意一项不合格,或一般项目中不合格的超过 8 项,则判定为不合格。如重要项目均合格,一般项目中不合格的不超过 8 项,则允许调整修复,并对原不合格项目及相关项目给予补检。凡最终重要项目全部合格,一般项目中不合格的不超过 3 项,则判定为合格,准予验收。判为安装不合格的电梯需全面修复,修复后再次报请验收。

③ 交付检验验收后,参加验收的各方代表应在电梯安装验收证书(参考件见表 8.2)上签字盖章后方可生效。

表 8.2 电梯安装验收证书(参考件)

国家级电梯安装许可证号:　　　　　　　　　安装合同号:

单位	名称	地址	电话	电报挂号
建设单位				
使用单位				
安装单位				
电梯生产厂				

电梯出厂合同号			电梯出厂日期	
电梯安装开工日期			竣工日期	

整机	电梯类型		曳引机	型号	
	电梯型号			编号	
	额定载重量(kg)			速比	
	额定速度(m/s)			根数	
	层门、站门			曳引绳直径(mm)	
	驱动方式			曳引轮节径(mm)	
	控制方式		电动机	型号	
	曳引比			功率(kW)	
	开门方式			同步转速(r/min)	
	开门方向			额定电流(A)	
	开门宽度(mm)			绝缘等级	
	轿厢规格 $L×b×h$(mm)		制动器	电压(V)	
				维持电压(V)	
	井道尺寸 $L×b×h$(mm)		控制屏	型号	
				编号	

该电梯已按 GB/T10058—1997《电梯技术条件》和 GB10060—1993《电梯安装验收规范》安装验收完毕,验收合格,可以投入使用。

　　　　　　　　　　　　　　　　　送验单位:
　　　　　　　　　　　　　　　　　安装负责人:
　　　　　　　　　　　　　　　　　验收单位:
　　　　　　　　　　　　　　　　　验收负责人:
　　　　　　　　　　　　　　　　　日期:　　年 月 日

8.1.3 电梯安装竣工验收的项目内容及顺序

整机验收按照国家标准 GB10060—1993《电梯安装验收规范》表 5.1 中的规定项目进行。表 8.3 供自检时参考。

表 8.3　电梯交付使用前的验收项目内容及检验顺序

部位	序号	项目内容及标准规定	备注
机房	1	在通往机房和滑轮间的门或活地板门的外侧应设有包括下列简短字句的须知:"电梯曳引机——危险,未经许可禁止入内"; 对于活地板门,应设有永久性须知,提醒活地板门使用者:"谨防坠入——重新关好活地板门"	参照 GB7588—2003,15.4.1 规定
机房	2	机房必须通风,以保护电动机、设备以及电缆等,使其尽可能的不受灰尘、有害气体和潮气的损害; 从建筑物其他部分抽出的陈腐空气,不得排入机房内	参照 GB7588—2003,6.3.5.1 规定
机房	3	机房内的环境温度应保持在 5~40 ℃	参照 GB7588—2003,6.3.5.2 规定
机房	4	其他开口:楼板和滑轮间地板上的开孔尺寸应减到最小。为了防止物体通过位于井道上方的开口(包括通过电缆的开口)坠落的危险,必须采用圈框,此圈框应凸出楼板或完工地面至少 50 mm	参照 GB7588—2003,6.4.4 规定
机房	5	曳引机油位应在两个油标线的中间	参照 TJ231(四)—78
机房	6	曳引机、导向轮、复绕轮垂直度偏差在空载或满载工况下均不大于 2 mm,轿顶有反绳轮时其垂直度不大于 1 mm	参照 GB10060—1993,4.1.11/4.3.1 规定
机房	7	制动器动作灵活可靠,制动时两侧闸瓦应均匀地贴合在制动轮工作面上 松闸时两侧闸瓦应同步离开,其四角处间隙平均值两侧不应大于 0.7 mm	参照 GB10060—1993,4.1.10 规定
机房	8	装有手动紧急操作装置的电梯曳引机,应能用松闸扳手松开制动器,并需要一个持续力保持其松开状态	参照 GB10060—1993,4.1.13 规定
机房	9	制动器吸合电压应为 80% 额定电压,维持电压 60%~70% 的额定电压	参照 TJ231(四)—78
机房	10	钢丝绳应符合下述规定: (1)钢丝绳的公称直径不小于 8 mm; (2)钢丝绳的抗拉强度 ① 对于单强度钢丝绳宜为 1 570 N/mm² 或 1 770 N/mm²; ② 对于双强度钢丝绳,外层钢丝宜为 1 370 N/mm²;内层钢丝宜为 1 770 N/mm²; (3)钢丝绳特性应符合 GB8903—2005 的规定	参照 GB7588—2003,9.1.2 规定

续表8.3

部位	序号	项目内容及标准规定	备 注
机房	11	悬挂绳的安全系数应不小于下列值： (1) 12—对于用3根或3根以上钢丝绳的曳引驱动电梯； (2) 16—对于用2根钢丝绳的曳引驱动电梯； (3) 12—对于卷筒的驱动电梯。 安全系数是指装有额定载荷的轿厢停靠在最低层站时，一根钢丝绳（或一根链条）的最小破断负荷与这根钢丝绳（或一根链条）所受的最大力之间的比值。计算最大受力时，应考虑下列因素：钢丝绳（或链条）的根数、回绕倍数（采用复绕法时）、额定载荷、轿厢质量、钢丝绳（或链条）质量、随行电缆部分的质量以及悬挂于轿厢的任何补偿装置的质量	参照 GB7588—2003，9.2.2 规定
	12	钢丝绳最少应有2根，每根钢丝绳应是独立的。曳引钢丝绳的直径与曳引绳轮（或滑轮）节圆直径之比应不小于1/40	参照 GB7588—2003，9.1.3 和 9.2.1 规定
	13	限速器上应设有铭牌，标明： (1) 限速器制造厂名称； (2) 形式试验标志及其试验单位； (3) 已调定的动作速度	参照 GB7588—2003，15.6 规定
	14	限速器的动作速度调定后，其调节部位应加封记	参照 GB7588—2003，9.9.10 规定
	15	限速器绳的公称直径不应小于6 mm	参照 GB7588—2003，9.9.6.3 规定
	16	限速器绳轮、选层器钢带轮垂直度偏差不大于0.5 mm	参照 GB10060—1993，4.1.11 规定
	17	在轿厢上行或下行的速度达到限速器动作速度之前，限速器或其他装置应借助一个符合14.1.2条规定的电气安全装置使电梯曳引机停止运转。但是，对于额定速度不超过1 m/s 的电梯： (1) 如果轿厢速度直到制动器作用瞬间仍与电源频率相关，则此电气安全装置最迟可在限速器达到其动作速度时起作用； (2) 如果电梯在可变电压或连续调速的情况下运行，则最迟当轿厢速度达到额定速度的115%时，此电气安全装置应动作	参照 GB7588—2003，9.9.11.1 规定
	18	如果向上移动具有额定载荷的轿厢，所需的手操作力不超过400 N，曳引机应装设手动紧急操作装置，以便借用平滑的盘车手轮将轿厢移动到一个层站	参照 GB7588—2003，12.5.1 规定
	19	如果12.5.1条规定的力大于400 N，机房内应设置一个符合14.2.1.4条规定的紧急电气操作装置	参照 GB7588—2003，12.5.2 规定

续表 8.3

部位	序号	项目内容及标准规定	备　注
机房	20	在机房中,对应每台电梯都应装设一个能切断该电梯所有供电(下列供电电路除外)的主开关。开关应具有切断电梯正常使用情况下最大电流的能力。该开关不应切断下列供电电路: (1)轿厢照明或通风(如有的话); (2)轿顶电源插座; (3)机房和滑轮间照明; (4)机房内电源插座; (5)电梯井道照明; (6)警报装置	参照 GB7588—2003,13.4.1 规定
	21	在13.4.1条中规定的主开关应具有稳定的断开和闭合位置。主开关的操作机构应能从机房入口处方便、迅速地接近。如果机房为几台电梯所共用,各台电梯主开关的操作机构应易于识别	参照 GB7588—2003,13.4.2 规定
	22	各主开关及照明开关均应设置标志,以便于区分; 当同一机房中有数台曳引机时,此标志应便于区分各开关所对应的电梯; 在主开关断开后,某些部分仍然保持带电(如电梯之间的互联及照明部分),应使用须知,说明此情况	参照 GB7588—2003,15.4.2 规定
	23	照明和电源插座。机房应设有固定式电气照明,地板表面的照度不应小于 200 lx,照明电源应符合13.6.1条的要求; 在机房内靠近入口(或几个入口)的适当高度处应设有一个开关,以便进入时能控制机房照明	参照 GB7588—2003,6.3.6 规定
	24	轿厢、机房、滑轮间及底坑所需的插座电源,应取自13.6.1条述明的电路。这些插座是: (1)2P+PE 型 250 V,直接供电; (2)根据 GB16895.21—2004 规定,以安全电压供电。 注:上述插座的使用并不意味着其电源线需具有相应插座额定电流的截面积,只要导线有适当的过电流保护,其截面积可以小一些	参照 GB7588—2003,13.6.3.2 规定
	25	应有一个控制轿厢电路电源的开关(如果同机房中有几台电梯曳引机,有必要每个轿厢设置一个开关),此开关应设置在相应的主开关附近	参照 GB7588—2003,13.6.3.1 规定
	26	供活动和工作的净高度在任何情况下应不小于 1.8 m。 供活动和工作的净高度从屋顶结构横梁下面算起测量到: (1)通道场地的地面; (2)工作场地的地面	参照 GB7588—2003,6.3.2.2 规定

续表 8.3

部位	序号	项目内容及标准规定	备 注
机房	27	机房的尺寸必须足够大,以允许维修人员安全和容易地接近所有部件,特别是工作区域的净高不应小于 2 m,且 (1) 在控制屏和控制柜前面的一块水平净空面积,此面积规定如下: 深度:从围墙的外表面测定时至少为 0.7 m,在凸出装置(拉手)的前面时,此距离可以减少到 0.6 m; 宽度取下列值中的较大者:0.5 m 或者控制屏和控制柜的全宽度。 (2) 为了对各运动件进行维修和检查,在必要的地点以及需要进行人工紧急操作(12.5.1)的地方,要有一块至少 0.5 m×0.6 m 的水平净空面积	参照 GB7588—2003,6.3.2.1 规定
	28	机械设备的保护: 对可能产生危险并可接近的旋转部件必须提供有效的保护,特别是下列部件: (1) 传动轴上的键和螺钉; (2) 钢带、链条、传动带; (3) 齿轮、链轮; (4) 电动机的外伸轴; (5) 甩球式限速器。 但曳引轮、盘车手轮、制动轮及任何类似的光滑圆形部件除外,这些部件应涂成黄色,至少部分涂成黄色	参照 GB7588—2003,12.11 规定
	29	应测量每个通电导体与地之间的绝缘电阻,其最小值符合: (1) 标称安全电压,$R \geq 0.25$ MΩ(测试电压,直流 250 V); (2) 标称≤500 V,$R \geq 0.50$ MΩ(测试电压,直流 500 V); (3) 标称>500 V,$R \geq 1.00$ MΩ(测试电压,直流 1 000 V)	参照 GB7588—2003,13.1.3 规定
	30	零线和接地线应始终分开	参照 GB7588—2003,13.1.5 规定
	31	直接与电源连接的电动机应进行短路保护	参照 GB7588—2003,13.3.1 规定
	32	直接与电源连接的电动机应采用手动复位(13.3.3 例外)的自动开关进行过载保护,该断路器应切断电动机的所有供电	参照 GB7588—2003,13.3.2 规定
	33	电气识别: 接触器、断电器、熔断器及控制屏中电路的连接端子板应依据线路图做出标记。在使用多线连接器时,只需在连接器(不是各导线)上做出标记	参照 GB7588—2003,15.10 规定

续表 8.3

部位	序号	项目内容及标准规定	备　注
机房	34	(1) 电梯应具备供电系统断相、错相保护装置或保护功能。 (2) 对于人力操作提升装有额定载重量的轿厢所需力大于 400 N 的电梯驱动主机，其机房内应设置一个符合电气安全装置的紧急电动运行开关。电梯驱动主机应由正常的电源或备用电源供电。紧急电动运行开关及其操纵按钮应清楚地标明运行方向，且设置在使用时易于直接观察电梯驱动主机的地方。由持续按压具有防止误操作保护的按钮控制轿厢以不大于 0.63 m/s 的速度运行。同时，使安全钳、限速器、轿厢上行超速保护装置、缓冲器上的电气安全装置和极限开关失效。紧急电动运行开关操作后，除由该开关控制外，应防止轿厢的一切运行。检修运行一旦实施，则紧急电动运行失效。 (3) 电梯应设置轿厢上行超速保护装置	参照 GB/T10058—1997，3.3 9a)规定； 参照 GB7588—2003，14.2.1.4/9.10 规定
	35	电梯动力与控制线路应分离敷设，从进机房电源起零线和接地线应始终分开。接地线的颜色为黄绿双色绝缘电线，除 36 V 以下安全电压外的电气设备金属罩壳均应设有易于识别的接地端，且应有良好的接地。接地线应分别直接接至接地线柱上，不得互相串接后再接地	参照 GB10060—1993，4.1.3 规定
井道，轿厢，层站	36	在轿厢安全窗或轿厢安全门上应设有手动上锁装置中要求的锁，应通过一个符合 14.1.2 条规定的电气安全装置来验证。如果锁紧失效，该装置应使电梯停止。只有在重新锁紧后，电梯才有可能恢复运行	参照 GB7588—2003，8.12.4.2 规定
	37	电气检查： 当轿厢安全钳作用时，装在它上面的一个装置应在安全钳动作以前或同时使电动机停转。该装置应符合 14.1.2 条规定的电气安全装置	参照 GB7588—2003，9.8.8 规定
	38	轿顶上的装置。轿顶上应安装下列装置： (1) 符合 14.2.1.3 条要求的控制装置(检修操作)； (2) 符合 14.2.2.3 条和 15.3 条要求的停止装置； (3) 符合 13.6.2 条要求的电源插座	参照 GB7588—2003，8.15 规定
	39	检修运行。为了便于检查和维护，应在轿顶装一个易于接近的控制装置。该装置应由一个能满足电气安全装置(14.1.2)要求的开关(检修运行开关)操作。该开关应是双稳态的，并应设有误操作的防护。如轿内、机房也设有检修运行装置，应确保轿顶优先	参照 GB7588—2003，14.2.1.3 规定； 参照 GB/T10058—1997，3.3 9g)规定

续表 8.3

部位	序号	项目内容及标准规定	备注
井道，轿厢，层站	40	同时应满足下列条件： (1) 一经进入检修运行，应取消： ① 正常运行，包括任何自动门的操作。 ② 紧急电动运行(14.2.1.4)。 ③ 对接装卸运行(14.2.1.5)。 只有再一次操作检修开关，才能使电梯重新恢复正常工作。如果取消上述运行的转换装置不是检修开关机械组成一体的安全触点，则应采取措施，防止14.1.1.1条列出的其中一种故障出现在电路中时轿厢的一切误运行。 (2) 轿厢运行应依靠一种持续按压按钮，防止误操作，并标明运行方向。 (3) 控制装置也应包括一个符合14.2.2条规定的停止装置。 (4) 轿厢速度不应超过0.63 m/s。 (5) 不应超过轿厢运行正常的行程范围。 (6) 电梯运行应仍依靠安全装置。 控制装置也可以与防止误操作的特殊开关结合，从轿顶上控制门机构	参照 GB7588—2003，14.2.1.3规定
	41	电梯应设置停止装置，用于停止电梯并使电梯包括动力驱动的门保持在非服务状态。停止装置应设置在： ① 底坑； ② 滑轮间； ③ 轿顶(距入口不大于1m，或紧邻入口不大于1m的检修控制装置处)； ④ 检修控制装置上； ⑤ 对接操作的轿厢内(距对接入口不大于1 m)； ⑥ 盘车手轮装上驱动主机处； ⑦ 机房控制柜	参照 GB7588—2003，14.2.2.1/12.5.1.1规定； 参照 GB/T10059—1997 4.7规定
	42	轿厢运动前应将层门有效地锁紧在闭合位置上，但层门锁紧前，可以进行轿厢运行的预备操作，层门锁紧必须由一个符合14.1.2条要求的电气安全装置来实现	参照 GB7588—2003，7.7.3.1规定
	43	轿厢只应在锁紧元件啮合至少为7 mm时才能启动。证实门扇锁紧状态的电气元件，应由紧锁元件强制操作而没有任何中间机构；应能防止误动作，必要时可以调节	参照 GB7588—2003，7.7.3.1/7.7.3.1.2规定
	44	对坠落危险的保护。在正常运行时，应不可能打开层门(或在多扇层门中的任何一扇)，除非轿厢在该层门的开锁区域内已停止或在停止位置。开锁区域不得超过层站地坪上下0.2 m。在用机械操纵轿门和层门同时动作的情况下，开锁区域可增加到最大为层站地坪上下的0.35 m	参照 GB7588—2003，7.7.1规定

续表 8.3

部位	序号	项目内容及标准规定	备 注
井道，轿厢，层站	45	在门开着的情况下的平层和再平层。在 7.7.2.2a)条述及的特殊情况下，具备下列条件，允许厅门和轿门打开时进行轿厢的平层和再平层运行： (1) 运行只限于开锁区域(7.7.1)： ① 应至少由一个开关装置防止轿厢在开锁区域以外的所有运行，该开关装置装于门及锁紧安全装置的桥接或旁接式电路中； ② 该开关装置应是满足 14.1.2.2 条要求的一个安全触点，或者其连接方式满足 14.1.2.3 条对安全电路的要求； ③ 如果开关的动作是依靠一个不与轿厢机械的直接连接的装置，例如绳、带或链，则连接件的断开或松弛应通过一个符合 14.1.2 条电气安全装置的作用，使曳引机停机； ④ 平层运行期间，使门电气安全装置失效的方式，只有在已给出停车信号之后才能起作用。 (2) 平层速度不超过 0.8 m/s。对于手控层门的电梯，应检查： ① 对于由电源固定频率决定最高转速的曳引机，只用于低速运行的控制电路已经通电； ② 对其他曳引机，到达开锁区域的瞬时速度不超过 0.8 m/s。 (3) 再平层速度不超过 0.3 m/s，应检查： ① 对于由电源固定频率决定最高转速的曳引机，只用于低速运行的控制电路已经通电； ② 对于由静止变换器供电的曳引机，再平层速度不超过 0.3 m/s	参照 GB7588—2003，14.2.1.2 规定
	46	动力驱动门及轿门、层门的联动门机构应尽量减少门扇撞击人的事件。为此应满足：① 阻止关门力不应大于 150 N，这个力的测量不得在关门行程开始的 1/3 之内进行；② 当乘客在轿门关闭过程中，通过入口时被门扇撞击或将被门扇撞击，一个保护装置应自动的使门重新开启。此保护装置的作用可在每个主动门扇最后 50 mm 的行程中被清除	参照 GB7588—2003，8.7.2 规定
	47	如对重装有对重块，应采取必要的措施以防止它们移位。为达到此目的应采取下列措施： (1) 对重块固定在一个框架内； (2) 如果对重块是用金属制成的，且电梯速度不超过 1 m/s，则最少要用 2 根拉杆将对重块紧固住	参照 GB7588—2003，8.18.1 规定
	48	如果用钢带、链条或钢丝绳作连接装置将轿厢传到机房，该装置的断裂或松弛应通过一个符合 14.1.2 条规定的电气安全装置使曳引机停止	参照 GB7588—2003，12.8.4 规定

续表8.3

部位	序号	项目内容及标准规定	备 注
井道，轿厢，层站	49	层门门扇和门扇与门套，门套下端与地坎的间隙： (1)乘客电梯应为1～6 mm； (2)载货电梯应为1～8mm	参照 GB10060—1993,4.4.4规定
	50	门刀与层门地坎、门锁滚轮与轿厢地坎的间隙应为5～10mm	参照 GB10060—1993,4.4.5规定
	51	电梯应设有极限开关，并应设置在尽可能接近端站时起作用而无误动作危险的位置上。极限开关应在轿厢或对重(如果有的话)接触缓冲器之前起作用，并在缓冲器被压缩期间保持其动作状态	参照 GB7588—2003,10.5.1规定
	52	每一轿厢地坎上均应装设护脚板，其宽度应等于相应层站入口整个净宽度。护脚板的垂直部分以下应成斜面向下延伸，斜面与水平面的夹角应大于60°。该斜面在水平面上的投影深度不得小于20 mm。护脚板垂直部分高度应不小于0.75 mm	参照 GB7588—2003,8.4.1/8.4.2规定
	53	轿厢地坎与厅门地坎之间的水平距离不得超过35 mm	参照 GB7588—2003,11.2.2规定
	54	门关闭后，门扇之间和门扇与门柱、门楣或地坎之间的间隙应尽可能小。对于乘客电梯间隙不大于6 mm,对于载货电梯间隙不大于8 mm。如有凹处,间隙从凹底处测量	参照 GB7588—2003,8.6.3规定
	55	轿厢内应标示出电梯的额定载荷重量和乘客数。乘客数应依据8.2.4条确定。 标示字样为：___kg ___人 标字所用字体高度不得小于： (1) 10 mm,对于汉字、大写字母和数字而言； (2) 7 mm,对于小写字母而言	参照 GB7588—2003,15.2.1规定
	56	限速器、缓冲器、门锁装置、安全钳、轿厢上行超速保护装置应设有铭牌	参照 GB7588—2003,15.6/15.8/15.13/15.14/15.16规定
	57	两列导轨顶面间的距离偏差： (1)轿厢导轨为2 mm; (2)对重导轨为3 mm	参照 GB10060—1993,4.2.5规定
	58	每根导轨侧工作面对安装基准线的偏差,有安全钳时每5 m不应超过0.6 mm,无安全钳时为1.0 m	参照 GB10060—1993,4.2.3规定
	59	有安全钳导轨工作面接头处不应有连续缝隙,且局部缝隙不大于0.5 mm	参照 GB10060—1993,4.2.4规定
	60	导轨接头处允许台阶不大于0.05 mm,如超过0.05 mm则应修平,其导轨接头处的修光长度应在150 mm以上	参照 GB10060—1993,4.2.4规定
	61	当电梯蹲底或冲顶时,导靴不应越出导轨	参照 GB7588—2003,5.7.1.1/5.7.3.3规定； 参照 GB10060—1993,4.2.2/4.5.5规定

续表 8.3

部位	序号	项目内容及标准规定	备 注
井道，轿厢，层站	62	井道应设置永久性的电气照明。在维护修理期间，即使门全部关上，井道亦能被照亮。照明装置应这样设置：井道最高点和最低点 0.5 m 内，各装设一盏灯，中间每隔 7 m 装一盏灯	参照 GB7588—2003，5.9 规定
	63	井道应适当通风，除为电梯服务的房间外井道不得用于其他房间的通风。在井道顶部应设置通风孔，其面积不得小于井道水平断面面积的 1％，通风孔可直接通向室外，或经机房或滑轮间通向室外	参照 GB7588—2003，5.2.3 规定
	64	通往井道的检修门、安全门以及检修活动板门除由于使用者的安全原因或维修的需要外，一般不准设置。检修门的高度不得小于 1.4 m，宽度不得小于 0.6 m。安全门的高度不得小于 1.8 m，宽度不得小于 0.35 m。检修活动板门的高度不得大于 0.5 m，宽度不得大于 0.5 m。当相邻两层门地坎间的距离超过 11 m 时，其间应设置安全门，以确保相邻地坎的距离不超过 11 m。在两相邻轿厢都装有符合 8.12.3 要求的安全门的情况下，则不需执行本条要求。检修门、安全门和检修活动板门均不得朝井道里开启。门和活动板门均应装设用钥匙操纵的锁。当门和活动板门开启后不用钥匙亦能将其关闭和锁住。检修门与安全门即使在锁住的情况下，也应能不用钥匙就从井道内部将门打开	参照 GB7588—2003，5.2.2 规定
	65	曳引机驱动电梯的顶部间距见 GB7588—2003 附录 K	参照 GB7588—2003，5.7.1 规定
	66	底坑的深度：当轿厢完全压实在它的缓冲器上时，应同时满足下列条件： (1) 底坑中应有足够的空间，该空间的大小以能放进一个不小于 0.5 m×0.6 m×1.0 m 的矩形块为准，矩形块可以任何一个面着地。 (2) 底坑底： ① 与轿厢最低部分之间的净空距离，除下面第②条述及的外不应小于 0.5m； ② 与导靴或滚轮、安全钳楔块、护脚板或垂直滑动门部分之间的净空距离不得小于 0.1 m	参照 GB7588—2003，5.5.7.3.3 规定

续表 8.3

部位	序号	项目内容及标准规定	备 注
底 坑	67	轿厢在两端站平层位置时,轿厢对重装置的撞板与缓冲器顶面间的距离,液压缓冲器为150～400 mm,弹簧缓冲器为200～350 mm	参照 GB10060—1993,4.5.1 规定
	68	对重的运行区域应采用刚性隔障防护,该隔障从电梯底坑底面上不大于0.30 m处向上延伸到至少2.50 m的高度。其宽度应至少等于对重宽度两边各加0.10m	参照 GB7588—2003,5.6.1 规定
	69	坑底内应有:① 停止装置,其应在打开门去底坑时和在底坑底面上容易接近的地方,并设置停止起作用的指示,其作用时应停止电梯并保持停止状态;② 电源插座(13.6.2);③ 井道灯的开关(5.9),在开门去底坑时应易于接近	参照 GB7588—2003,5.7.3.4 规定
	70	轿厢、井道和机房照明电源与曳引机电源分开,可通过另外的电路或通过与13.4.1条规定的主开关供电侧相连,从而获得照明电源	参照 GB7588—2003,13.6.1 规定
	71	液压缓冲器柱塞垂直度偏差不大于0.5%	参照 GB10060—1993,4.5.3 规定
	72	同一基础上的两个缓冲器顶部高度差不大于2mm	参照 GB10060—1993,4.5.2 规定
	73	限速器绳索张紧装置底面距底坑平面尺寸为: (1) 速度为2 m/s以上的电梯为(750±50) mm; (2) 速度为1.5～1.75 m/s的电梯为(550±50) mm; (3) 速度为1 m/s以下的电梯为(400±50) mm	TJ231(四)—1978 第48条
	74	限速器绳断裂或松弛,应借助一种电气安全装置的作用,迫使电动机停止运转	参照 GB7588—2003,9.9.11.3 规定
	75	安全钳楔块与导轨侧面的间隙应为2～3 mm	TJ231(四)—1978 第32条
	76	如果轿厢顶部边缘与相邻电梯或杂物梯的运动部件(轿厢或对重)之间的水平距离小于0.5 m,其间设置的隔障应延长贯穿整个井道的高度,并应超过其有效宽度。有效宽度不应小于被防护的运动部件(或其他部分)的宽度,并每边各加0.1 m	参照 GB7588—2003,5.6.2.2 规定
整机安全性能试验	77	静载试验:当轿厢面积不能限制载荷超过额定值时,需用150%额定载荷作曳引静载检查,历时10 min,曳引无打滑现象	参照 GB10060—1993,4.6.1d 规定
	78	超载试验:断开超载控制电路,电梯在110%的额定载荷,通电持续率40%的情况下,达到全行程范围启动、制动运行30次,电梯应能可靠的启动和停止(平层不计),曳引机工作正常	参照 GB10060—1993,4.6.8 规定

续表 8.3

部位	序号	项目内容及标准规定	备 注
底坑	79	运行试验： (1) 轿厢分别以空载、50%的额定载荷和额定载荷3种工况并在通电持续率40%的情况下达到全行程范围，按120次/h，每天不少于8 h，各启动、制动运行1 000次，电梯应运行平稳，制动可靠，连续运行无故障； (2) 制动器温升不应超过60 K，曳引机减速机油温升不超过60 K，且温度不应超过85 ℃，电动机温升不应超过 GB/T12974—1991 的规定； (3) 曳引机减速器，除蜗杆轴伸出一端渗漏油面积平均每小时不超过150 cm² 外，其余各处不得有渗漏油	参照 GB10060—1993，4.6.7 规定
	80	安全钳试验方法： (1) 瞬时式安全钳，轿厢应载有均匀分布的额定载荷，短接限速器与安全钳电气开关，轿内无人并在机房操作下行检修速度时，人为的让限速器动作。复验或定期检验时，各种安全钳均采用空轿厢在平层或检修速度下试验。 (2) 渐进式安全钳，轿厢应载有均匀分布125%的额定载荷，在平层速度或检修速度下进行，短接限速器与安全钳电气开关，轿内无人并在机房操作平层或检修速度下行，人为的让限速器动作 以上试验，轿厢应可靠制动，且在载荷试验后相对于原正常位置轿厢底倾斜度不超过5%	参照 GB10060—1993，4.6.2 规定
	81	液压缓冲器复位试验：在轿厢空载的情况下进行，以检修速度下降将缓冲器全压缩，从轿厢开始离开缓冲器一瞬起，直到缓冲器恢复到原状止，所需时间应不大于 120 s	参照 GB10060—1993，4.6.3 规定
	82	各机构和电气设备在工作时不得有异常撞击声或响声。电梯的噪声应符合下表规定值： [单位:dB(A)] | 项目	机房	运行中轿厢	开关门过程
---	---	---	---
噪声值	平均	最大	
	≤80	≤55	≤65	 注： (1) 载荷电梯仅考核机房噪声值。 (2) 对于 $v \geq 2.5$ m/s 的乘客电梯，运行中轿厢内噪声最大值不应大于 60 dB(A)	参照 GB/T10058—1997，3.3.6 规定

8.2 电梯的交付使用

交付电梯时，向使用单位移交电梯完整的技术档案，并附有齐全的各项证书，提供有关安全使用的警示说明或者警示标志和电梯的安全证明。

8.3 电梯交付使用后的工程回访与服务

工程回访是在工程竣工验收交付使用后,在规定的期限内,由施工单位(电梯安装(维保)公司)主动到用户(或建设单位)进行回访,对工程确由施工造成的无法使用或达不到生产能力的部分,应由施工单位负责修理,使其恢复正常,让用户(或建设单位)满意。

8.3.1 回访内容

(1) 了解工程使用情况以及使用或生产后工程质量的变异(如电梯安装后,运行是否正常)。

(2) 听取各方面对工程质量和服务的意见(用户对电梯的运行情况是否满意)。

(3) 了解所采用的新技术、新材料、新工艺或新设备的使用效果(更新换代的电梯品种是否存在不足之处)。

(4) 向建设单位提出保修期满后的维护和使用等方面的建议和注意事项(保修期过后,是否继续由原维护单位维保)。

(5) 处理遗留的问题(处理安装遗留下来的问题)。

(6) 巩固良好的协作关系(与客户搞好关系,以利于声誉和销售、安装)。

8.3.2 回访方式

(1) 季节性回访。主要是工程的换季回访(冬季、夏季)回访,以了解和发现设备在冬、夏季运行中和在换季使用过程中出现的问题,并采取有效措施及时加以解决。

(2) 技术性回访。技术性回访既可定期,也可不定期的进行。其主要目的:一方面是了解在工程中所采用的新技术、新材料、新工艺或新设备等的技术性能和使用后的效果,以便发现问题及时给予解决;另一方面可以总结经验,获取科学依据,不断改进和完善新技术、新材料、新工艺、新设备的使用。

(3) 保修期满前的回访。一般是在保修即将期满前进行回访。

(4) 其他回访方式。还可以采用邮件、电话、传真或电子信箱等信息传递方式,建设单位可以采取座谈会或意见听取会、现场设备运行情况察看等形式进行工程的回访。

8.3.3 回访时的要求

工程回访参加人员由项目负责人以及技术、质量、经营等有关方面人员组成。

(1) 回访过程必须认真实施,做好回访记录,必要时写出回访纪要(找出存在的不足,以利于产品改进及工作人员素质的提高)。

(2) 回访中发现的施工质量缺陷,如在保修期内要采取措施,迅速处理(满足客户要求,如已超过保修期,要协商处理)。

8.3.4 用户投诉的处理

(1) 对用户投诉应迅速及时地研究处理,切勿拖延(尤其是电梯等特种设备)。

(2) 认真调查分析,尊重事实,做出适当处理。

(3) 对各项投诉都应给予热情、友好的解释和答复,即使对投诉有误的,也要耐心作出说明,切忌态度生硬。

如果能按时做好上述回访(电梯目前是每月进行2次维护保养),且安装工程没有遗留质量问题,那么口碑一定会很好,用户认可后,(产品)的销售量(中标机会)、安装(工程)量也会增大。

8.3.5 电梯的保修

工程保修体现了工程项目承包方对工程项目负责到底的信誉,体现了电梯安装企业为用户服务、向用户负责的宗旨,也是安装企业在工程项目交付使用后,履行合同中约定有关保修的义务。

1. 保修时间

通常,电梯安装后的质保期为一年(质保期从安装完电梯验收后拿到合格证之日起计算,质保期时间的长短由具体的合同约定,也可以一年半),在此年限内由电梯厂家(或电梯安装单位)进行免费的维修保养;超过年限后由使用单位(或物业公司)找专门的电梯维保公司。质保期满后出现的质量问题,按国家《产品质量法》处理。

2. 保修的责任范围

(1) 质量问题确实是由于电梯安装企业责任或安装质量不良造成的,安装企业负责修理并承担修理费用。

(2) 质量问题是由于双方的责任造成的,应协商解决,商定各自的经济责任,由安装企业负责修理。

(3) 质量问题是由于建设单位提供的设备、材料等质量不良造成的,应由建设单位(或建设单位找电梯厂家)承担修理费用,施工单位协助修理。

(4) 质量问题的发生是因建设单位或用户的责任,修理费用由建设单位或用户承担。

(5) 涉外工程的修理按合同规定执行,经济责任按以上原则处理。

3. 保修工作程序

(1) 发送保修证书。在工程竣工验收的同时,由安装企业向建设单位发送电梯安装工程保修证书。保修证书的内容主要包括:工程各简况,设备使用管理要求,保修范围和内容,保修期限,保修情况记录表,保修说明,保修单位名称、地址、电话、联系人等。

(2) 受理工程的保修要求。当建设单位或用户在使用过程中,发现使用功能不良或问题,要求(书面的或口头的)安装企业保修部门派人检查修理时,安装保修部门应及时给予回答,尽快派人前往检查,并会同建设单位做出鉴定,提出修理方案,然后尽快组织人力、物力进行修理。

(3) 修理验收。在发生问题的部位或项目修理完毕后,应在保修证书的"保修记录"栏内做好记录,请建设单位或用户验收确认,以表示修理工作的完成。

4. 电梯保修的其他规定要求

(1) 高层电梯管理单位,应对在用电梯实行安全年检制度。在电梯日常维护、保养的基础上,每年应进行一次安全检验,不合格的不得运行。经整改并经市质监局特检所检验合格后方可运行使用。

(2) 为使电梯始终处于最佳运行状态,应加强对在用电梯的维修保养工作。电梯管理和使用单位要建立电梯保修制度,保修方式可采用委托保修和自保两种方式。委托保修为电梯管理和使用单位委托市质监局"安全认可"的专业维修部门进行保修,并按有关要求签订保修合同。保修单位按合同中条款要求,对电梯进行保修服务。如电梯管理和使用单位具备电梯一般维修保养能力,也可采取自保形式,但须经质监局特检所考核,并经安全认可发证后方可从事保修业务。保修单位应具备以下条件:

① 具有独立法人资格,持有工商行政管理部门核发的与经营范围相符的营业执照。

② 具有与保修工作相适应的管理机构;有足够数量的经市质监局(劳动局)特检所培训考核取得"电梯保修作业资格证"的专职保修人员;有与电梯复杂程度相适应的电气、机械工程技术人员。

③ 具有比较健全的工作程序和安全管理制度,包括:各类人员岗位责任制;保修人员定期培训考核制度;维修保养工作制度;维修保养安全操作规程。

(3) 高层电梯管理单位应设专人负责电梯安全及管理工作。要建立和完善电梯档案资料,并实行一梯一档案制度。档案主要包括以下内容:

① 在用电梯所处地址、名称、型号、生产厂家以及其他技术参数等。

② 电梯接管验收文件:包括验收记录,测试记录,产品及其配套件的合格证,电梯订货合同、安装合同,设备安装图纸,使用维护说明书,遗留问题处理协议与会议纪要等。

③ 设备登记表:主要记载电梯主要设备的名称、各项技术参数和性能参数。

④ 维修更新记录:如电梯已更新改造,在资料中要有新电梯的图纸及有关技术资料,并注明新电梯名称、生产厂家、型号、更新时间等。电梯大、中修后,要在档案中详细记载维修时间、次数、维修的具体内容和设备名称。

⑤ 事故记录:记载重大设备事故、人身事故的时间、经过与处理结果等。

(4) 如果电梯由于使用年限较长,电梯设备损坏严重,需要更新或改造时,管理单位需向市局提出更新或改造计划,由市局物业处、财计处认定并批准立项后,列入当年或第二年更新改造计划。更新改造结束后,经市局物业处、财计处、市修缮质监站验收并经质监局特检所检测合格并发证后,方可正式使用;电梯大、中修工程各管理或使用单位可按照有关规定自行安排,工程结束后,应将维修工程有关资料报市局备案。

(5) 高层电梯管理和使用单位,应建立电梯岗位责任制,严格按规定使用电梯。应会同市质量技术监督局等电梯专业培训单位,做好对电梯操作人员、维修保养人员安全技术定期培训工作,使他们掌握必要的安全知识,提高技术水平,杜绝事故的发生。电梯操作人员、维修人员必须持有市技术监督局(劳动局)颁发的培训证上岗,无证人员禁止操作、维修。

(6) 高层电梯管理和使用单位应做好日常管理工作,应设专人负责电梯轿厢和机房的环境卫生,应保证电梯机房照明良好,并做好防水、防潮、防寒工作;电梯机房、轿厢内不得堆放杂物;不得在电梯机房、通道放养鸽子等宠物,不得在电梯轿厢内设小卖店。

参 考 文 献

[1] GB50310—2002. 电梯工程施工质量验收规范
[2] GB7588—2003. 电梯制造与安装安全规范
[3] 白玉岷. 电梯安装调试及运行维护. 北京:机械工业出版社,2010
[4] 叶安丽. 电梯控制技术. 北京:机械工业出版社,2010
[5] 刘爱国. 电梯安装与维修实用技术. 郑州:河南科学技术出版社,2008
[6] 朱德文. 图表详解电梯安装. 北京:中国电力出版社,2008
[7] 常路德,常叔斌,常路平,胡帅. 电梯专用变频器调试手册. 北京:人民邮电出版社,2007
[8] 陈家盛. 电梯实用技术教程. 北京:中国电力出版社,2006
[9] 朱德文. 电梯施工技术. 北京:中国电力出版社,2005
[10] 常路德,张晓明. 常见电梯电路注解图集. 北京:人民邮电出版社,2004
[11] 陈凤旺. 电梯工程施工质量验收规范实施指南. 北京:中国建筑工业出版社,2003
[12] GB/T7025—2008. 电梯主参数及轿厢、井道、机房型式与尺寸
[13] GB/T18775—2002. 电梯维修规范
[14] 孟少凯. 电梯技术与工程实务. 北京:宇航出版社,2002
[15] 毛怀新. 电梯与自动扶梯技术检验. 北京:学苑出版社,2001